"十二五"职业教育国家规划教材
经全国职业教育教材审定委员会审定

普通高等教育"十一五"国家级规划教材

生物统计学

第4版

宋素芳　赵　聘　秦豪荣　主编

中国农业大学出版社
·北京·

内 容 简 介

生物统计学的教学目标主要是培养学生具有生物学试验设计的能力和对试验资料进行统计分析、处理的能力。教材共分六个项目，并附有实验指导。项目一介绍生物统计的基础知识，项目二至项目五介绍常用的统计分析方法，主要介绍显著性检验和相关回归分析方法等，项目六介绍常用试验设计方法。每个项目都有明确的知识目标和技能目标，常用统计分析方法中不仅介绍了常规分析步骤，还介绍了 Excel 和 SPSS 软件分析方法，每一任务后都列出了任务评价内容与考核分值，以便读者在学习时把握重点，也便于读者自我考查学习效果。

图书在版编目(CIP)数据

生物统计学 / 宋素芳，赵聘，秦豪荣主编. —4 版. —北京：中国农业大学出版社，2021.3（2025.5 重印）

ISBN 978-7-5655-2538-4

Ⅰ.①生… Ⅱ.①宋…②赵…③秦… Ⅲ.①生物统计-高等职业教育-教材 Ⅳ.①Q-332

中国版本图书馆 CIP 数据核字(2021)第 055425 号

书　　名　生物统计学　第 4 版
作　　者　宋素芳　赵　聘　秦豪荣　主编

策划编辑　康昊婷　　**责任编辑**　林孝栋
封面设计　李尘工作室　郑　川
出版发行　中国农业大学出版社
社　　址　北京市海淀区圆明园西路 2 号　　**邮政编码**　100193
电　　话　发行部 010-62733489，1190　　读者服务部 010-62732336
　　　　　　编辑部 010-62732617，2618　　出　版　部 010-62733440
网　　址　http://www.caupress.cn　　**E-mail**　cbsszs@cau.edu.cn
经　　销　新华书店
印　　刷　天津鑫丰华印务有限公司
版　　次　2021 年 3 月第 4 版　　2025 年 5 月第 4 次印刷
规　　格　185 mm×260 mm　　16 开本　　15.25 印张　　360 千字
定　　价　46.00 元

图书如有质量问题本社发行部负责调换

编写人员

主　　编　宋素芳（河南牧业经济学院）
赵　聘（信阳农林学院）
秦豪荣（江苏农牧科技职业学院）

副 主 编　刘永录（河南牧业经济学院）
贺文恕（青海农牧科技职业学院）

编写人员　（按姓氏音序排列）
邓红雨（河南牧业经济学院）
贺文恕（青海农牧科技职业学院）
李转见（河南农业大学）
刘永录（河南牧业经济学院）
秦豪荣（江苏农牧科技职业学院）
宋素芳（河南牧业经济学院）
宋幸辉（河南牧业经济学院）
赵　聘（信阳农林学院）

前言

生物统计学是运用数理统计的原理和方法，研究生物科学领域中数据采集、试验设计和统计方法的一门课程。生物统计为畜牧兽医类专业重要的专业基础课和生物科学研究的必备工具，既具有一定的理论性又具有很强的实践性。

党的二十大报告指出，深入实施人才强国战略。本教材以应用型人才培养为主线，遵循以知识传授为基础，理论够用为度，以能力培养为本位，突出实践应用，以价值引领为目标，崇尚科学精神等原则，教材内容在坚持科学性、系统性的基础上，突出应用性、可操作性，注重理论联系实际，培养严谨科学精神，符合新时代高素质应用型人才的培养目标。本书可供高等职业院校畜牧、畜牧兽医、兽医、饲料与动物营养、兽药生产与营销、兽医医药、动物防疫与检疫、宠物养护与疾病防治、水产养殖技术等专业教学使用，也可作为生物科学领域科研工作者的参考工具书。

本教材分六个项目，按照项目任务模块化组织教材内容。项目一介绍生物统计基础知识，项目二至项目五分别介绍显著性检验、方差分析、χ^2 检验、相关与回归分析等生物统计常用分析方法，项目六介绍常用试验设计方法。每个项目有知识目标和技能目标，由若干任务组成。每个任务包括任务描述、任务相关知识、任务实施、任务拓展、任务评价等 5 个模块。在任务实施模块中，不仅介绍常规统计分析步骤，而且介绍了 Excel 和 SPSS 软件分析方法，并可通过扫描二维码或者登录教学服务平台观看统计分析操作视频。在任务评价模块中，安排任务相关知识、任务实施与软件统计分析、任务拓展等评价内容和考核分值，并附有任务习题答案，以便读者更好地掌握学习内容和自测学习效果。本教材附有实验指导，每个实验提供不同的实验资料，教学时可按专业特点选用。

本教材编写分工为：项目一，宋素芳、秦豪荣；项目二，秦豪荣；项目三，赵聘；项目四，邓红雨；项目五，刘永录；项目六，贺文恕，宋幸辉；实验指导，宋素芳。李转见老师参与了全教材的 Excel 和 SPSS 软件统计分析部分的修订及其视频录制工作。

本教材在编写过程中参阅了有关文献资料，大多已注明出处，限于篇幅仍有部分文献未列出。编者对这些文献的作者一并表示由衷的感谢。

本教材的编者虽然都是多年从事生物统计教学工作的教师，且我们已做了最大的努力，但由于水平有限，书中定会有错漏之处，敬请读者批评指正。

编　者

2023 年 2 月

目　录

项目一
走进生物统计

知识目标

1. 掌握生物统计和试验设计的基本概念、常用统计术语。
2. 了解数据资料的分类方法。
3. 掌握算术平均数、标准差的概念、性质和作用。
4. 了解利用 Excel 和 SPSS 软件进行数据分析的步骤。
5. 掌握小概率原理。
6. 了解正态分布、二项分布和样本抽样分布的特点。

技能目标

1. 能够对不同类型的资料选择合适的方法进行抽样。
2. 能熟练地编制频数分布表和绘制频数分布图,并能从中揭示资料的基本规律。
3. 能熟练地进行各种统计量计算,并能用统计量揭示资料的基本规律。
4. 能用 Excel 和 SPSS 软件,绘制统计图形。
5. 会用 Excel 和 SPSS 软件,计算各项统计量。
6. 能够进行正态分布概率计算。

任务一 生物统计语言

【任务描述】

某猪场现有后备种公猪 80 头,请从中随机抽取 20 头,以了解其培育情况。

【任务相关知识】

一、生物统计学与试验设计概念

生物统计是数理统计在生物科学中的应用。它是用数理统计的原理和方法来分析和解释生物界各种数量现象的学科。

在生产实践和日常生活中，人们为了揭示事物本身所蕴藏的客观规律，常常会通过科学研究、调查或日常记录获得各种各样的数据，但是这些数据常常表现出不同程度的变异。如测量200头育肥猪背膘厚度，测定50只四川白鹅70日龄重，这些数据都有不同程度的差异。这些差异产生的原因，有的是人们所了解的，如饲料、品种、饲养管理条件等不同，还有许多因素未被人们所认识，就不能从所得数据表面上表现出来的差异直接对研究的事物作结论。如何科学地整理、分析具有变异性质的资料，揭示出隐藏在其内部的规律性，是生物统计的根本任务。

在对客观事物的研究过程中，人们没有必要或不可能对事物的全部研究对象（总体）逐个进行观测，而是按照一定的原则从中抽取一部分个体（样本），对其进行观测，得到规律后，再对事物的全体做出估计，这种方法我们称之为抽样研究的方法。在生物学研究中，我们期望知道的是总体，而不是样本，可是在具体工作中，我们所得到的是样本，而不是总体。因此，从某种意义上讲，生物统计是生物科学研究中以样本来推断总体的一门科学。

试验设计是进行科学研究的重要步骤。广义理解是指在试验之前，应用生物统计的原理和方法，对整个试验研究课题的设计，也就是对整个试验计划的拟定，使我们以较少的人力、物力和时间，获得较多的可靠的信息来进行统计分析，从而得出科学的结论。

生物统计与试验设计是不可分割的两个部分，试验设计需要生物统计知识作为基础，而大量的试验数据又为统计分析提供了丰富可靠的资料。

二、常用统计术语

1. 总体与样本

根据研究目的确定的、符合指定条件的研究对象的全体称为总体。按照一定的原则从总体中抽取的一部分个体称为样本。

在抽样过程中，所遵守的原则有随机原则、系统原则和典型原则。随机原则是不加进自己的主观愿望，使总体中的所有个体均有相等的机会被抽到，遵守随机原则得到的样本称为随机样本，这个抽样过程称为随机抽样。系统原则又叫顺序原则，是按照人为规定的原则从总体中抽取样本单位。典型原则是按照研究目的的要求从总体中选择最符合研究目的的单位作为样本单位。

例如：为了研究四川白鹅年产蛋量，随机抽取了500只进行调查，那么，所有四川白鹅的年产蛋量就构成四川白鹅年产蛋量的总体，而随机抽取的500只四川白鹅的年产蛋量就构成四川白鹅年产蛋量的一个样本。总体中的每一个个体就是一个总体单位或总体个体，总体单位数常用字母 N 表示。总体分为有限总体和无限总体，含有有限个总体单位的总体称为有限总体，含有无限多个总体单位的总体称为无限总体。样本中所含个体的多少称为样本容量，用字母 n 表示。习惯上将 $n \leqslant 30$ 的样本称为小样本，$n > 30$ 的样本称为大样本。

2. 参数与统计量

参数是由总体计算得到的描述总体数量特征和规律的数值，也称为总体特征数，常用希腊字母表示。例如用 μ 表示总体平均数，用 σ 表示总体标准差。由样本计算得到的特征数称为统计量，也称为样本特征数，常用拉丁字母表示。例如用 $\overline{x}$ 表示样本平均数，用 S 表示样本标准差。参数是客观存在的，但常常是未知数，一般用统计量作为其估计值，如用 $\overline{x}$ 估计 μ，用 S 估计 σ 等，统计量计算受抽样变动的影响。上例中由所有四川白鹅的年产蛋量计算得到的特征数就是参数，由 500 只四川白鹅的年产蛋量计算得到的特征数就是统计量。

3. 准确性与精确性

准确性是指观测值与其真值的接近程度，而精确性则是指对同一事物进行重复观测所得数值彼此的接近(符合)程度。

设某一性状的真值为 μ，观测值为 x，x 与 μ 相差的绝对值 $|x-\mu|$ 越小，则观测值 x 的准确性就越高；反之则低。若对此性状进行了多次重复测量，观测值彼此越接近，则任意两个观测值 x_i、x_j 相差的绝对值 $|x_i-x_j|$ 越小，观测值精确性就越高；反之则低。试验的准确性和精确性合称为正确性。由于真值常常不知道，准确性不易度量，但利用统计方法可度量精确性。

4. 误差与错误

在试验过程中，由于受到非试验因素的影响，从而使所得试验结果与客观真值之间产生偏差，这个偏差就是试验误差。试验中产生的误差依其引起的原因不同，分为随机误差和系统误差两大类。随机误差也叫抽样误差，是由人为无法控制的随机因素引起的误差，如实验动物的初始条件：年龄、体重、性别、健康状况，饲料品质、数量以及饲养管理条件等在试验时要求尽可能一致，但实际上是不可能做到完全一致的，这些因素引起的误差就是随机误差。在试验中，随机误差是不可避免的，但可以通过局部控制使其减小，并可以通过统计分析估计其大小。随机误差对试验结果影响的方向是不确定的，有时是正面的，有时是负面的。因此，随机误差影响试验结果的精确性。统计上所说的试验误差一般是指随机误差。系统误差是由试验条件(如仪器精密程度、研究人员习惯、动物分组偏差等)的不同造成的，它对试验结果造成倾向性的影响。系统误差影响试验结果的准确性。

错误是指由于工作上的粗心大意造成的差错，如记录、测量、计算等都可能出现错误。只要工作上认真一些，加强责任心，错误是可以避免的。

5. 变量与观测值

变量是指具有变异性的性状或特征，如身高、体重等。而对某一性状或特征进行观测所得的每一个数值就是一个观测值。如测定了 100 头仔猪的断奶体重，则得到 100 个数值，就是 100 个观测值。

三、调查研究

调查研究是指对某一研究项目或课题进行全面调查(普查)或抽样调查，是对已有事实进行调查。在调查研究之前，首先应该明确调查的目的与意义，科学地选题。其次，根据调查的任务、要求，列出详尽的调查提纲，确定科学的调查研究方法。最后，有目的、有计划、实事求是地开展调查研究。

在进行各种专业调查时，为便于进行统计分析，得出正确的结论，需要选择好抽样方法。抽样方法是否正确，是试验材料有无代表性的关键。只有理解抽样的含义，采用正确的抽样方法，样本大小适当，我们才可以在一定概率保证下得出有关总体特征的统计结论。下面介绍几种在畜牧兽医类试验中常用的抽样方法，可根据总体的具体情况以及不同的研究目的和要求选择使用。

1. 随机抽样

随机抽样就是在抽样过程中遵守随机原则，这是一种最简单也是最常用的抽样方法。该方法总的原则是被抽总体中的每个个体都有完全相等的机会被抽入样本。具体方法有多种，如样本容量小时常用抽签、抓阄、扑克牌等方法，样本容量大时用随机数字表进行抽样。

随机数字表(附表 1)中所有数字都是按随机抽样原理编制的，表中任何一个数字出现在任何一个位置都是随机的。不论何种方法，首先要将被抽总体中的每个个体进行编号，然后抽样。例如用抓阄的方法，将总体中每个个体的号码写在小纸上，团成小阄放在盒内，反复混匀后，一次抓出一个，凡中阄数字所对应的个体即取为样本。应用随机数字表抽样时，是在随机数字表中随机从一个数字开始的，顺次取出与样本容量相同的几个无重复数字，每个数字代表一个样本单位。如我们从一个编号为 1～90 的总体中抽取 10 个个体作为样本，我们可以随机用笔在随机数字表上点一个位置，假定这个位置在随机数字表(Ⅰ)第 22 行第 23 列的数字 55 上，向左(当然也可以向右、向上或向下，但要预先确定)依次取 10 个无重复的数字，它们分别是：55，54，15，76，24，18，58，13，67，38，把总体中编号为以上 10 个数字的个体取为样本。按照这种方式所取的样本是完全随机的。随机抽样适用于个体间差异较小和总体个体数及所取样本个体数较少的情况，该方法简单，使用方便。

2. 整群抽样

整群抽样又叫群组抽样，是将总体分成若干个群，以群为单位进行随机抽样的方法。例如，要研究某品种猪的产仔数，可以将该品种分布区域划分为若干个小区域(如猪场或村庄等)，随机抽取某些小区域作为样本，对所抽到的小区域的母猪进行逐个统计，以估计整个品种母猪的产仔数。整群抽样由于扩大了抽样单位，就相对减少了总体单位的编号工作量，既便于组织抽样又节约了投入。如果每个“群”内的个体数相等，本法可得到总体参数的无偏估计值。此法适合于有自然分群现象的总体。

3. 分层随机抽样

此法要求先将总体按其变异程度分成若干个比较均匀的部分(区层)，然后再在各区层独立地随机抽取样本单位，最后对各区层的统计量进行综合分析，并对总体做出估计和推断。这种区层可以是自然的(一个不同的地区，不同的畜舍)，也可以是人为划分的(如将一栋鸡舍的种鸡，按照产蛋量的多少将其划分为高产、中产和低产 3 个区层)。分层的原则是，区层内个体间要尽可能的一致，区层间有较大的差异。究竟从每个区层抽取多少个样本单位，可依具体情况而定，可按以下方法配置。第一种是相等配置法，即无论各层容量是否相同，从每个区层抽取的样本单位数是一致的。第二种是按比例配置法，即按计划抽取的样本容量(n)与总体单位数(N)的比值(n/N)大小，独立地从各区层抽取样本单位。这样区层容量大者，抽取的样本单位相对就多。第三种是最优配置法，即综合考虑各区层内的变异度、区层内单位数和观测成本等因素最终确定出各区层的抽样单位数，其原则是在一定的经济投入条件下实现最高的精确度，或在一定的精确度保证下实现最低的经济投入。分层随机抽样由于分层控制了总体均匀度，故有效地降低了试验误差，但此法技术难度稍高，受工作人员水平的影响较大，若分层不当或样本单位配置不当，则显示不出本法的优越性。这种方法较充分地利用了总体已有信息，它适合于个体间差异较大的总体。

4. 多级抽样

该方法是指总体可以系统分组，分为两级或两级以上。例如，调查某地区奶牛第一胎305 d产奶量，可以分三级进行调查，如总场、分场和奶牛个体。抽样时，随机抽取若干个总场，再在被抽总场内分别随机抽取若干个分场，在被抽分场内再随机抽取若干头奶牛。这样，总场为一级抽样，分场为二级抽样，奶牛个体为三级抽样，即各分场内的重复。若要比较总场间及总场内分场间的奶牛第一胎305 d产奶量有无差异，可以用系统分组的方差分析法进行统计。

5. 双重随机抽样又称相关抽样法

当目标性状由于技术的或经济的原因很难直接观测时，或者必须进行破坏性测量时，双重随机抽样利用性状间的相关性，找出一个与目标性状显著相关且容易观测的过渡性状，通过对过渡性状的观测研究达到研究目标性状的目的。具体抽样过程分两步：第一步，从总体中随机抽取少量单位，同时观测目标性状与过渡性状，应用相关回归分析的方法建立以目标性状为依变量，过渡性状为自变量的回归方程式。第二步，根据精确度要求从总体随机抽取适当容量的样本，对样本单位只观测它的过渡性状，利用已建立的回归方程估测目标性状。双重随机抽样其方法简单易行，使难以观测的性状得以观察，达到研究的目的。但应注意，两性状间必须有较高程度的显著相关，才能获得比较准确的结果。

6. 顺序抽样

顺序抽样又称为系统抽样或机械抽样，是在一个有限总体中将个体一一编号，每隔一定数目抽取一个个体为样本的方法。例如：欲了解100头仔猪的体重，准备抽取20头作为样本来称重，可以将100头仔猪逐个编号，然后编号尾数逢2,7取出，则编号为2,7,12,17,22,27,…,97的20头仔猪即为样本。这种方法可以有效避免取样时操作者的主观偏见，使用比较方便，所取的样本在总体中能够均匀分布，在一定意义上可能比随机抽样更理想。

顺序抽样虽然操作方便，但在使用时应注意编号的随机化。另外，对于存在周期性变化的总体不能使用该方法，因为这样做可能会得到一个偏差很大的样本，从而产生系统误差，影响统计结果。机械抽样常用于不做定量分析的调查中，比如质量监控的抽检，目的不在于数量分析，只是为了及时发现质量问题。

【任务实施】

1. 编号

将80头后备种公猪随机编号1～80。

2. 找随机数字

从随机数字表中随机确定一个读取随机数字的起点和方向（上、下、左、右），连续抄下20个无重复的小于等于80的随机数字，分别代表20头后备种公猪。假定本任务自附表1随机数字表（Ⅰ）第一行第一列的第一个数字03起，自左向右抄20个无重复的小于等于80

随机数字:03,47,43,73,36,61,46,63,71,62,33,26,16,80,45,60,11,14,10,74。

3. 抽取样本

后备种公猪中编号为以上 20 个数字的个体即为抽取的样本个体。

【任务拓展】

一、本课程主要内容

课程从大的方面分为统计分析与试验设计两部分内容,统计分析与试验设计是两个不可分割的部分,在生产实践中,我们是先进行试验设计,收集到资料后再进行数据分析,但是为适应教学进程,把试验设计放在最后讲授。本课程的主要内容包括以下几个方面:

1. 资料的整理及初步分析

生产实践中收集到的数据,若不对其进行整理,只是一堆数据,无规律可循,很难从中揭示出事物的客观规律。资料的整理与初步分析主要是将原始数据整理成频数分布表或频数分布图,对数据进行定性的分析,然后在此基础上计算出描述数据集中趋势和离散程度的统计量,对数据进行定量的分析,以此初步揭示数据的基本规律。

2. 显著性检验

从生产实践中获得的具有变异性的资料,其差异产生的原因是进行比较的处理间(如不同品种、不同饲料、不同药物、不同剂量)有本质性差异还是无法控制的随机因素引起的呢?若想得到这个答案,就必须进行显著性检验。显著性检验的目的就在于承认并排除这些无法控制的随机因素的干扰,将处理间是否存在本质差异揭示出来。显著性检验是本课程最重要的内容之一,其方法很多,常用的有 t 检验、F 检验、χ^2 检验等。

3. 相关与回归

相关与回归是本课程的另一主要内容,它是研究变量之间相互关系的一种统计分析方法,本课程主要介绍两个变量之间的相互关系。

4. 试验设计

无论是调查研究还是科学试验,事先应有周密的试验设计。项目六试验设计讨论了试验设计的原则与方法、样本容量的估计等内容。

二、学习本课程的要求与方法

生物统计是一门应用数学,它是生命科学与数学的交叉科学,它涉及较多的数学概念、计算公式和数学用表,因此,需要读者付出较多的精力来掌握生物统计的基本原理、基本概念、基本方法,记忆一些常用的符号与公式,从判断方式上要求读者摆脱传统的确定性推断方式而接受建立在概率论基础上的统计推断方式。生物统计是一门应用性较强的科学,因此,对教材中的一些复杂的数学公式,并不要求也没必要让读者一一记下。实际上,学习的难度不在于计算方法,而在于逻辑思维方法。为了便于读者学习,本教材中的所有概念、原理以及分析方法均有实例,均从应用角度进行介绍,可操作性强。另外每个任务后面都附有一定数量的任务评价内容,教材后面还有实验指导。读者在学习时,首先掌握原理,把例题看懂学会，然后再去做任务评价内容，最后通过实验达到掌握各种统计分析方法的目的。学习本课程的目的是，要求读者能正确理解生物统计的基本概念、基本原理，掌握并应用所介绍的基本的试验设计与统计分析方法，解决科学试验以及生产实践中资料的收集、整理以及统计分析等问题。

鉴于本课程的特点，对读者来说需要有一个有效的学习方法，为此，特对读者提出以下几点学习方法建议：

(1)注意理论联系实际，养成重视数据的习惯，熟悉数量的表达方式和方法，理解它所代表的事实，以提高和增加学习的兴趣与自觉性。

(2)及时认真地完成教材每一个任务的评价内容。只有完成一定数量的任务评价内容，才能熟练掌握各种统计分析方法，及时认真地复习是保证学习不掉队的关键。

(3)弄清基本公式的实际意义，记住各种代表符号及其概念，自己定期整理所学过的公式与代表符号。

(4)熟练掌握电子计算器的使用方法。本教材的许多繁杂计算，若能采用电子计算器直接简易的计算代替常规计算，不仅能够提高计算效率，而且能够有效降低犯错误的概率。因此能熟练使用电子计算器对学习本课程将有很大帮助。

【任务评价】

任务评价内容与考核得分

评价环节	评价内容	分值	得分
任务相关知识	名词解释：总体；样本；总体单位；样本容量；随机样本；参数；统计量；随机误差；准确性；精确性	30	
	常用的随机抽样方法有哪些？其适用范围如何？	30	
任务实施	对给定资料1，写出随机抽样步骤	30	
任务拓展	谈谈如何学好本门课程	10	
总体评价		100	
资料1	调查某地区奶牛结核病状况，请在400头奶牛中随机抽取40头检查		

任务二　生物统计数据描述

由调查或试验收集来的数据资料，往往是孤立的、零乱的，无规律性可循。只有通过整理和分析，才能将所蕴含的信息充分地、准确地提取出来，才能发现其内部的联系和规律，为进一步提高生产水平提供科学依据。资料整理是对数据进行定性描述，把大量的、复杂的数据按照一定的标志进行整理归类，编制频数分布表，绘制频数分布图，形象而直观地揭示数据资料的集中趋势和变异趋势。对数据资料进行初步分析，计算平均数、标准差与变异系数等基本特征数，可以定量描述数据资料的集中趋势、变异趋势。

子任务一 定性描述

【任务描述】

200 头经产母猪所生仔猪 1 月龄窝重资料见表 1-1。试对该资料进行整理分组，编制频数分布表，绘制频数分布图。

表 1-1 200 头经产母猪所生仔猪 1 月龄窝重资料 kg

47.2	57.1	40.5	78.2	58.2	75.9	61.2	85.0	66.0	83.0
83.0	65.0	36.7	81.0	86.7	72.3	67.5	88.4	78.0	90.8
20.0	85.8	72.0	81.0	55.5	38.3	53.0	69.5	71.8	103.5
70.8	20.5	39.8	71.7	79.5	63.8	23.5	58.0	70.5	89.5
43.8	89.0	81.5	49.9	40.5	62.3	50.4	94.3	85.1	56.0
88.7	39.4	67.1	14.7	65.5	73.0	94.4	69.8	108.6	101.4
56.0	96.7	66.5	63.3	59.8	41.5	29.3	56.8	51.6	67.7
68.7	63.7	54.3	75.3	76.1	47.3	95.1	68.2	53.0	71.7
62.5	74.0	80.7	62.8	72.9	76.5	55.5	57.8	67.8	58.2
67.3	72.5	23.3	25.5	49.7	56.7	54.1	23.2	41.7	56.4
60.7	64.0	49.6	90.6	51.8	34.0	64.4	84.0	58.5	64.6
65.8	31.4	68.3	70.6	74.5	60.8	90.3	79.4	67.3	76.8
64.0	104.7	12.0	82.1	31.5	26.3	78.0	70.0	94.5	52.5
79.3	72.1	70.1	117.0	80.5	85.0	34.0	93.5	90.5	42.4
87.5	41.0	55.0	79.6	27.9	53.0	40.2	65.0	68.6	73.8
36.0	57.2	67.8	75.5	25.0	76.9	97.8	108.5	41.5	15.7
84.0	84.8	60.5	36.0	34.4	67.5	69.8	55.2	77.4	26.6
71.8	100.0	88.5	41.5	59.5	113.0	79.5	85.0	81.0	89.4
40.2	102.4	18.4	28.0	91.8	74.5	50.5	104.2	62.6	86.8
102.2	68.6	86.1	72.5	58.8	11.6	79.5	96.5	34.5	118.5

二维码 1-1
任务资料数据

【任务相关知识】

一、数据资料的来源

在生物统计工作中，首先必须获得畜牧生产或科学试验所提供的大量的原始数据资料。作为统计对象来研究的数据资料来源于以下 3 个方面：

1. 生产记录、病历等现场资料

如畜牧生产中饲料消耗记录，产品的数量、质量记录，畜禽生理指标、参数的记录，养殖场环境指标的记录，动物医院门诊的病历记录等。研究这类资料是为了了解生产规律，发现问题并找出解决问题的方法。收集这类资料时，应该按照研究对象的性质归类整理，特别应注意资料的完整性、真实性、准确性。

2. 科学试验的记录

如根据特定试验目的所做的畜牧、兽医、水产等试验的记录资料。这些数据资料的获得，必须通过科学试验这一途径。通过科学试验就可以得到系统、翔实的数据资料。

3. 调查研究获得的资料

指围绕某一研究项目或课题，进行全面普查或抽样调查获得的资料。在调查研究之前，首先应该明确调查的目的与意义，科学地选题。其次，根据调查的任务、要求，列出详尽的调查提纲，确定科学的调查研究方法。然后有目的、有计划、实事求是地开展调查研究，获得真实可靠的调查资料。

二、资料的分类

正确地进行资料的分类是资料整理的前提。在生物科学研究中，为了便于进行统计分析，对反映生物性状的数据资料要进行分类。根据观察、测量所得数据性质的不同，一般可以分为数量性状资料、质量性状资料两大类。

1. 数量性状资料

数量性状是指能以量测方式或计数方式表示其特征的性状。观察测定数量性状而获得的数据就是数量性状资料。数量性状资料的记载有量测和计数两种方式，因而数量性状资料又分为计量资料和计数资料两种。

计量资料是指用量测手段得到的数量性状资料，即用度、量、衡等计量工具直接测定的数量性状资料。其数据是用长度、容积、重量等来表示，如体高、体长、采血量、产奶量、体重、蛋重等。这种资料的各个观测值不一定是整数，两个相邻的整数间可以有带小数的任何数值出现，其小数位数的多少由度量工具的精度而定，它们之间的变异是连续性的。因此，计量资料也称为连续性变量资料。

计数资料是指用计数方式得到的数量性状资料。在这类资料中，它的各个观察值只能以整数表示，在两个相邻整数间不得有任何带小数的数值出现，如猪的窝产仔数、鸡的产蛋数、鱼的尾数、母猪的乳头数等，这些观察值只能以整数来表示。由于记数资料的观察值是不连续的，该类资料也称为间断性变量资料。

2. 质量性状资料

质量性状是指能观察到而不能直接测量的性状，如家畜的毛色、性别、生死等。这类性状资料一般以统计频数的方法获得，其数据的大小并不表示性状本身的特征，只是说明某一性状出现的频数。例如：统计猪的毛色时，毛色分为黑、白和花三种，若 100 头猪中有黑色 20 头，白色 40 头，花色 40 头，这些数据只表示各种毛色出现的头数，并不能直接反映毛色本身的特征。因为这类性状不能直接测量，所以要获得这类性状的数据资料，须对其观察结果做数量化处理，其数量化方法有统计频数法和评分法 2 种。

表 1-2　某药物对某疾病的治疗效果

疗效	频数(f)
治愈	100
有效	60
无效	40
合计	200

(1)统计频数法是在一定的总体或样本中,根据某一质量性状的类别统计其频数,以频数作为质量性状的数据。例如测定某种新药治疗某种疾病的效果,根据试验家畜对该药物的疗效,可分为治愈、有效、无效三种情况,然后将被测家畜按照这三组归类,清点各组出现的频数,整理成表 1-2。这种由质量性状数量化得来的资料叫频数资料,也属于间断性变量资料。

(2)评分法是对某一质量性状,因其类别不同,分别给予评分。例如在研究猪的肉色遗传时,常用的方法是将屠宰后 2 h 的猪眼肌横切面与标准图谱对比,由浅到深分别给予 1～5 分的评分,以便统计分析。又如研究牛的有角或无角遗传时,以无角数值为 0,有角数值为 1,然后统计各自出现的频数,根据计数资料的统计方法进行统计分析。

两种不同类型的资料相互间是有区别的,但有时可根据研究的目的和统计方法的要求将一种类型资料转化成另一种类型的资料。例如兽医临床化验动物的白细胞总数得到的资料属于计数资料,根据化验的目的,可按白细胞总数正常或不正常分为两组,清点各组的频数,计数资料就转化为质量性状频数资料。

三、数据的检查与核对

在对原始资料进行整理之前,首先要对全部资料进行检查与核对,然后再根据资料的类型及研究的目的对资料进行整理。检查和核对原始资料的目的在于确保原始资料的完整性和正确性。

1. 资料的完整性

所谓完整性,是指原始资料无遗缺或重复。检查原始项目记录是否完好,资料收集是否齐全,若有遗漏或重复,应该补齐或删除。

2. 资料的正确性

所谓正确性,是指原始资料的测量和记载无差错或未进行不合理的归并。检查中要特别注意特大、特小和异常数据(可结合专业知识判断),对有错误、相互矛盾的资料应进行更正,必要时进行复查或重新试验。如果有数据的合并,要检查其合并是否合理,如有无将公畜与母畜、健康畜禽与患病畜禽、不同品种、不同年龄的个体数据进行不合理的合并。检查有无测量工具不准、测量技术不熟练等原因造成的差错,或因粗心大意看错、记错数据,若有,应该加以纠正。

3. 抽样的正确性

生物统计的特点就是用样本推断总体,由部分推断全部。因此,要了解总体,必须使所取的样本具有充分的代表性、准确性与完整性。抽样方法是否正确,样本含量是否适当,要做科学的分析。

四、频数分布表

当资料中观察值较多($n>30$)时,可将观察值分成若干组,统计每组观察值出现的频数,制成频数分布表,即可看到资料的集中和变异情况。

对于间断性变量资料,如果变异程度不大,可采用单项式分组,即以每一个变数为一组进行分组,统计各组内变数的个数,然后制成频数分布表。例如现有 70 枚受精种蛋出雏天数的资料,该资料数据在 19～24 d 范围内变动,有 6 个不同的观察值。以 6 个不同观察值进行分组,共分为 6 组,分别画线统计各个观察值出现的频数,可得表 1-3 形式的频数分布表。

表 1-3　70 枚受精种蛋出雏天数的频数分布表

孵化时间/d	画线计数	频数(f)
19	‖	2
20	卌 |	6
21	卌 卌 卌 ‖	17
22	卌 卌 卌 卌 卌 卌	30
23	卌 卌 ‖|	13
24	‖	2
合计	—	70

对于间断性变量资料,如果观察值较多,变异范围较大,若以每一观察值为一组,则组数太多,而每组内包含的观察值太少,甚至出现的频数为零,因而不容易看出资料的规律性。对于这样的资料,可扩大为以几个相邻观察值为一组,适当减少组数,增加每组内变数的个数,这样资料的规律性就较明显,对资料进一步计算分析也比较方便。例如某品种蛋鸡每年每只鸡产蛋数,其变异范围为 201～300 枚。这样的资料如以每个观察值为一组,则组数太多(该资料最多可分为 100 组),如间隔 10 枚为一组,即 201～210,211～220,…,291～300,共分为 10 组,可使组数适当减少。经整理制成频数分布表后,资料的规律性就比较明显。

对于连续性变量资料不能按间断性变量资料的分组方法进行整理,其分组是采用组距式分组方法。在分组前需要确定全距、组数、组距、组中值及组限,然后将全部观测值画线归组,统计各组中变数出现的频数。

对于质量性状资料,可按性状或等级进行分组,分别统计各组的频数,然后制成频数分布表。例如,研究猪的毛色遗传时,按颜色划分为白色、黑色和花色 3 种,统计各种颜色出现的频数。

五、频数分布图

频数分布图是用点、线、面等各种直观、形象的几何图形来表示频数分布规律关系的一种表达方式。常用的频数分布统计图有直方图、折线图、长条图、圆图和线图等。图形的选择取决于资料的性质。一般情况下,连续性资料采用直方图和折线图,间断性资料常用长条图、线图或圆图。

【任务实施】

一、编制频数分布表

任务资料属于连续性变量资料，资料整理步骤如下：

1. 求全距

全距是资料中最大值与最小值之差，它表示了整个样本的变异范围，又称为极差，用 R 表示，即 $R=x(\max)-x(\min)$。

表 1-1 中，窝重的最大值为 118.5 kg，最小值为 11.6 kg，因此，$R=118.5-11.6=106.9(\text{kg})$。

2. 确定组数

组数的多少视样本容量、资料变动程度的大小和资料整理的目的而定，同时也要便于计算，一般以达到既简化资料又不影响反映资料的规律性为原则，要能反映出数据资料的分布特征。组数多少要适当，不能过多或过少。分组越多所求得的统计量越精确，但增大了运算量，而且可能使某些组包含的频数远低于相邻的两组，甚至为零，难以看出数据的集中程度，不利于图示；若分组过少，资料的规律性也反映不出来，计算出的统计量的精确性也较差。一般组数的确定，可参考表 1-4。

表 1-4 样本容量与组数的关系

样本容量(n)	组数	样本容量(n)	组数
31～60	6～8	201～500	12～17
61～100	7～10	501 以上	17～30
101～200	9～12		

本任务中，$n=200$，根据表 1-4，初步确定组数为 11 组。

3. 确定组距

每组最大值与最小值之差称为组距，记为 i。分组时一般要求各组的组距相等。组距的大小由全距与组数确定，计算公式为：

$$\text{组距}(i)=\text{全距}/\text{组数} \tag{1-1}$$

对于连续性变量数据资料，采用公式(1-1)计算得到的结果不一定是整数，为了方便计算，应尽可能使组距的小数位少一些，可以四舍五入的方式来调整。

本例 $i=106.9\div11=9.7182$，为了计算和分组时方便，组距取 10.0。

4. 确定组限及组中值

各组的最大值与最小值称为组限。最小值称为组下限，最大值称为组上限。每一组的中点值称为组中值，它是该组的代表值。组中值与组限、组距的关系如下：

$$\text{组中值}=(\text{组下限}+\text{组上限})/2=\text{组下限}+1/2\text{组距}=\text{组上限}-1/2\text{组距}$$

由于相邻两组的组中值的距离等于组距，所以当第一组的组中值确定以后，加上组距就是第二组的组中值，第二组的组中值加上组距就是第三组的组中值，其余类推。

组距确定后，一般要首先选定组中值，然后再确定组限。因为组中值经常参加计算，所以和组距一样，也应尽可能使组中值的小数位少一些。在分组时为了避免第一组中观察值过多，一般第一组的组中值以接近于或等于资料中的最小值为好。第一组组中值确定后，该组组限即可确定，其余各组的组中值和组限也可相继确定。注意，第一组的组下限应小于资料中的最小值，最末一组的组上限应大于资料中的最大值。

表 1-1 中，最小值为 11.6，第一组的组中值可以取 11.5，那么第二组的组中值就等于 11.5＋10.0＝21.5，依此类推。因组距已确定为 10.0，所以，第一组的下限＝11.5－(1/2)×10.0＝6.5；第一组的上限也就是第二组的下限为 6.5＋10.0＝16.5；第二组的上限也就是第三组的下限为 16.5＋10.0＝26.5；依此类推，一直到某一组的上限大于资料中的最大值为止。于是可分组为：6.5～16.5，16.5～26.5，…，为了使恰好等于组限的数据能确切归组，约定将其归入后一组，即将等于组限的数据归到它是下限的组内，这种方法称为上限排外法。如数据 96.5 应归入倒数第三组 96.5～106.5 组内。这样每组内的数据都是大于等于组下限，小于组上限。通常将上限略去不写，如第一组记为 6.5～，第二组记为 16.5～，…

5. *归组画线计数，作频数分布表*

分组结束后，将资料中的每一观测值逐一归组，画线计数，然后制成频数分布表。如表 1-1 中，第一个观测值 47.2，应归入表 1-5 中第五组，组限为 46.5～(56.5)；第二个数 57.1，应归入第六组，组限为 56.5～(66.5)；依次将 200 个观察值都逐一进行归组画线计数，然后统计各组频数即制成频数分布表，见表 1-5。在归组画线时应注意，不要重复或遗漏，归组画线后将各组的频数相加，结果应与样本容量相等。

表 1-5　200 头经产母猪所生仔猪 1 月龄窝重资料的频数分布表

组别/kg	组中值/kg	画线计数	频数(f)
6.5～	11.5	||||	4
16.5～	21.5	卌 ||||	9
26.5～	31.5	卌 卌 ||	12
36.5～	41.5	卌 卌 卌 |	16
46.5～	51.5	卌 卌 卌 卌 ||	22
56.5～	61.5	卌 卌 卌 卌 卌 卌 ||	32
66.5～	71.5	卌 卌 卌 卌 卌 卌 卌 卌 |	41
76.5～	81.5	卌 卌 卌 卌 卌 ||||	29
86.5～	91.5	卌 卌 卌 ||||	19
96.5～	101.5	卌 卌	10
106.5～	111.5	||||	4
116.5～126.5	121.5	||	2
合计	—	—	200

从表 1-5 可以看出 200 头经产母猪所生仔猪 1 月龄窝重资料分布的一般趋势：窝重的变异范围在 6.5～126.5 kg，大部分的窝重集中在 56.5～86.5 kg。

二、绘制频数分布图

1. 直方图（柱形图、矩形图）

对计量资料，可根据频数分布表绘制出直方图以表示资料的分布情况。其做法是：在横轴上标记各组组限，纵轴标记各组的频数（f），即以组距为宽，频数为高，在各组的区间上画出一矩形，即得频数分布直方图。矩形的高低表示该组出现频数的多少，出现的频数越多，则矩形越高。

按照一般的制图习惯，在直方图的最左、最右两侧，均应该空出一个组距的地方。

例如：根据表 1-5 绘制的频数分布直方图，见图 1-1。

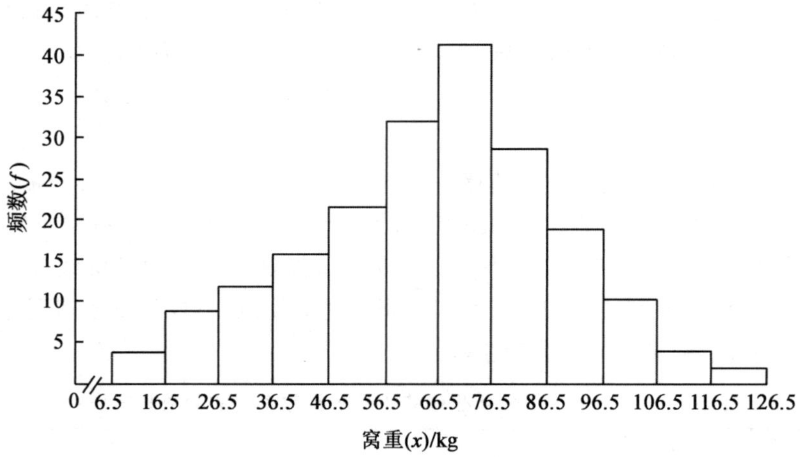

图 1-1　200 头经产母猪所生仔猪 1 月龄窝重频数分布直方图

2. 折线图

对连续性资料，还可根据频数分布表绘制频数分布折线图。其做法是：在横轴上标记组中值，纵轴上标记频数，以各组组中值为横坐标，频数为纵坐标描点，用线段依次连接各点，即可获得频数分布折线图。在同一坐标系内可以绘制多条折线，以便进行多个事物之间变化趋势的比较。

例如：根据表 1-5 绘制的频数分布折线图，见图 1-2。

从图 1-1 和图 1-2 可以看出：频数呈现中间多两边少的分布，频数分布图近似钟形对称，可以认为数据资料来自正态总体。

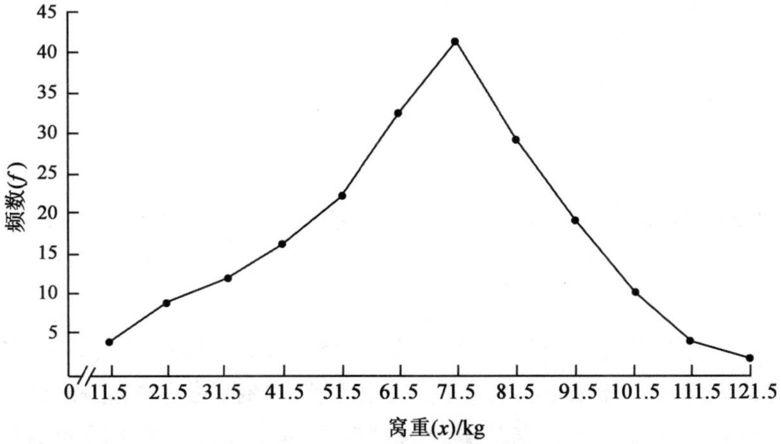

图 1-2　200 头经产母猪所生仔猪 1 月龄窝重频数分布折线图

【任务拓展】

一、编制统计表的基本要求

统计表由表号、标题、标目、线条、数据及合计构成，其基本格式见表 1-6。

表 1-6　一般统计表的格式

总横标目（或空白）	纵标目 1	纵标目 2	…	纵标目 n	合　计
横标目 1	数据	数据	…	数据	横标目 1 所有数据之和
横标目 2	数据	数据	…	数据	横标目 2 所有数据之和
⋮	⋮	⋮	⋮	⋮	⋮
横标目 m	数据	数据	…	数据	横标目 m 所有数据之和
合　计	纵标目 1 所有数据之和	纵标目 2 所有数据之和	…	纵标目 n 所有数据之和	所有原始资料数据之和

编制统计表的总原则是：结构简单，层次分明，内容安排合理，重点突出，数据准确，便于理解和比较分析。其各部分内容的具体要求如下：

1. 表号

可有可无。一篇文章或一本书之中的所有表格应该连续编号或分篇章连续编号，以便读者把表格与相关文字内容衔接起来，也便于读者的查找。

2. 标题

标题要简明扼要、准确地说明表的内容，有时须注明时间、地点，有的还标明表中数据的单位等。

3. 标目

标目分横标目和纵标目两项。横标目列在表的左侧，用以表示被说明事物的主要标志；纵标目列在表的上端，说明横标目各项统计指标内容，有的表还需注明计算单位，如%，

kg,cm 等。

4.数据

一律用阿拉伯数字,数字小数点对齐,小数位数要一致。无数字的用"—"表示;数字是"0"的,则填写"0"。

5.线条

表的上下两条边线略粗,纵、横标目间及合计用细线分开,表的左右边线可省去,表的左上角一般不用斜线。有的表格要求只有三条线,即三线表。

6.合计

按照表中纵、横标目所在列、行中的数据进行合计后填在相应单元格中。表中最右下角的合计数字,是指统计表中除最下行、最右列数据之外,所有数据资料之和。

统计表可根据纵、横标目是否有分组分为简单表和复合表两类。简单表由一组横标目和一组纵标目组成,纵、横标目都未分组,此类表适用于简单资料的统计。复合表由两组或两组以上的横标目与纵标目结合而成,或由一组横标目与两组或两组以上的纵标目结合而成,此类表适用于复杂资料的统计。

二、累积频数表和累积频率表

频数分布表是最基本的统计表格,在生产实践中,为了便于应用,常将频数分布表进一步整理成累积频数表、累积频率表。现以表 1-5 为例,说明 200 头经产母猪所生仔猪 1 月龄窝重资料的累积频数表和累积频率表的编制方法,见表 1-7。

表 1-7 200 头经产母猪所生仔猪 1 月龄时窝重资料的统计表

组别/kg	组中值/kg	频数(f)	累积频数	频率/%	累积频率/%
6.5～	11.5	4	4	2.00	2.00
16.5～	21.5	9	13	4.50	6.50
26.5～	31.5	12	25	6.00	12.50
36.5～	41.5	16	41	8.00	20.50
46.5～	51.5	22	63	11.00	31.50
56.5～	61.5	32	95	16.00	47.50
66.5～	71.5	41	136	20.50	68.00
76.5～	81.5	29	165	14.50	82.50
86.5～	91.5	19	184	9.50	92.00
96.5～	101.5	10	194	5.00	97.00
106.5～	111.5	4	198	2.00	99.00
116.5～126.5	121.5	2	200	1.00	100.00
合计	—	200	—	100.00	—

频率是各组的频数与样本容量之比,一般以百分数(%)表示。由各组的组中值与频率两列组成的表就是频率分布表。各组频率的大小反映了观测值出现在该组的可能性大小。

某一组的累积频数是指从第一组开始到该组为止的各组频数的累计之和，因此，第一组的累积频数，就是该组的实际频数；最后一组的累积频数应该为各组频数之和，即样本容量。由各组的组中值与累积频数两列组成的表就是累积频数分布表。

累积频率表是由组中值和累积频率组成的统计表格。累积频率的含义与累积频数的含义基本相同，都是为了统计分析的需要，有时要观察某一数值以下（或以上）出现的频数或频率。

由表 1-7 可见，第五组 46.5～56.5 的累积频数为 63，说明该资料的所有数据中，窝重＜56.5 kg 的频数为 63 次；该组的累积频率为 31.50%，说明该资料的所有数据中，窝重＜56.5 kg 出现的频数占总窝数 200 的百分比为 31.50%。

三、绘制统计图

对于连续性变量数据资料，绘制直方图和折线图前已介绍，不再重复。下面针对间断性变量数据资料，介绍圆图、线图、条形图等统计图。

1. 圆图（饼图）

它用整个圆（或圆饼）的面积表示研究对象总体的总频数，按各类别、等级的构成比将圆面积分成若干个扇形，以扇形面积的大小表示各类别、等级等构成部分的频数比例。计数资料、质量性状资料常用构成比来表示。所谓构成比，就是各类别、等级的观测值个数（频数）与观测值总个数（样本容量）的百分比。绘制圆图时，应注意以下三点：

（1）圆图每 3.6°圆心角所对应的扇形面积为 1%。

（2）圆图上各部分按资料顺序或大小顺序，以时钟 9 时或 12 时为起点，顺时针方向排列。

（3）圆图中各部分用线条分开，注明简要文字及百分比。

例如：根据表 1-8 牛奶、牛肉、鸡蛋、咸带鱼四种动物性食品中蛋白质、脂肪、糖类、无机盐、水分和其他营养成分的有关数据，可以绘制其营养成分的圆图，见图 1-3。

表 1-8　四种动物性食品的营养成分百分比统计表　　%

品别	蛋白质	脂肪	糖类	无机盐	水分	其他
牛奶	3.3	4.0	5.0	0.7	87.0	—
牛肉	19.2	9.2	—	1.0	62.1	8.5
鸡蛋	11.9	9.3	1.2	0.9	65.5	11.2
咸带鱼	15.5	3.7	1.8	10.0	29.0	40.0

2. 长条图（条形图）

它用等宽长条的长短或高低表示按某一研究指标划分属性种类或等级的频数或频率分布。如表示奶牛几种疾病的发病率；几种家畜对某一寄生虫感染的情况；不同公羊油汗色泽的频数分布情况等。如果只涉及一项指标，则采用单式长条图；如果涉及两个或两个以上的指标，则采用复式长条图。

在绘制长条图时，应注意以下几点：

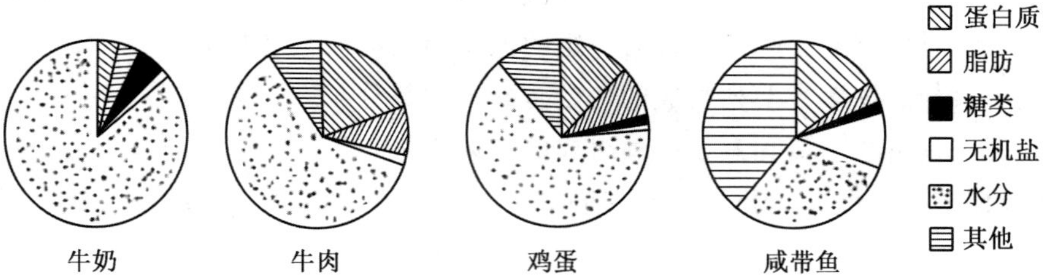

图 1-3 四种动物性食品的营养成分百分比圆图

资料来源：明道绪. 生物统计附试验设计. 2002.

(1)纵轴尺度从“0”开始，间隔相等，标明所表示指标的尺度及单位。

(2)横轴是长条图的共同基线，应标明各长条的内容。长条的宽度要相等，间隔相同。间隔的宽度可与长条宽度相同或者是其一半。

(3)在绘制复式长条图时，将同一属性种类、等级的两个或两个以上指标的长条绘制在一起，各长条所表示的指标用图例说明，同一属性种类、等级的各长条间不留间隔。

例如：2018—2020 年我国畜禽肉产量资料整理为表 1-9，表 1-9 的资料绘制成的复式长条图见图 1-4。

表 1-9 2018—2020 年我国畜禽肉产量统计表 万 t

类别	2018 年	2019 年	2020 年
猪肉产量	5 404	4 255	4 113
禽肉产量	1 994	2 239	2 361
牛肉产量	644	667	672
羊肉产量	475	488	492

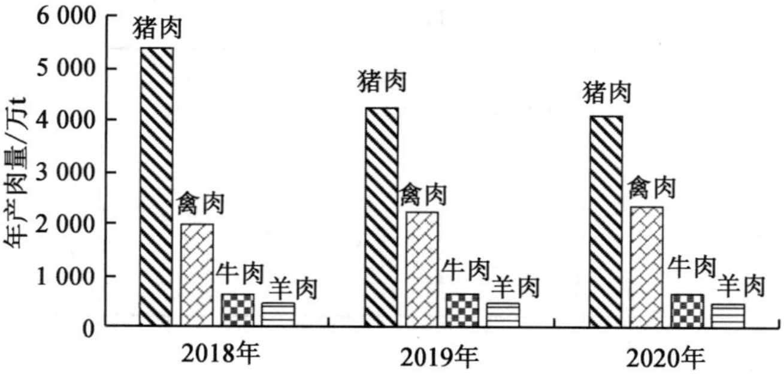

图 1-4 2018—2020 年我国畜禽肉产量长条图

3. 线图

它用来表示事物或现象随时间而变化发展的情况。线图有单式和复式两种。前者表示某一事物或现象的动态。后者是指在同一线图上表示两种或两种以上事物或现象的动态，这时可用实线“——”，断线“------”，点线“· · · ·”，横点线“-·-·-·-”等来标志区别，或者用不同的颜色与符号组合而加以区别。

例如：表 1-10 所示 2015—2020 年我国各类鸡肉年产量资料，其线图见图 1-5。

表 1-10　2015—2020 年我国各类鸡肉年产量　　万 t

类型	2015 年	2016 年	2017 年	2018 年	2019 年	2020 年
白羽肉鸡产肉量	745	798	761	757	831	977
黄羽肉鸡产肉量	446	485	460	503	573	539
小白羽肉鸡产肉量	71	80	106	122	173	153
淘汰蛋鸡产肉量	142	141	139	111	110	127

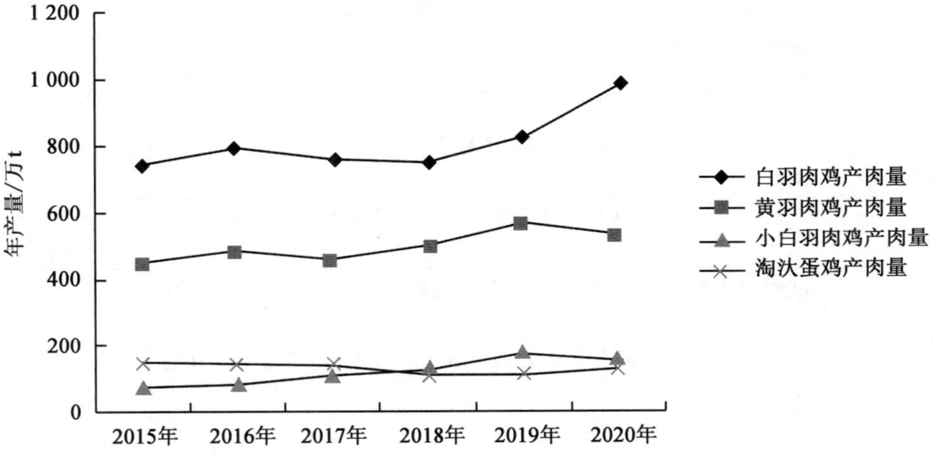

图 1-5　2015—2020 年我国各类鸡肉年产量线图

4. 绘制统计图的基本要求

(1)标题简明扼要，位于图的下方。

(2)纵、横两轴应有刻度，注明单位。

(3)横轴由左至右、纵轴由下而上，数值由小到大；整个图形的高度和宽度的比例取 1∶(1.25～1.60)为宜，这样绘制的图形能给人以比较正常的视觉感受，过于高狭或平坦会使人产生数据过于集中或过于分散的错觉。

(4)第一组组下限通常不是 0，所以最小横坐标与原点之间应隔开约一个组距(一等份)的距离，并用折断符号“—//—”标记。在最大横坐标的右侧也留出一个组距的空白。直方图与条形图的纵坐标必须从零点开始向上区分。

(5)如果在一幅图内比较两个或两个以上的事物，需用不同颜色或线条表示时，应有图例说明。

四、研究频数分布的意义

对样本资料，特别是大样本的数据资料，通过研究其频数分布，可以从杂乱无章的数据中，快速、简单、直观、明了地获得资料的主要特征，如通过极差(全距)可以了解数据的变异程度，即可以了解资料的分散性，也称为离中趋势，也就是指数据资料远离其中心的趋势；通过频数分布表或频数分布图，可以了解数据资料的集中程度，获得大多数数据的分布区间，即了解资料的集中性或集中趋势，也就是数据资料向其某一数值靠拢的趋向；通过频数的分布情况可以了解资料的变化趋势，也就是说频数随着变量的变化是如何变化的，资料的分布是正态的还是偏态的。

【任务评价】

任务评价内容与考核得分

<table>
<tr><th>评价环节</th><th>评价内容</th><th>分值</th><th>得分</th></tr>
<tr><td rowspan="2">任务相关知识</td><td>了解数据资料的来源和分类，并会对数据资料检查和核对</td><td>5</td><td></td></tr>
<tr><td>熟悉频数分布表和频数分布图的表现形式和含义</td><td>10</td><td></td></tr>
<tr><td rowspan="3">任务实施</td><td>准确叙述频数分布表的编制步骤</td><td>10</td><td></td></tr>
<tr><td>对给定资料 1，整理分组，编制频数分布表，指出数据资料的集中趋势和离散程度</td><td>30</td><td></td></tr>
<tr><td>对给定资料 1，绘制直方图和折线图，判断资料是否来自正态总体</td><td>25</td><td></td></tr>
<tr><td rowspan="2">任务拓展</td><td>准确叙述常用统计表和统计图，说明编制统计表、绘制统计图的注意事项</td><td>10</td><td></td></tr>
<tr><td>对给定资料 1，把频数分布表进一步整理成累积频数表、累积频率表</td><td>10</td><td></td></tr>
<tr><td>总体评价</td><td></td><td>100</td><td></td></tr>
<tr><td>资料 1</td><td colspan="3">
40 只母鸡体重的数据资料 kg
<table>
<tr><td>2.4</td><td>2.0</td><td>2.2</td><td>2.5</td><td>2.3</td><td>2.5</td><td>2.6</td><td>2.3</td><td>2.1</td><td>2.3</td></tr>
<tr><td>2.1</td><td>2.2</td><td>2.2</td><td>2.1</td><td>1.9</td><td>2.1</td><td>2.0</td><td>2.1</td><td>2.3</td><td>2.2</td></tr>
<tr><td>2.2</td><td>2.2</td><td>2.2</td><td>2.3</td><td>1.9</td><td>2.2</td><td>2.4</td><td>2.3</td><td>2.1</td><td>2.0</td></tr>
<tr><td>2.1</td><td>2.2</td><td>2.0</td><td>2.2</td><td>2.1</td><td>2.4</td><td>2.3</td><td>1.9</td><td>2.0</td><td>2.2</td></tr>
</table>
</td></tr>
</table>

子任务二　定量描述

【任务描述】

200 头经产母猪所生仔猪 1 月龄窝重资料见表 1-1。试计算仔猪 1 月龄窝重的平均数、标准差和变异系数。

【任务相关知识】

一、算术平均数

描述数据分布集中趋势的特征值称为平均数。平均数表明了资料中各观测值相对集中较多的中心位置。在畜牧生产实践和科学研究中，平均数被广泛用来反映畜禽生产性能的高低或者描述各种技术措施的效果、畜禽某些数量性状的指标等，并用它作为资料代表值与其他同类资料进行比较，以衡量不同资料之间的差异程度。平均数包括算术平均数、几何平均数、调和平均数、中位数和众数等，其中最常用的是算术平均数。

1. 算术平均数的含义

算术平均数是指资料中各变数的总和除以变数个数所得的商，简称平均数或均数。算术平均数的单位与变数的单位相同。算术平均数主要应用于描述对称分布资料的集中趋势，许多生物现象所产生的数据都服从正态分布。正态分布是对称分布，所以算术平均数是平均数中应用最广泛的一种，如不特别说明，所称的平均数均为算术平均数。

2. 算术平均数的计算

根据样本容量大小及分组情况采用直接法或加权法来计算算术平均数。

(1)直接法。直接法也称为定义法，主要用于计算小样本、未经分组资料的平均数。

设某一样本资料包含 n 个变数，分别为：$x_1, x_2, \cdots, x_n$，则样本平均数 $\overline{x}$ 可通过下式计算：

$$\overline{x}=\frac{x_1+x_2+\cdots+x_n}{n}=\frac{\sum_{i=1}^{n}x_i}{n} \tag{1-2}$$

式中：$\sum$ 为求总和符号；$\sum_{i=1}^{n}x_i$ 表示从第一个变数 x_1 累加到第 n 个变数 x_n。当 $\sum_{i=1}^{n}x_i$ 在意义上已明确时，可简写为 $\sum x$，上式即可改写为：

$$\overline{x}=\frac{\sum x}{n} \tag{1-3}$$

总体平均数用 μ 表示。若由 N 个变数组成的总体，其总体平均数的计算公式如下：

$$\mu=\frac{x_1+x_2+\cdots+x_N}{N}=\frac{\sum_{i=1}^{N}x_i}{N} \tag{1-4}$$

在统计学上，总体平均数 μ 只是在理论上存在的一个参数，由于很难得到或无法得到(如无限总体)，参数常常是未知数，常用样本平均数作为总体平均数的估计值。

(2)加权法。对于已分组的样本资料，以组中值(或变数)x 代表各个组内的值，以 f 代表各组内变数出现的频数。由于各组的频数 f 不等，所以各组的组中值(或变数)在整个资料中所占的比重不同，比重大的对平均数影响就大，比重小的对平均数影响就小。所以，不能平等地看待这些组中值(或变数)，必须用一种权衡轻重的方法，即加权法求平均数。其计算公式为：

$$\overline{x}=\frac{x_1f_1+x_2f_2+\cdots+x_kf_k}{f_1+f_2+\cdots+f_k}=\frac{\sum_{i=1}^{k}x_if_i}{\sum_{i=1}^{k}f_i}=\frac{\sum xf}{n} \tag{1-5}$$

式中：x_i 为第 i 组的组中值(或变数)；f_i 为第 i 组的频数；k 为分组数；n 为样本容量。

第 i 组的频数 f_i 的大小权衡了第 i 组组中值(或变数)x_i 在资料中所占比重大小，因此 f_i 称为是 x_i 的“权”，加权法也由此而得名。

计算来自同一总体的若干个样本平均数的平均数时，如果样本容量不等，也应采用加权法计算。因此，常用加权法计算合并平均数等统计量。

例如：某牛群有黑白花奶牛 1 500 头，其平均体重为 750 kg，而另一牛群有黑白花奶牛 1 200 头，平均体重为 725 kg，如果将这两个牛群混合在一起，其混合后牛群的平均体重为多少？

此例两个牛群所包含的牛的头数不等，要计算两个牛群混合后的平均体重，应以两个牛群牛的头数为权，求两个牛群平均体重的加权平均数，即

$$\overline{x}=\frac{\sum xf}{\sum f}=\frac{750\times 1\ 500+725\times 1\ 200}{2\ 700}=738.89(\text{kg})$$

即两个牛群混合后平均体重为 738.89 kg。

3. 算术平均数的性质

(1)离均差之和等于零，即样本中各变数与平均数之差的和为零。

$$\sum_{i=1}^{n}(x_i-\overline{x})=0 \quad 或简写成 \quad \sum(x-\overline{x})=0$$

(2)离均差平方和为最小，即样本各变数与平均数之差的平方的和为最小。

$$\sum_{i=1}^{n}(x_i-\overline{x})^2<\sum_{i=1}^{n}(x_i-a)^2 \qquad (常数\ a\neq\overline{x})$$

或简写成：

$$\sum(x-\overline{x})^2<\sum(x-a)^2$$

(3)样本中各变数加上或减去一个常数，其均数等于原均数加上或减去该常数。

(4)样本各变数乘以或除以一个不为零的常数，其均数等于原均数乘以或除以该常数。

二、标准差

1. 标准差的含义

用平均数作为样本的代表值，其代表性的强弱受样本资料中各变数变异程度的影响。如果各变数变异小，则平均数对样本的代表性强；如果各变数变异大，则平均数代表性弱。

例如：甲、乙两窝同日龄仔猪体重资料见表 1-11。

表 1-11　两窝同日龄仔猪体重资料　　kg

窝别	窝仔猪体重	平均数
甲窝	20,15,10,15,10	14
乙窝	14,16,12,15,13	14

由表 1-11 可见，两窝仔猪的平均体重相同，都是 14 kg，然而甲窝中体重最大值 20 kg 与

体重最小值 10 kg 相差高达 10 kg，乙窝中体重最大值 16 kg 与体重最小值 12 kg 相差仅 4 kg，乙窝中的数据都集中在其平均数 14 kg 周围，变异较小，比较整齐。显然，仅用平均体重 14 kg 来反映这两窝仔猪的体重资料的分布规律是不完整的，还需引入表示资料中变数变异程度大小的统计量。

全距(也称极差)是表示资料中各变数变异程度大小最简便的统计量，它是指一组数据资料中两个极值(最大值与最小值)的差。全距大，则资料中各变数变异程度大；全距小，则资料中各变数变异程度小。但是计算全距时，仅仅利用了资料中的最大值和最小值两个极端变数，没有充分利用数据资料中所有变数提供的信息，并不能准确表达资料中各变数的变异程度。

为了准确地表示样本内各个观测值的变异程度，人们首先会考虑到以平均数为标准，求出各个观测值与平均数的离均差，即$(x-\overline{x})$。虽然离均差能表达一个观测值偏离平均数的性质和程度，但因为离均差有正、有负，离均差之和为零，即 $\sum(x-\overline{x})=0$，因而不能用离均差之和 $\sum(x-\overline{x})$ 来表示资料中所有观测值的总偏离程度。

为了克服离均差无法表达数据资料离散程度的缺点，可以先将各个离均差平方，即$(x-\overline{x})^2$，再求离均差平方之和，即 $\sum(x-\overline{x})^2$，简称平方和，记为 SS，以离均差平方和来表达数据资料的离散程度，离均差平方和越大，数据资料的离散程度就越大。

但是，离均差平方和常随样本容量大小而改变。假如比较来自同一总体但样本容量差异较大的两个资料的变异程度时，有可能出现样本容量大的资料其离均差平方和也大，这显然是不正确的。为了消除样本容量大小的影响，用平方和除以样本容量大小，即 $\sum(x-\overline{x})^2/n$，求出离均差平方和的平均数，可以较公平地判定数据资料的离散程度。

实际上，$\sum(x-\overline{x})^2/n$ 只适合于大样本数据资料离散程度的度量，在小样本的情况下，此式算出的数值作为总体参数的估计值时，常常是偏小的，而且样本容量 n 越小，这种偏差越大。

为使所得的统计量是相应总体参数的无偏估计量，在求离均差平方和的平均数时，分母不用样本容量 n，而用 $n-1$，这样就可以纠正由于样本容量变少而产生的抽样误差的影响，使样本的统计量更接近客观真值。我们把 $n-1$ 称为自由度，一般常用 df 表示。从理论上讲，一个样本中 n 个变数与 $\overline{x}$ 相减应该有 n 个离均差。但由于受到离均差之和为零，即 $\sum(x-\overline{x})=0$ 这个条件的限制，其中只有 $n-1$ 离均差可以自由变动，当前边的 $n-1$ 个数值确定以后，最后一个离均差的值也就确定下来了，不能自由变动。所以这时的自由度就是 $n-1$。自由度等于样本容量 n 减去计算过程中使用的条件数。如果计算某一统计量时应用了 2 个条件，其自由度为 $n-2$；若应用了 k 个条件，则自由度为 $n-k$。

故对于小样本而言，应采用统计量 $\sum(x-\overline{x})^2/(n-1)$ 表示资料的变异程度。统计量 $\sum(x-\overline{x})^2/(n-1)$ 称为均方，又称样本方差，记为 S^2 或 MS，即

$$S^2=\frac{\sum(x-\overline{x})^2}{n-1} \tag{1-6}$$

由于样本方差的单位是原变数单位的平方，在仅表示一个资料中各变数的变异程度而不作其他分析时，常需要与平均数配合使用，这时应将平方单位还原，即应求出均方的平方根。统计学上把均方 S^2 的平方根称为样本标准差，记为 S，即

$$S=\sqrt{\frac{\sum(x-\overline{x})^2}{n-1}} \tag{1-7}$$

均方 S^2 相对应的总体参数称为总体方差，记为 σ^2。对于有限总体而言，σ^2 的计算公式为：

$$\sigma^2=\frac{\sum(x-\mu)^2}{N} \tag{1-8}$$

总体标准差用 σ 表示，其计算公式为：

$$\sigma=\sqrt{\frac{\sum(x-\mu)^2}{N}} \tag{1-9}$$

由于总体方差 σ^2 和总体标准差 σ 不存在或难以得到，在统计学中，常用均方 S^2 去估计总体方差 σ^2，用样本标准差 S 估计总体标准差 σ。

2. 标准差的计算

(1)直接法。直接法主要用于计算小样本、未经分组资料的标准差计算，可用定义式或简便式。

定义式：$S=\sqrt{\frac{\sum(x-\overline{x})^2}{n-1}}$　　简便式：$S=\sqrt{\frac{\sum x^2-\frac{(\sum x)^2}{n}}{n-1}}$

对表 1-11 的资料，甲窝猪体重的标准差为：

$$S_{甲}=\sqrt{\frac{\sum x^2-\frac{(\sum x)^2}{n}}{n-1}}=\sqrt{\frac{1\ 050-\frac{70^2}{5}}{4}}=4.183\ 3(\text{kg})$$

乙窝猪体重的标准差为：

$$S_{乙}=\sqrt{\frac{\sum x^2-\frac{(\sum x)^2}{n}}{n-1}}=\sqrt{\frac{990-\frac{70^2}{5}}{4}}=1.581\ 1(\text{kg})$$

由于 $S_{甲}>S_{乙}$，说明甲窝仔猪体重的离散程度大于乙窝仔猪体重的离散程度。

(2)加权法。对于已制成频数分布表的大样本资料，可采用加权法计算标准差。计算公式为：

$$S=\sqrt{\frac{\sum (x-\overline{x})^2 f}{n-1}}=\sqrt{\frac{\sum x^2 f-\frac{\left(\sum xf\right)^2}{n}}{n-1}} \tag{1-10}$$

式中：f 为各组频数；x 为各组的组中值(或变数)；n 为样本容量。

3. 标准差的性质

(1)一个样本资料各变数加上或减去一个常数，其标准差不变。

(2)一个样本资料各变数乘以或除以一个常数 a，其标准差等于原标准差乘以或除以该常数($a\neq 0$)。

(3)对于一个符合正态分布大样本资料，约有 68.27%的变数在平均数左右 1 倍标准差($\overline{x}\pm S$)范围内；约有 95.46%的变数在平均数左右 2 倍标准差($\overline{x}\pm 2S$)范围内；约有 99.73%的变数在平均数左右 3 倍标准差($\overline{x}\pm 3S$)范围内。平均数左右 3 倍标准差范围内几乎囊括了所有的变数，也可看出全距近似地等于 6 倍标准差，可用(全距/6)来粗略估计标准差。

(4)标准差的大小受资料中每一个变数的影响，尤其两个极端的变数，即资料中的最大值、最小值对标准差的影响最大；相对而言，平均数附近的变数对标准差影响较小。

4. 标准差的作用

(1)利用样本标准差可以了解样本的离散程度及样本平均数对样本的代表程度。样本标准差越小，说明样本中各变数离散程度越小，平均数的代表性就越强；反之，若样本标准差越大，说明样本中各变数离散程度越大，平均数的代表性就越小。

(2)样本标准差是其所在总体的标准差的估计值。

(3)利用标准差和平均数可以了解数据资料(群体)分布的一般规律。

(4)标准差还是计算标准误、变异系数等统计量的基础。

三、变异系数

标准差只适合于在两个或多个样本的单位相同、平均数又相近的情况下用来比较它们的离散程度。当进行两个或多个资料变异程度的比较时，如果它们的单位不同或平均数差异较大时，比较其变异程度就不能采用标准差，而需采用变异系数。变异系数为标准差与平均数的比率，也叫离散系数，记为 CV。变异系数是衡量资料中各变数变异程度的另一个统计量。变异系数消除了单位和平均数不同对两个或多个资料变异程度比较的影响。

变异系数没有单位，是一个相对离散统计量，可以看作是以平均数为单位的标准差。变异系数越大，表示样本中各个变数的离散程度越大；变异系数越小，表示样本中各个变数的离散程度也就越小。一般样本的变异系数超过 20%时，可以认为其离散程度或变异程度较大。

变异系数的计算公式为：

$$CV=\frac{S}{\overline{x}}\times 100\%$$

已知秦川黄牛的平均胸围 $\overline{x}_1=1\ 820$ mm，胸围的标准差 $S_1=69.1$ mm；平均体重 $\overline{x}_2=450.78$ kg，体重的标准差 $S_1=38.96$ kg，问胸围和体重哪个性状的变异程度大？

两个性状的单位不相同，不能用标准差来直接比较两个性状的变异程度大小，只能用变异系数来比较。

秦川黄牛胸围的变异系数 $CV_1=\frac{69.1}{1\ 820}\times100\%=3.797\%$

秦川黄牛体重的变异系数 $CV_2=\frac{38.96}{450.78}\times100\%=8.643\%$

所以，秦川黄牛体重的变异程度大于其胸围的变异程度。

应用变异系数，注意以下几点：

(1)利用变异系数可以比较单位不同或平均数差异较大性状之间的变异程度大小。例如体高与胸围、体高与体重、初生重与产仔数、猪的体重与牛的体重。

(2)变异系数的大小同时受平均数和标准差两个统计量的影响，因而在利用变异系数表示资料的变异程度时，最好将平均数和标准差同时列出，一般表示形式为($\bar{x}\pm S$)。

(3)变异系数是一个相对统计量，没有单位，一般用百分数表示。

(4)在比较两个或多个样本的离散程度时，可以直接比较大小。

【任务实施】

1. 计算窝重的平均数

(1)直接法：利用表 1-2 资料的原始数据，直接计算样本平均数。

$$\bar{x}=\frac{x_1+x_2+\cdots+x_n}{n}=\frac{47.2+57.1+\cdots+118.5}{200}\ \text{kg}=\frac{13\ 091.3}{200}\ \text{kg}=65.5\ \text{kg}$$

(2)加权法：利用表 1-6 的 200 头经产母猪所生仔猪 1 月龄窝重的频数分布表，计算其加权平均数，见表 1-12。

表 1-12 200 头经产母猪所生仔猪 1 月龄窝重的加权平均数及标准差计算表

组别/kg	组中值(x_i)/kg	频数(f_i)	x_if_i	$x_i^2f_i$
6.5～	11.5	4	46.0	529.00
16.5～	21.5	9	193.5	4 160.25
26.5～	31.5	12	378.0	11 907.00
36.5～	41.5	16	664.0	27 556.00
46.5～	51.5	22	1 133.0	58 349.50
56.5～	61.5	32	1 968.0	121 032.00
66.5～	71.5	41	2 931.5	209 602.25
76.5～	81.5	29	2 363.5	192 625.25
86.5～	91.5	19	1 738.5	159 072.75
96.5～	101.5	10	1 015.0	103 022.50
106.5～	111.5	4	446.0	49 729.00
116.5～126.5	121.5	2	243.0	29 524.50
合计	—	200	13 120.0	967 110.00

$$\bar{x}=\frac{\sum xf}{n}=\frac{13\ 120}{200}=65.6\ (\text{kg})$$

即 200 头经产母猪所生仔猪 1 月龄窝重平均数为 65.6 kg。

2. 计算窝重的标准差

(1)直接法：

$$S=\sqrt{\frac{\sum x^2-\frac{(\sum x)^2}{n}}{n-1}}=\sqrt{\frac{(47.2^2+57.1^2+\cdots+118.5^2)-\frac{13\ 091.3^2}{200}}{200-1}}=22.45(\text{kg})$$

(2)加权法：计算过程见表 1-12。

$$S=\sqrt{\frac{\sum x^2f-\frac{(\sum xf)^2}{n}}{n-1}}=\sqrt{\frac{967\ 110-\frac{13\ 120^2}{200}}{200-1}}=23.127\ 1(\text{kg})$$

即 200 头经产母猪所生仔猪 1 月龄窝重的标准差为 23.127 1 kg。

利用直接法计算平均数和标准差最准确。利用组中值和频数通过加权法计算平均数和标准差，是以假定各组内的变数均匀分布为前提的，与直接法得到的结果有少许偏差，因此利用组中值和频数计算的加权平均数和加权标准差只是平均数和标准差的近似值。

3. 计算窝重的变异系数

对于大样本都要将其整理成次数分布表，在此基础上计算就应该是加权统计量，所以窝重的变异系数计算如下：

$$CV=\frac{S}{\bar{x}}\times100\%=\frac{23.127\ 1}{65.5}\times100\%=35.25\%$$

即 200 头经产母猪所生仔猪 1 月龄窝重的变异系数为 35.25%。

【任务拓展】

一、几何平均数

n 个观测值相乘之积开 n 次方所得的方根，称为几何平均数，记为 G。它主要应用于畜牧业、水产业的生产动态分析，畜禽疾病及药物效价的统计分析，如畜禽、水产养殖的增长率，抗体的滴度，药物的效价，畜禽疾病的潜伏期等。这些资料中的变数一般是呈几何级数增长的偏态分布，用几何平均数比用算术平均数更能代表其平均水平。其计算公式如下：

$$G=\sqrt[n]{x_1 \cdot x_2 \cdot x_3 \cdot \cdots \cdot x_n}=(x_1 \cdot x_2 \cdot x_3 \cdot \cdots \cdot x_n)^{\frac{1}{n}} \tag{1-11}$$

当 $n>2$ 时，为了计算方便，可将上式两边取对数，得 $\lg G$，再求 $\lg G$ 的反对数，即得 G 值，即

$$G=\lg^{-1}\left[\frac{1}{n}(\lg x_1+\lg x_2+\cdots+\lg x_n)\right]=\lg^{-1}\left(\frac{\sum \lg x}{n}\right) \tag{1-12}$$

例如：采用某种饲养管理方式饲喂北京鸭，得到表 1-13 的体重资料，求每周的平均相对增重率。

表 1-13　北京鸭饲养试验活体重与增重率资料

周龄	活体重/g	相对增重率(x)	$\lg x$
0	58	—	—
1	124	2.137 9	0.329 987
2	320	2.580 6	0.411 721
3	640	2.000 0	0.301 300
4	1 063	1.660 9	0.220 343
5	1 514	1.424 3	0.153 601
6	1 851	1.222 6	0.087 284
7	2 200	1.188 5	0.074 999
8	2 416	1.098 2	0.040 681
9	2 610	1.080 3	0.033 544
合计	—	—	1.653 460

$$\begin{aligned} G &= \lg^{-1}\left[\frac{1}{9}(0.329\,987+0.411\,721+\cdots+0.040\,681+0.033\,544)\right] \\ &= \lg^{-1}\left(\frac{1}{9}\times 1.653\,460\right) \\ &= \lg^{-1}(0.183\,718) \\ &= 1.526\,6 \end{aligned}$$

即北京鸭周平均相对增重率为 1.526 6 或 152.66%。以北京鸭初生重 58 g 为基础，逐周乘以周平均增重率所得的总乘积，即为 9 周龄的体重。

二、调和平均数

资料中各变数倒数的算术平均数的倒数，称为调和平均数（简称为调和均数），记为H，即

$$H=\frac{1}{\frac{1}{n}\left(\frac{1}{x_1}+\frac{1}{x_2}+\cdots+\frac{1}{x_n}\right)}=\frac{1}{\frac{1}{n}\sum\frac{1}{x}} \tag{1-13}$$

调和平均数主要用于反映畜群不同阶段的平均增长率或畜群不同规模的平均增长率。在研究生物的生长发育规律时，用调和平均数才符合实际情况。

例如研究猪的胚胎发育试验，测得仔猪的初生重为1 401 g，其胚胎重量的前1/3阶段发育的生长速度为5.49 g/d，中1/3阶段发育的生长速度为35.92 g/d，后1/3阶段发育的生长速度为29.20 g/d，求猪胚胎的平均生长速度。

$$H=\frac{1}{\frac{1}{3}\times\left(\frac{1}{5.49}+\frac{1}{35.92}+\frac{1}{29.20}\right)}=\frac{1}{\frac{1}{3}\times 0.244\ 24}=\frac{1}{0.081\ 413}=12.283\ 1\ (\text{g/d})$$

即猪胚胎的平均生长速度为12.283 2 g/d。由此得到猪胚胎的生长发育时间为1 401 g÷12.283 1 g/d=114.06 d≈114 d。

猪胚胎重量的前1/3阶段发育的时间为：1 401÷3÷5.49=85.06(d)；

猪胚胎重量的中1/3阶段发育的时间为：1 401÷3÷35.92=13.00(d)；

猪胚胎重量的后1/3阶段发育的时间为：1 401÷3÷29.20=16.00(d)；

胚胎生长发育的时间总共为85.06+13.00+16.00=114.06≈114(d)。

说明用调和平均数求出的平均生长速度是符合母猪的妊娠期为114 d左右这一客观事实的。如果用算术平均数计算，求出的平均生长速度为23.536 7 g/d，那么猪胚胎生长发育的时间总共为1 401÷23.536 7=59.52 d，显然与实际事实是相悖的，是错误的。

一般来讲，对于同一资料，算术平均数 $\bar{x}$ > 几何平均数 G > 调和平均数 H。

三、中位数与众数

将资料内所有观测值从小到大依次排列，位于中间位置的那个观测值，称为中位数或中数，记为M_d。当观测值的个数是偶数时，则以中间两个观测值的算术平均数作为中位数，一个样本资料只有一个中位数。当所获得的数据资料呈偏态分布时，中位数的代表性优于算术平均数。数据资料中出现频数最多的变数或频数最多一组的组中值，称为众数，记为M_o，一个样本资料有一个或几个众数。对于一个符合正态分布的样本资料，其平均数、中位数和众数比较接近。

【任务评价】

任务评价内容与考核得分

评价环节	评价内容	分值	得分
任务相关知识	理解平均数的含义，掌握平均数的作用和性质	5	
	理解方差、标准差的含义，掌握标准差的作用和性质	10	
	理解变异系数的含义和应用注意事项	5	
任务拓展	理解几何平均数、调和平均数、中位数、众数的含义和应用范围	10	
	掌握几何平均数、调和平均数的计算方法	10	
对原始资料进行定量描述	对资料1中16头母猪的第一胎产仔数，计算其平均数、标准差和变异系数（$\overline{x}=10.375$；$S=1.8930$；$CV=18.25\%$）	30	
对频数分布表进行定量描述	对资料2，利用加权法计算母猪体长的平均数、标准差和变异系数（$\overline{x}=111.0667$，$S=13.0027$，$CV=11.707\%$）	30	
总体评价		100	
资料1	16头母猪第一胎的产仔数(头)分别为：9，8，7，10，12，10，11，14，8，9，11，11，10，11，12，13		
资料2	见下表		

资料2：

随机测量某品种120头6月龄母猪的体长频数分布表

组别/cm	组中值(x)/cm	频数(f)
80～	84	2
88～	92	10
96～	100	29
104～	108	28
112～	116	20
120～	124	15
128～	132	13
136～	140	3

任务三　生物统计分析工具

【任务描述】

以200头经产母猪所生仔猪1月龄窝重资料（表1-1）为例，学会利用Excel软件和SPSS软件进行资料整理和计算描述统计量。

【任务相关知识】

一、Excel 统计分析

Microsoft Office 系列办公软件中的 Excel 软件，具有强大的数据分析功能，并能把数据用各种统计图的形式形象的表示出来。

1. Excel 数据分析的步骤

(1)将待分析数据输入工作表中的相应单元格区域。

(2)在 Excel“工具”菜单中，选择“数据分析”命令，弹出“分析工具”列表。如果在“工具”菜单上没有“数据分析”命令，应在“工具”菜单上运行“加载宏”命令，在“加载宏”对话框中选择“分析工具库”，这样 “工具”菜单中，就会出现“数据分析”命令了。对 Excel 2007，在界面左上角找到“Microsoft Office”按钮。单击“Excel 选项”。单击“加载项”。在“管理”框中，选择“Excel 加载宏”，单击“转到”。在“可用加载宏”框中，选中“分析工具库”复选框，然后单击“确定”。若要包括用于分析工具库的 Visual Basic for Application (VBA) 函数，选中“分析工具库-VBA”复选框。对 Excel 2019，打开编辑的表格，点击“文件”菜单。在弹出的下拉菜单中选择“选项”。在选项窗口中点击“加载项”。在右侧窗口中点击“转到”按钮。在打开的加载项窗口，勾选“分析工具库”点击确定，把“数据分析”图标添加到工具栏。使用数据分析功能时，在主界面菜单上单击“数据”菜单，即可在主界面工具栏右侧看到“数据分析”命令，选择“数据分析”命令，弹出“分析工具”列表。

(3)在“分析工具”列表框中，选择要使用的分析选项。

(4)在分析选项对话框中，选择相应的输入区域(待分析数据所在的单元格区域)和输出区域(实际上是选择一单元格，分析结果将从该单元格开始向右向下区域显示)，并选择所需的分析选项，最后点击“确定”按钮，即可得到相应的分析结果。

2. Excel 2007 分析工具库简介(图 1-6)

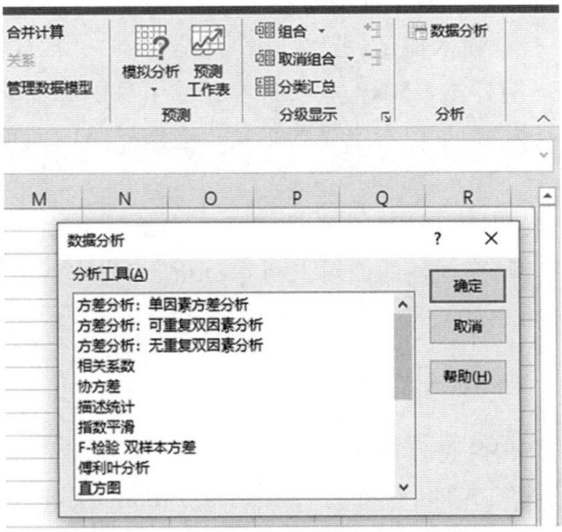

图 1-6　Excel 2007 数据分析的分析工具库

(1)方差分析。用以判断两个或者更多的样本是否是从同一总体中抽取的。使用分析工具库中的工具,可以执行三种类型的方差分析:单因素、可重复双因素和无重复双因素。

(2)相关系数。用以度量两组数据一起变化的程序。指定输入区域可以包括任意数目的由行或者列组成的变量。输出结果由一个相关系数矩阵组成,该矩阵显示了每个变量与其对应变量的相关系数。

(3)协方差。测量两个变量之间的偏差程序。“协方差”工具不生成公式,可以使用COVAR 函数计算协方差矩阵。

(4)描述统计。“描述统计”工具产生的表格用一些标准统计量来描述数据。“第 K 大值”选项和“第 K 小值”选项显示对应于指定的排位的数值。标准输出包括了最大值和最小值。

(5)F 检验(双样本方差检验)。“F 检验”是常用的统计检验方法,用来比较两个总体方差的差异显著性。此检验的输出包括两个样本中每个样本的平均值和方差、F 值、F 的临界值和 F 的有效值。

(6)直方图。直方图工具对制作数据分布表和直方图非常有用。它需要一个输入区域和一个接收区域,接收区域就是直方图每列的值域。如果忽略接收区域,Excel 将创建 10 个等间距的接收区域。

(7)随机数发生器。尽管 Excel 中包含有内置的函数来计算随机数,但“随机数发生器”工具要灵活得多,可以指定随机数的分布类型,如均匀、正态、二项式等。“变量个数”是指所需列的数量,“随机数个数”是指所需的行的数量。“随机数基数”输入框可以指定一个 Excel 在随机数发生运算法则中所使用的开始值。通常,使该输入框保持空白。如果想要产生同样的随机数序列,那么可以指定基数处于 1~32 767(只能是整数值)。

(8)回归。“回归”工具计算工作表数据的回归分析。可以使用回归来分析趋势,建立预测模型。Y 值输入区域是包含因变量的区域。X 值输入区域是一个或多个包含自变量的区域。置信度为回归的置信水平。如果选中常数为零复选框,将使得回归有一个为零的常量。

(9)抽样。“抽样”工具从输入值区域产生一个随机样本。“抽样方法”栏中有两个选项:周期与随机。如果选择周期样本,Excel 将从输入区域中每隔 n 个数值选择一个样本,n 等于指定的周期。对于随机样本,只需指定需要 Excel 选择样品的大小,每个变量被选中的概率均等。

(10)t 检验。用于判断两个样本所在总体间是否在统计上存在显著的差异。分析工具库可以执行三种 t 检验类型:平均值的成对二样本分析、双样本等方差假设、双样本异方差假设等。

二维码 1-2
SPSS 软件简介

二、SPSS 统计分析

SPSS 是目前世界上流行的三大统计分析软件之一(SAS、SPSS 及 SYSTAT),全称为 Statistical Product and Service Solutions,“统计产品与服务解决方案”软件。SPSS 以其强大的统计分析功能、方便的用户操作界面、灵活的表格式报告及其精美的图形展现,受到了社会各界统计分析人员的喜爱。目前，SPSS 版本较多，但操作命令大同小异。本书以 SPSS 26.0 版本为例，讲授 SPSS 的操作步骤。

首次安装软件时，SPSS 界面为英文显示，其界面和输出可以进行语言切换，执行步骤如下：选择菜单栏中的“Edit(编辑)”菜单中的“Options(选项)”命令，弹出的一个对话框，点击“Language(语言)”选项卡，就会出现“Output(输出)”和“User Interface(用户界面)”的语言种类选项，单击下拉菜单，并选中相应的语言就可进行语言的切换。如在“Output (输出)”处下拉菜单中点选“Simplified Chinese(简体中文)”选钮，表示软件的输出结果以中文界面显示；如在“User Interface(用户界面)”处下拉菜单中点选“Simplified Chinese(简体中文)”选钮，表示软件的操作界面以中文界面显示。最后单击“OK(确定)”按钮，即完成 SPSS 软件的用户界面和结果输出的语言切换。不同 SPSS 版本，菜单的翻译略有差异。

1. 打开文件

启动 SPSS，系统会自动打开数据编辑窗口。可以选择菜单栏中的“文件”→“新建”→“数据”命令，新建一个 SPSS 的数据文件；或者选择菜单栏中的“文件”→“打开”→“数据”命令，打开一个保存的数据文件。SPSS 可以打开 SPSS(*.sav)，Excel(*.xls， *.xlsx)，dBASE(*.dbf)，ASCII(*.dat，*.txt)等数据文件。

2. 定义变量

输入数据前要定义变量，包括定义变量名、变量类型、变量宽度、变量标签和变量格式。启动 SPSS 26.0，进入主界面，单击图 1-7 所示屏幕左下角的“变量视图(Variable view)”选项卡，打开定义变量的表格。输入变量名：在“名称(Name)”列的第一个单元格输入第一个变量名，如“温度”。变量名要具有唯一性。确定变量类型：单击“类型(Type)”列的第一个单元格，SPSS 默认变量类型为数值型。“宽度(Width)”表示变量的总宽度，“小数位数(Decimals)”表示数据保留的小数位数，“标签(Label)”表示变量标签，“值(Values)”表示变量的值标签，“缺失(Missing)”表示缺失值，“列(Columns)”表示数据的列宽，“对齐(Align)”表示对齐方式，“测量(Measure)”表示变量的种类。单击数字类型变量后的标符，弹出“变量类型(Variable Type)”对话框，用户可以从该对话框中选择其他的变量类型。

3. 数据录入与保存

定义好变量后，单击“变量视图”选项卡旁的“数据视图”选项卡，进入数据输入窗口，按照 SPSS 表格直接输入数据，见图 1-7。打开“文件”菜单，单击“保存”选项，弹出“另保存”对话框。输入文件名称，单击“保存”按钮。

4. 分析菜单

在数据视图下，点击主菜单的“分析”，下拉菜单显示可以分析的类型(图 1-8)，如描述统计、比较均值、一般线性模型、相关、回归等等。点击“比较平均值”，就会出现平均值、单样本 T 检验、独立样本 T 检验、摘要独立样本 T 检验、成对样本 T 检验、单因素 ANOVA 检验等操作菜单。分析时，点击出现相应的操作菜单。

5. 结果输出

SPSS 的结果输出是指将统计分析后的数据以表格或图的形式显示在输出窗口。SPSS 可以对输出的文件进行保存，保存的类型为“ *.sav”。

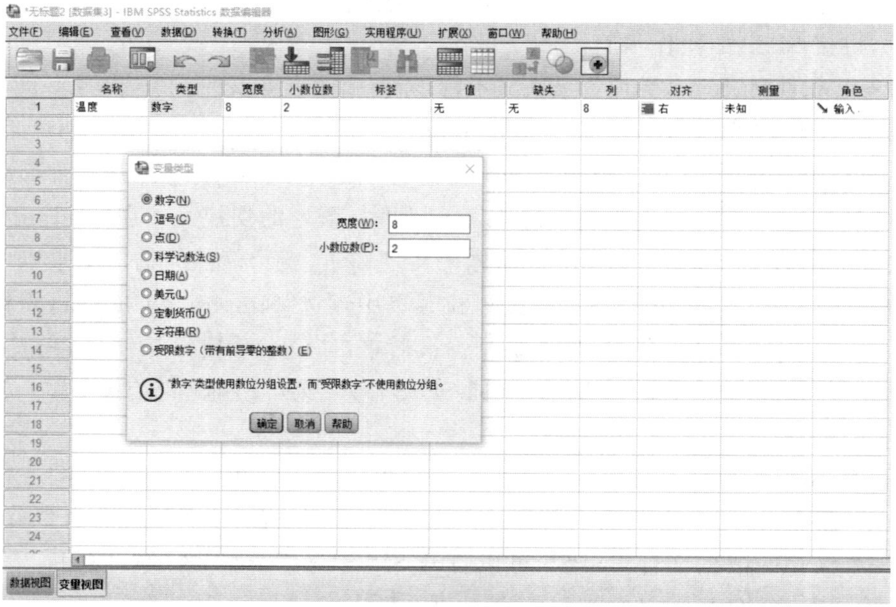

图 1-7　定义变量与数据录入

图 1-8　SPSS 26.0 中文版“分析”菜单

【任务实施】

1. Excel 软件编制频数分布表并生成直方图

Excel 软件中提供了一套非常方便的编表作图工具，利用直方图工具可以根据给定的组限将数据整理成频数分布表和频数分布图。

在 Excel 工作表上的(A1:A201)区域内输入 200 头经产母猪所生仔猪 1 月龄窝重资料，选中数据资料，进行数据排序，并进行分组。将各组的组限存放到 D1:D14 区域，然后点击“数据分析”，在“分析工具”列表中选定“直方图”，确定后出现直方图对话框。在输入区域中输入 A1:A201(也可以用鼠标选中该区域)，在接受区域中输入 B1:B14(也可以用鼠标选中该区域)，选中标志复选框，然后选择输出区域 D1，选择图表输出。单击确定按钮，即可得到频数分布表和直方图，见图 1-9。在频数分布表的基础上，既可以根据需要将直方图进行美化，也可以将其转换成其他类型的图形，如调整为折线图、圆图等。

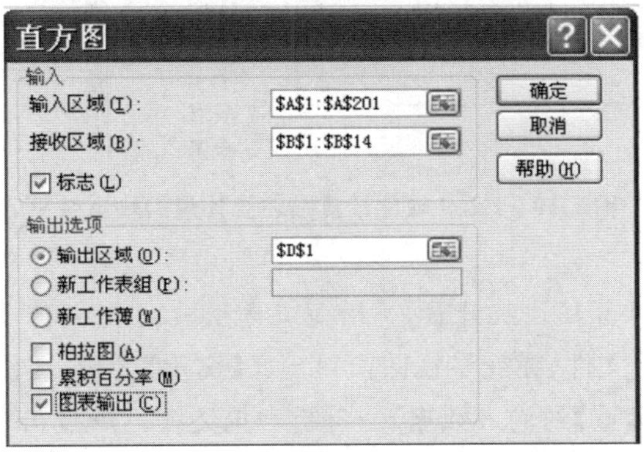

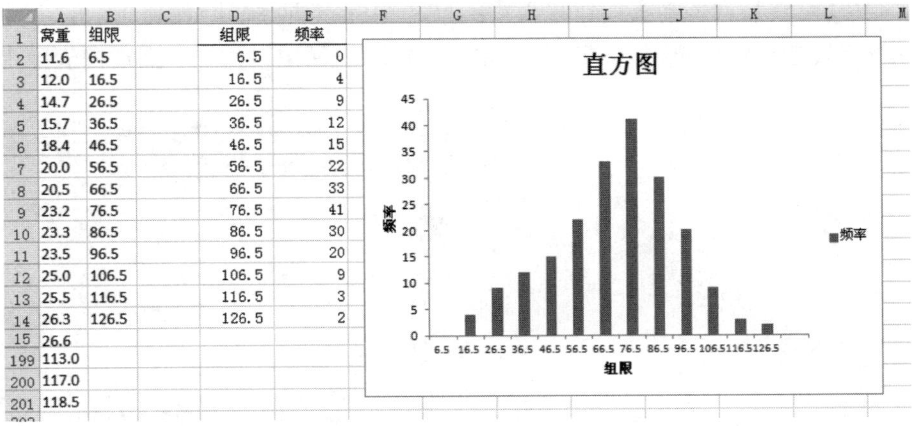

	A	B	C	D	E
1	窝重	组限		组限	频率
2	11.6	6.5		6.5	0
3	12.0	16.5		16.5	4
4	14.7	26.5		26.5	9
5	15.7	36.5		36.5	12
6	18.4	46.5		46.5	15
7	20.0	56.5		56.5	22
8	20.5	66.5		66.5	33
9	23.2	76.5		76.5	41
10	23.3	86.5		86.5	30
11	23.5	96.5		96.5	20
12	25.0	106.5		106.5	9
13	25.5	116.5		116.5	3
14	26.3	126.5		126.5	2
15	26.6				
199	113.0				
200	117.0				
201	118.5				

图 1-9　窝重资料 Excel 软件编制频数分布表和直方图

2. 利用 Excel 软件计算描述统计量

把数据输入工作表 A1:A201 单元格区域，选择“数据分析”选项，从其对话框中选择“描述统计”，按确定后打开描述统计对话框。在输入区域中输入 A1:A201，分组方式选“逐列”，选中标志位于第一行复选框，在输出区域中选择“B2”，选择“汇总统计”，其他复选框可根据需要选定，选择“平均数置信度”，会给出用样本平均数估计总体平均数的置信区间；第 K 大值和第 K 小值会给出样本中第 K 个大值和第 K 个小值。单击确定，输出结果见

图 1-10。结果中，平均指样本平均值；标准误差指样本平均数的标准差，即标准误；峰值即峰度系数；偏斜度即偏度系数，系数为 0，表示正态分布；区域是指全距。

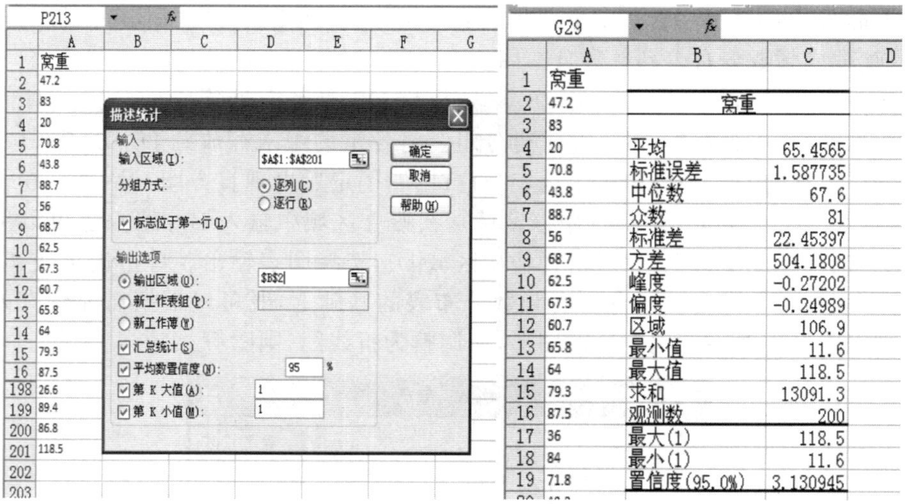

图 1-10 Excel 软件计算描述统计量的输出结果

3. 利用 SPSS 软件计算描述统计量，并绘制直方图

操作步骤：建立数据文件（在变量视图窗口定义【窝重】变量，数值型，数据宽度 6，小数点位 1，在数据视图窗口【窝重】列输入数据）→分析→描述统计→点击“频率”，弹出“频率”对话框→选中变量【窝重】，点击箭头按钮移入“变量”栏中→点击“统计”按钮，弹出“频率：统计”对话框→视需要选择相应选项（图 1-11）→单击“继续”返回主对话框→点击图表弹出“频率：

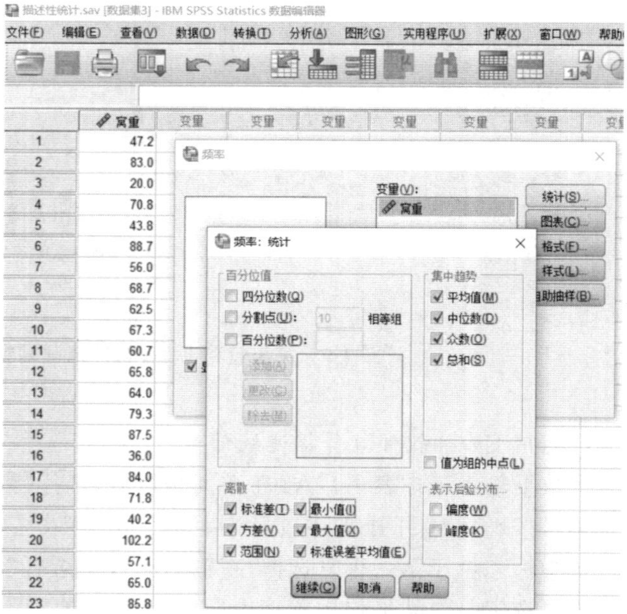

二维码 1-3 描述性统计分析

图 1-11 SPSS 软件计算描述统计量

图表”对话框→根据资料性质(连续或间断)选择“直方图”或“条形图”或“饼图”,本例是连续性资料选择“直方图”,并选“在直方图上显示正态曲线”→单击“继续”返回主对话框→单击“确定”,提交运行,输出结果见图 1-12。

统计量

窝重

N	有效	200
	缺失	0
均值		65.457
均值的标准误		1.587 7
中值		67.600
众数		41.5[a]
标准差		22.454 0
方差		504.181
全距		106.9
极小值		11.6
极大值		118.5
和		13 091.3

a. 存在多个众数。显示最小值

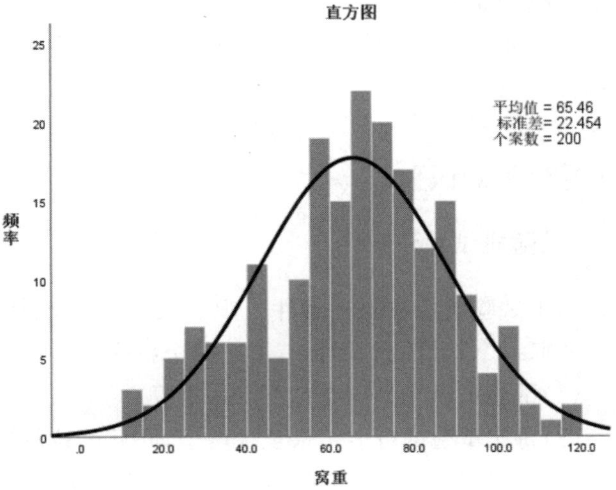

图 1-12　SPSS 软件计算描述统计量与绘制直方图的输出结果

【任务评价】

任务评价内容与考核得分

<table>
<tr><th>评价环节</th><th>评价内容</th><th>分值</th><th>得分</th></tr>
<tr><td rowspan="3">任务相关知识</td><td>熟悉 Excel 软件分析工具库的功能</td><td>10</td><td></td></tr>
<tr><td>掌握 Excel 软件数据分析的步骤</td><td>10</td><td></td></tr>
<tr><td>学会 SPSS 软件定义变量、数据录入、分析菜单与结果输出</td><td>15</td><td></td></tr>
<tr><td rowspan="3">任务实施</td><td>对资料 1,用 Excel 软件直方图工具,编制孵化天数的频数分布表,绘出统计图形,并判断数据是否来自正态总体</td><td>20</td><td></td></tr>
<tr><td>对资料 1,用 Excel 软件描述统计工具,计算描述统计量</td><td>15</td><td></td></tr>
<tr><td>对资料 1,用 SPSS 软件计算描述统计量,并绘制直方图</td><td>30</td><td></td></tr>
<tr><td>总体评价</td><td></td><td>100</td><td></td></tr>
<tr><td>资料 1</td><td colspan="3">42 枚受精种蛋孵化出雏鸡的天数　d
21　20　20　21　23　22　22　22　21　22　20　23　22　23
24　22　19　22　21　21　21　22　22　24　22　21　21　22
21　22　22　23　22　23　22　22　22　23　23　22　21　22</td></tr>
</table>

任务四 概率基础

【任务描述】

一群波尔山羊的体重 $X \sim N(100,400)$，试计算该群波尔山羊体重在 70～130 kg 范围内的概率。

【任务相关知识】

一、随机试验

随机试验是指在同一条件下观察某种自然现象的试验，也包括各种科学试验，简称试验。任何一个随机试验都具有下述三个特征：

(1)试验可以在相同条件下多次重复。

(2)每次试验的可能结果至少两个，并且试验前知道所有可能的结果。

(3)每次试验的结果总是所有可能结果中的一个，但究竟会发生哪一个结果，在一次试验之前不能肯定。

例如种蛋的孵化试验，一枚种蛋进行孵化，有三种结果：可能孵不出小鸡，可能孵出小公鸡，也可能孵出小母鸡。一枚种蛋在孵化前，谁也不能百分之百肯定孵出的是小公鸡，还是小母鸡。

二、随机事件

生产实践中有些现象在一定条件下必然发生或不可能发生。例如，鱼儿离开水不能存活下去，受精的鸡蛋里必然有胚盘等。这些现象称为确定性现象或必然现象。这类在一定条件下重复试验，可以预言其结果的现象叫必然事件或不可能事件。然而，生物科学中大量存在的却是在一定条件下可能发生也可能不发生的现象。例如：饲养在相同条件下的一批育肥猪，其增重不一定相同；接受同一药物处理的动物不一定产生相同的疗效；每头母猪的妊娠期不一定都是 114 d。这些在一定条件下可能发生也可能不发生的现象叫随机事件，简称事件。随机事件若呈个别发生，具有偶然性；但若大量发生却呈现出某种数量规律性。为了方便起见，我们把必然事件和不可能事件看作两个特殊的随机事件。随机试验的每一种可能结果，都称为一个随机事件。

三、概率的统计定义

研究随机试验，不只是要知道其各种可能的结果，即可能发生的各个随机事件，更重要的是需要了解各个随机事件发生的可能性大小，即了解各个随机事件发生的统计规律性。

在同一条件下进行 n 次重复试验，如果随机事件 A 发生了 m 次，其比值 m/n 称为随机事件 A 发生的频率，记作 $f(A)$；当试验次数 n 逐渐增大时，随机事件 A 的频率越来越稳定

地接近某一数值 p，那么就把 p 称为随机事件 A 发生的概率，记作 $P(A)=p$，这样定义的概率称为统计概率。

概率反映的是某随机事件在一次试验中发生的可能性大小，是事件本身所固有的不随人的意志而改变的。例如：中国黑白花奶牛的正常乳脂率是多少？大群蛋鸡的死淘率应为多少？等等，都是通过大量试验或调查所确定的统计概率。例如：某大型孵化室记录了某品种鸡 9 批入孵种蛋的孵化结果，见表 1-14。

表 1-14　某品种鸡 9 批入孵种蛋孵化结果

项目	批次								
	1	2	3	4	5	6	7	8	9
种蛋数	10 000	12 000	13 000	15 000	15 000	15 000	15 000	15 000	15 000
出雏数	9 651	11 592	12 532	14 468	14 498	14 457	14 443	14 481	14 472
孵化率	0.965	0.966	0.964	0.965	0.967	0.964	0.963	0.965	0.965

从表 1-14 可以看出，9 批入孵种蛋的孵化率围绕一个稳定值做微小摆动，而这个稳定值又无法准确地确定。实践上就用它们的加权平均数作为孵化率，来评价种蛋质量和孵化技术好坏。这表明，在大量重复试验中，随机事件的频率总是围绕着某一确定值稳定地摆动，这是一种统计规律，称为频率稳定性，我们就把这种稳定的频率称为概率。

一般来说，随机事件的概率 p 是不可能准确得到的。通常以试验次数 n 充分大时随机事件 A 的频率作为该随机事件概率的近似值，即

$$P(A)=p\approx\frac{m}{n}(n\ \text{充分大})$$

根据概率的定义，任何事件 A 的概率都在 0～1，即 $0\leqslant P(A)\leqslant 1$。必然事件的概率为 1，不可能事件的概率为 0。

四、小概率原理

概率的含义表示了随机事件在一次试验中出现的可能性大小。例如，一个事件的概率为 0.001，说明在一千次试验中，该事件只可能发生一次，当仅做一次试验时，我们可以认为该事件不会发生，这样的事件被称为实际不可能事件，也称为小概率事件。在统计上常把概率小于 0.05 或 0.01 的事件称为小概率事件。小概率事件在一次试验中出现的可能性很小，不出现的可能性很大，以至于可以看成在一次试验中是不可能发生的事件。

在统计学上，把小概率事件在一次试验中看成是实际不可能发生的事件称为小概率事件实际不可能性原理，又称为小概率原理。小概率事件实际不可能性原理已在统计学上进行假设检验（显著性检验）中得到具体应用。

但应注意，小概率事件不是不可能事件。随着试验次数的增多，小概率事件也可能发生。尤其是在研究非常重要的问题时，须慎重选择合适的小概率才能应用小概率原理。例如育雏期间雏鸡的死亡率小于 0.05 视为正常，而某种兽药的致死率为 0.01 就不能忽略。

五、随机变量

一次随机试验的结果至少有两种可能。若用字母 x 表示一次试验可能发生的结果，将所有可能的结果用变数 0，1，2，…或者某一区间与之对应。由于一次试验只出现一种可能结果，那么 x 的取值范围就应该是变数 0，1，2，…或者某一区间。究竟会出现什么结果是随机的，这样的 x 称为随机变量。显然，随机变量的数值是随试验的结果而定的，具有随机化。但当试验结果确定后，它也就相应地取得确定的数值。

例 1-1 鉴定一枚胚胎的性别，结果只有两种可能，即“雌胚”或“雄胚”。如果用变量 x 表示试验的结果，可令 $x=0$ 表示“雌胚”，$x=1$ 表示“雄胚”。

例 1-2 用常规治疗方法治疗 10 头患有仔猪黄痢病的病猪后，其死亡头数的可能结果是“0 头死亡”“1 头死亡”“2 头死亡”…“10 头死亡”。若用 x 表示死亡头数，那么 x 的取值为 0，1，2，…，10。

例 1-3 测定某品种成年猪的体重，表示测定结果的变量 x 所取的值为一个特定范围 (a,b)，如 98.5～101.5 kg，x 值可以是这个范围内的任何实数。

如果表示试验结果的变量 x，其可能取值为间断的可计数的，且以各种确定的概率取这些不同的值，那么称 x 为离散型随机变量；如果表示试验结果的变量 x，其可能取值为某范围内的任意数值，且 x 在其取值范围内的任一区间中取值时，其概率是确定的，那么称 x 为连续型随机变量。

随机变量的概念引入后，随机事件就可以通过随机变量来表示。随机试验的概率分布问题也就转为随机变量概率分布的问题了。一个随机变量不仅表示了试验的所有可能结果，而且还能与每一种可能结果发生的概率相对应。

六、概率分布

事件的概率是用一个数值表示一次随机试验的某一个结果发生的可能性大小。若要知道试验的所有可能结果及各种可能结果发生的概率，即全面深入地研究随机试验的结果并揭示客观存在着的统计规律性，就需要再引入概率分布的概念。随机变量的概率分布是统计中很重要的基本概念。

1. 正态分布

(1)定义。正态分布属于一种最常见的连续型随机变量的概率分布。正态分布也叫高斯分布，是一种大多数变数都集中在平均数附近，由平均数向两侧分散的变数逐渐减少的连续型概率分布。其分布密度曲线是一条光滑的钟形曲线，中间高，两边低，对称，连续。在统计学的理论研究中或实践应用中，正态分布都占有重要的地位。生命现象中有许多变量是服从或近似服从正态分布的，如动物的体型指标、日增重、产奶量、乳脂率、产毛量、瘦肉率、产蛋率、某些生理指标等，人的身高、体重、胆固醇含量等也都服从或近似服从正态分布；试验的误差也近似服从正态分布。许多统计分析方法都是以正态分布为基础的。此外，还有不少随机变量的概率分布在一定条件下也是以正态分布为其极限分布的。

若连续型随机变量 X 的分布密度为 $f(x)=\frac{1}{\sigma\sqrt{2\pi}}e^{-\frac{(x-\mu)^2}{2\sigma^2}}$（$\sigma>0$，$\mu$ 为常数），则称 X 服从总体平均数为 μ、总体标准差为 σ 的正态分布，记作 $X\sim N(\mu,\sigma^2)$。

(2)概率计算。对于任何正态分布，随机变量 X 的值落在区间(a,b)的概率可以利用分布密度通过积分来求得，即

$$P(a\leqslant X<b)=\int_a^b\frac{1}{\sigma\sqrt{2\pi}}e^{-\frac{(x-\mu)^2}{2\sigma^2}}dx\ (a<b)$$

对于标准正态分布，随机变量 X 落在区间$(-\infty,x)$的概率为：

$$\Phi(x)=P(X\leqslant x)=\int_{-\infty}^{x}\frac{1}{\sqrt{2\pi}}e^{-\frac{x^2}{2}}dx \tag{1-14}$$

可以证明，如果 $X\sim N(\mu,\sigma^2)$，则 $\frac{X-\mu}{\sigma}\sim N(0,1)$。也就是说任何正态分布都可以转化为标准正态分布。令 $u=\frac{X-\mu}{\sigma}$，称 u 为标准正态变量或标准正态离差。

标准正态分布是正态分布的一种特殊情况，由于标准正态分布的分布密度形式简单，求定积分比较简单，统计学家为了方便人们应用已编制了标准正态分布表供实际查用，所以在对资料进行统计分析时常用标准正态分布来解决。

附表 2 是标准正态分布表，表中 u 值列在第一列和第一行，第一列列出 u 的整数部分及小数点后第一位，第一行为 u 的小数点后第二位数值。例如，$u=2.15$，2.1 放在第一列，0.05 放在第一行。根据 u 值，可从表中直接查出 $P(X\leqslant u)$的值。例如 $\Phi(2.15)=P(X\leqslant 2.15)=0.984\ 22$。也可以根据给定的概率值 $P(X\leqslant u)$从表中查出对应的 u 值。还可借助标准正态分布的对称性，有 $\Phi(-x)=1-\Phi(x)$能方便计算概率。

例 1-4　设 $X\sim N(0,1)$，查表计算 $P(X<1)$，$P(X<-3)$，$P(-0.15\leqslant X<1.53)$

解：$P(X<1)=\Phi(1)=0.841\ 3$

$P(X<-3)=\Phi(-3)=1-\Phi(3)=1-0.998\ 65=0.001\ 35$

$$\begin{aligned}P(-0.15\leqslant X<1.53)&=\Phi(1.53)-\Phi(-0.15)\\&=\Phi(1.53)-[1-\Phi(0.15)]\\&=0.936\ 99-(1-0.559\ 6)\\&=0.936\ 99-0.440\ 4\\&=0.496\ 59\end{aligned}$$

2.二项分布

二项分布是一种离散型随机变量的概率分布。常用于描述只具有两种互斥结果的离散型随机事件的规律性。例如，动物的雄性与雌性，牛的有角与无角，某种化验结果的阳性与阴性，接触某传染源的感染与未感染等都是非此即彼的情况。这种只有两个可能结果的试验称为伯努利试验，伯努利试验具有以下几个特点：

(1)每次试验只出现两个对立结果 A 与非 A 之一，它们出现的概率分别为 p 与 $1-p=q$。

(2)每次试验条件不变，事件 A 出现的概率 p 不变是一常数，即试验具有重复性。

(3)n 次试验的结果互不影响，即任何一次试验中事件 A 的出现与其余各次试验中出现何种结果无关，即试验具有独立性。

由伯努利试验引入的随机变量的分布称为二项分布。可见，二项分布的试验材料是根据总体内个体的某一性状出现与否分为两组的。

如果以 X 表示在 n 次试验中事件 A 出现的次数，例如 n 头牛中某一性别的可能数是 X、入孵 n 枚种蛋的可能出雏数是 X、n 头病畜治疗后的可能死亡数是 X、n 尾鱼苗的可能成活数是 X 等，显然 X 是一个离散型随机变量，它的所有可能取值为零和正整数：0，1，2，…，n，其概率分布为：

$$P_n(k)=P(X=k)=C_n^k p^k(1-p)^{n-k} \tag{1-15}$$

其中：$k=0,1,2,\cdots,n$；$p>0,q>0,p+q=1$；$C_n^k=\dfrac{n!}{k!\ (n-k)!}$。我们称随机变量 X 服从参数为 n,p 的二项分布，记为 $X\sim B(n,p)$。之所以把这个分布称为二项分布，是因为 $C_n^k p^k(1-p)^{n-k}$ 恰好等于二项式 $(p+q)^n$ 展开的对应各项，也叫二项概率公式，这一分布也叫伯努利分布。参数 n 称为离散参数，只能取正整数；p 是连续参数，它能取 0 与 1 之间的任何数值，实际中要求 p 是一个较稳定的数值，即概率。

如果随机变量 $X\sim B(n,p)$，则二项分布的总体平均数为 np，总体的标准差为 $\sqrt{npq}$。

二项分布的图形是由 n 和 p 两个参数决定的：

(1)当 p 值较小且 n 不大时，分布是偏倚的。但随着 n 的增大，分布逐渐趋于对称。

(2)当 p 值趋于 0.5 时，分布趋于对称。

(3)对于恒定的 n 及 p，当 k 增加时，$P_n(k)$ 先随之增加并达到其极大值，以后又下降。

二项分布的极限分布是正态分布。

【任务实施】

例 1-5 一群波尔山羊的体重 $X\sim N(100,400)$，试计算该群波尔山羊体重在 70～130 kg 范围内的概率。

解：
$$\begin{aligned}P(70<X<130)&=P\left(\frac{70-100}{20}<\frac{X-100}{20}<\frac{130-100}{20}\right)\\&=P\left(-1.5<\frac{X-100}{20}<1.5\right)\\&=\Phi(1.5)-\Phi(-1.5)\\&=2\Phi(1.5)-1\\&=2\times 0.933\,19-1\\&=0.866\,38\end{aligned}$$

即该群波尔山羊体重在 70～130 kg 范围内的概率为 0.866 38。

【任务拓展】

我们知道，随机取样就是从总体中随机抽取部分个体作样本，如果我们从一个总体中独立随机地抽取样本，而且每次抽样的样本容量相等，并由这些样本计算各种统计量，由于样本是随机抽取的，所以由样本数据计算的统计量（如 $\overline{x}$，S）也将会随样本的不同而有所不同，即一种样本统计量有许多可能的取值，是随机变量，他们也有自己的概率分布。研究样本统计量的概率分布称为抽样分布。

抽样分布是从总体到样本的研究，就是从一般到特殊的研究。目的是要了解总体与从总体中所抽取的样本之间的关系，确切地说，是要知道某总体的全部样本所具有的共同变异特点，研究抽取的样本总体特征及样本统计量的概率分布特征。本节仅讨论样本平均数的抽样分布。

与抽样分布相反，从样本到总体的研究是统计推断，也就是从特殊到一般，目的是要从一个样本或一系列样本的统计量去推断总体，即根据样本提供的信息来对总体做出结论。这就要求样本必须具有代表性，能较好地反映总体的特征，同时要保证总体中的每一个个体在每一次抽样中都有相同的概率被抽取为样本，也就是说，从总体中抽取样本必须进行随机抽样，遵循随机化原则。

由于统计推断是以总体分布和样本抽样分布的理论关系为基础的。为了能正确地利用样本去推断总体，为了能正确地理解统计推断的结论，还必须对样本的抽样分布有所了解。我们可以这样来理解抽样分布：假设我们可以从一总体中进行无数次随机抽样，并且每次抽样的结果都不会受到其他抽样结果的影响，即各次抽样是独立的。由每次抽样所得到的样本都计算一个统计量，如样本平均数，由无数次随机抽样就可得到无数个样本及样本平均数，这些样本平均数就构成了一个新的总体，而这个总体又有他自己的不同于原总体的分布，这就是抽样分布。在进行统计推断时，常常需要知道统计量的抽样分布。统计量有很多（如已经介绍过的样本平均数、样本方差等），它们都有各自的抽样分布，常见的抽样分布类型主要有正态分布、t 分布、F 分布和 χ^2 分布。

一、样本平均数的抽样分布

样本平均数是一个随机变量，也有它的分布，把样本平均数的概率分布称为样本平均数的抽样分布。假设有一个总体被称为原总体，其平均数为 μ，方差为 σ^2，原总体中各变数为 x。现从这个原总体中随机抽取很多甚至无数个容量为 n 的样本，样本平均数记为 $\overline{x}$。由这些样本平均数 $\overline{x}$ 构成的总体称为样本平均数的抽样总体，该总体与其他总体一样，也有两个重要参数，一个是所有样本平均数的平均数，记作 $\mu_{\overline{x}}$，它是描述样本平均数的集中趋势，可作为平均数抽样总体的代表值；另一个是所有样本平均数的标准差，又称为标准误，记作 $\sigma_{\overline{x}}$，它用来描述样本平均数抽样总体的变异程度，即离散趋势。

可以证明，$\overline{x}$ 总体的两个参数与 x 总体的两个参数有着这样的关系：

$$\mu_{\overline{x}}=\mu,\sigma_{\overline{x}}=\frac{\sigma}{\sqrt{n}}$$

由于原总体标准差 σ 是参数，一般未知，通常用样本标准差 S 来代替 σ。习惯上用

$S_{\bar{x}}=\frac{S}{\sqrt{n}}$来估计$\sigma_{\bar{x}}=\frac{\sigma}{\sqrt{n}}$，称$S_{\bar{x}}$为样本标准误或均数标准误，用他来描述抽样误差的大小。可见，对特定总体而言，增大样本含量有利于减少抽样误差。因为所有样本平均数的标准差的大小与原总体的标准差成正比，与样本容量的平方根成反比。实际中常将样本标准误$S_{\bar{x}}$与样本平均数$\bar{x}$配合使用于小样本资料，记为$\bar{x}\pm S_{\bar{x}}$，用以表示所考察性状或指标的优良性与抽样误差的大小。

用数理统计的中心极限定理可以说明样本平均数的抽样分布总是服从或者近似服从正态分布的。

(1)如果样本是从正态总体$N(\mu,\sigma^2)$中随机抽取的，那么由该样本计算的样本平均数也服从正态分布，且他们的平均数为μ，标准差为$\frac{\sigma}{\sqrt{n}}$。

(2)如果样本来自的总体不是正态总体，但总体平均数和标准差仍分别用μ和σ表示，那么当样本容量n相当大时，样本平均数的分布也近似服从正态分布，且其平均数为μ，标准差为$\frac{\sigma}{\sqrt{n}}$。

从中心极限定理领悟到，无论原总体的分布形式如何，只要样本容量n足够大时，样本平均数的分布就近似正态分布。一般只要$n>30$，就可认为样本平均数的分布是正态的。如果原总体的分布不很偏倚，在$n>20$时，样本平均数的分布就近似于正态分布了。这就为统计推断打下了理论基础。

二、*t* 分布

如果样本平均数的抽样分布是正态分布，那么就可按正态分布的概率计算方法来计算所抽取的样本平均数的发生概率。当σ已知，可计算出$\sigma_{\bar{x}}$，对随机变量样本平均数标准化：

$$u=\frac{\bar{x}-\mu}{\sigma_{\bar{x}}}$$

则统计量u服从标准正态分布$N(0,1)$。查附表2就求得相应概率。

当总体标准差σ未知时，用样本标准差S代替σ，即用$S_{\bar{x}}$估计$\sigma_{\bar{x}}$，此时对样本平均数进行标准化后得到的统计量不再服从标准正态分布。将其记为t，即

$$t=\frac{\bar{x}-\mu}{S_{\bar{x}}}$$

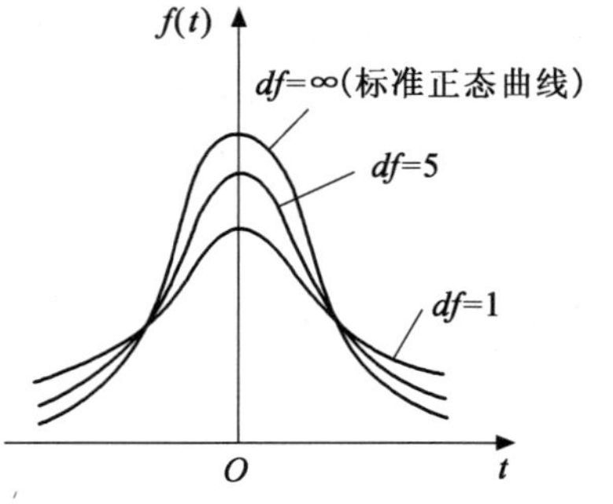

图 1-13　不同自由度的 *t* 分布密度曲线

如果从总体中抽出许许多多的容量相等的随机样本，可获得一系列的t值，显然，统计量t也是一个随机变量。把随机变量t的概率分布称为t分布，记作$t\sim t_{(n-1)}$。t分布的密度曲线如图1-13

所示。

曲线上标注的 df 称为自由度，可见，t 分布的曲线是随自由度改变而变动的一簇对称曲线，形状类似于正态分布，t 的取值范围也是$(-\infty,+\infty)$，但 t 分布的平均数 $\mu_t=0\ (df>1)$；它只有一个参数，那就是自由度 $df=n-1$。对于单个样本平均数而言，自由度是指独立观测值的个数。因为计算 $S_{\bar{x}}$ 时所使用的 n 个观测值受到平均数 $\bar{x}$ 的制约，也就是说有一个观测值不能独立取值，它必须满足该平均数大小的需要，因此自由度为 $n-1$。或者说，能够自由变动的观测值个数称为自由度。

t 分布具有以下特征：

(1)t 在某个范围内取值的概率等于该范围内分布曲线下方的面积。而且 t 分布曲线与横轴所围成的面积等于 1。

(2)t 分布受自由度的制约，每个自由度都有一条 t 分布曲线。

(3)和标准正态分布相比，t 分布的顶部偏低，尾部偏高。自由度 $df>30$ 时，t 分布曲线就比较接近标准正态分布曲线；当 $df\to\infty$ 时则和标准正态分布曲线重合，即 t 分布的极限是标准正态分布。

特征 3 告诉我们，t 分布很适用于小样本资料。

由于不同的自由度决定了不同的 t 分布，所以 t 在某个范围内取值的概率也随自由度的不同而不同。对于不同自由度下 t 分布的两尾概率及其对应的临界 t 值已编制成数表，称为 t 分布表，见附表 4。根据第一列的自由度 df 和第一行的两尾概率可查得对应的双侧临界 t 值。从表中首先看到的是，当自由度一定时，t 值随概率的增大而减小；当概率一定时，t 值随自由度的增加也减小。如果与正态分布的双侧分位数 u 值互相比较就会发现，当自由度小时，相同概率所对应的 u 值与 t 值相差很大，但 u 值与 t 值的差值会随着自由度的增加逐渐减小；当自由度大于 120 时，相同概率所对应的 u 值与 t 值的差值接近于 0；当 $df=\infty$ 时，临界 t 值与 u 值相等。

例 1-6　查表求：(1)当 $df=20$ 时，两尾概率 α 分别为 0.01，0.05 的临界 t 值；

(2)$df=20$ 时，$t=2.528$ 的两尾概率。

解：查附表 4。

(1)从左列自由度下找到 $df=20$ 后向右，从最上一行内找到 $\alpha=0.01$ 后向下，两者交叉处即为所求 t 值，$t_{0.01(20)}=2.845$，同样方法得 $t_{0.05(20)}=2.086$。

其意义分别是：$P(-\infty<t<-2.845)=P(2.845<t<+\infty)=0.005$；$P(-\infty<t<-2.845)+P(2.845<t<+\infty)=0.01$。$P(-\infty<t<-2.086)=P(2.086<t<+\infty)=0.025$；$P(-\infty<t<-2.086)+P(2.086<t<+\infty)=0.05$。

(2)$df=20$ 后向右找到 2.528 值后再向上，对应的 $\alpha=0.02$ 就是 $t=2.528$ 的两尾概率。

由本例可以看出，$df=20$ 时，对应两尾概率 $\alpha=0.01$ 的 $t=2.845>2.575\ 829=u$。可见，t 分布的分散度大于标准正态分布，而且自由度越小越明显。

【任务评价】

任务评价内容与考核得分

评价环节	评价内容	分值	得分
任务相关知识	掌握试验、事件、概率、随机变量概念	20	
	理解掌握小概率原理	20	
任务实施	某品种成年猪的体重为100 kg,标准差为1.5 kg,求体重与平均数相差3 kg以上的概率(答案:0.045 50)	20	
	设 X 服从正态分布 $N(30,10^2)$,求 $P(X\geqslant40)$(答案:0.158 7)	20	
任务拓展	标准差与标准误有什么区别与联系	5	
	标准误与抽样误差有什么关系	5	
	掌握样本平均数抽样分布概念,t 分布特点	10	
总体评价		100	

项目二
两均数差异显著性检验

知识目标

1. 了解显著性检验的意义，理解双尾检验、单尾检验、两类错误的含义。
2. 明确 t 检验和 u 检验的使用条件。

技能目标

1. 掌握显著性检验的步骤。
2. 学会对单个样本均数、两个样本均数、两个样本百分数资料进行差异显著性检验。

任务一　两样本平均数的差异显著性检验

在实际工作中经常会遇到对两个事物进行比较的问题，即由两个样本平均数推断两样本所属总体的平均数是否相同，也就是检验两个样本平均数 $\bar{x}_1$ 和 $\bar{x}_2$ 所属的总体平均数 μ_1 和 μ_2 是否来自同一总体。

进行两个事物的比较时，由于其试验的设计方法不同，比较方法略有差异。一种是非配对试验设计，即完全随机试验设计，由此得到的数据称为成组资料；另一种是配对试验设计，由此得到的数据称为配对资料。

子任务一　成组资料两样本平均数的比较

【任务描述】

随机抽测 11 只大耳白兔和 11 只青紫蓝兔，测定其正常血糖值如下：

大耳白(x_1)：98，67，83，80，108，68，90，92，94，95，96

青紫蓝(x_2)：57，78，85，101，87，73，68，56，70，80，93

比较两个品种家兔的血糖值有无显著差异。

【任务相关知识】

一、处理效应与误差效应

通过试验得到的每个观测值 x_i 由所在总体平均数(μ)和误差(ε_i)两部分组成，表示为 $x_i=\mu+\varepsilon_i$。对于接受不同处理的两个样本来说，$\overline{x}_1=\mu_1+\bar{\varepsilon}_1$，$\overline{x}_2=\mu_2+\bar{\varepsilon}_2$。这里 $\bar{\varepsilon}_1$、$\bar{\varepsilon}_2$ 分别表示两个样本的平均误差。则

$$(\overline{x}_1-\overline{x}_2)=(\mu_1-\mu_2)+(\bar{\varepsilon}_1-\bar{\varepsilon}_2)$$

表面效应　处理效应　误差效应

试验结果表现出来的差异，即两样本平均数的差值称为试验表面效应。由上式可以看出：表面效应包含两种不同性质的效应：一是处理效应，是对试验对象实施不同处理(如品种、饲料或药物等)引起的；二是误差效应，是由试验过程中不可避免的偶然因素造成的。两种效应混杂在一起，难以直观分辨，因此不能直接依据表面效应做结论。在试验表面效应不等于零的情况下，由于抽样误差的存在，两个品种血糖含量相等($\mu_1=\mu_2$)和血糖含量不等($\mu_1\neq\mu_2$)均有可能成立。两个总体是否有差异，只有通过显著性检验，将表面效应由误差效应造成的概率推算出来，然后依据小概率原理进行统计推断。

虽然处理效应未知，但试验的表面效应是可以计算的，借助数理统计方法可以对试验误差发生的概率做出估计。如果试验误差发生的概率是小概率，根据小概率事件实际不可能性原理，可以将表面效应看作是处理效应(尽管有犯小概率错误的风险)，认为两个品种家兔的血糖值不同；如果试验误差发生的概率是大概率，表面效应不能简单地看作是处理效应，不能或者说没有充分的理由认为两个品种家兔的血糖值不相同，这就是显著性检验的基本思路。由样本计算的统计量是否是总体参数的真实反映，必须通过显著性检验才能做出推断。

二、显著性检验与显著水平

显著性检验是根据试验目的，对要比较的总体提出两种彼此对立的假设(无效假设 H_0 和备择假设 H_A)，在无效假设(如 $H_0:\mu_1=\mu_2$)成立的情况下，根据统计量的抽样分布，推算试验误差可能出现的概率，然后根据小概率不可能性原理，做出应该接受哪种假设的推断。

显著性检验是建立在无效假设 H_0 成立的基础之上，即认为试验的表面效应是由试验误差造成的，两总体的参数相等，其推断结果有两种：接受或否定无效假设。否定无效假设则接受相应的备择假设 H_A，即认为试验的表面效应主要是由处理效应造成的，两总体的参数不相等。

人为规定的否定无效假设 H_0 的小概率标准称为显著水平或显著平准，记作 α。

当试验的表面效应由试验误差造成的概率 P 大于或等于 α 时，则说明无效假设 H_0 成立的可能性大，接受无效假设 H_0；当试验的表面效应由试验误差造成的概率 P 小于显著水平 α 时，可以认为在一次试验中试验表面效应由试验误差造成是不可能发生的，因而否定无效假设 H_0，接受备择假设 H_A。

简而言之，若 $P \geqslant \alpha$，接受 H_0，否定 H_A；若 $P < \alpha$，否定 H_0，接受 H_A。因常取 $\alpha = 0.05$ 和 $\alpha = 0.01$ 两个显著水平，所以显著性检验的检验结果有以下三种：$0.01 < P \leqslant 0.05$，表示差异显著，常用一个“*”表示；$P \leqslant 0.01$，表示差异极显著，常用两个“**”表示；$P > 0.05$，表示差异不显著。

三、两种类型的错误

根据小概率原理，由样本统计量对总体参数进行推断，有可能会犯两类错误。

第一类是原本无效假设正确，但显著性检验的结果否定了无效假设，这样就犯了“弃真”错误，也称Ⅰ型错误。Ⅰ型错误就是把非真实差异错判为真实差异，即 $H_0:\mu_1=\mu_2$ 为真，却接受了 $H_A:\mu_1 \neq \mu_2$。犯Ⅰ型错误的概率不会超过显著水平 α。

第二类是原本无效假设错误，备择假设正确，但检验的结果却接受了无效假设，这样就犯了“纳伪”错误，也称Ⅱ型错误。Ⅱ型错误就是把真实差异错判为非真实差异，即 $H_A:\mu_1 \neq \mu_2$ 为真，却接受了 $H_0:\mu_1=\mu_2$。犯Ⅱ型错误的概率用 β 表示，其大小受显著水平 α 和样本容量 n 的影响，α 越大，β 越小；n 越大，β 越小。显著性检验中的两类错误可以由表 2-1 表示出来。

表 2-1　显著性检验中的两类错误

统计推断	客观实际	
	H_0 正确	H_0 错误
拒绝 H_0	Ⅰ型错误	√
接受 H_0	√	Ⅱ型错误

由此可见：在进行显著性检验时，无论是接受还是否定无效假设均有犯错误的可能性，所以，显著性检验所做的结论是概率性质的。

四、双尾检验和单尾检验

无效假设 $H_0:\mu_1=\mu_2$，对应的备择假设 $H_A:\mu_1 \neq \mu_2$，包括了 $\mu_1 > \mu_2$ 或 $\mu_1 < \mu_2$ 两种可能。若判断两个总体参数是否有差异，则备择假设为 $H_A:\mu_1 \neq \mu_2$。若判断两个总体参数谁大谁小，则备择假设为 $H_A:\mu_1 > \mu_2$ 或 $H_A:\mu_1 < \mu_2$。在本任务中，若问大耳白兔与青紫蓝兔的血糖含量是否有差异，则假设为 $H_0:\mu_1=\mu_2$，$H_A:\mu_1 \neq \mu_2$，在 α 水平上否定域为 $(-\infty, -t_\alpha]$ 和 $[t_\alpha, +\infty)$，对称地分配在 t 分布曲线的两侧尾部，每侧尾部的概率为 $\alpha/2$，如图 2-1 所示。若问大耳白兔的血糖含量是否高于青紫蓝兔，则假设为 $H_0:\mu_1=\mu_2$，$H_A:\mu_1 > \mu_2$，在 α 水平上 H_0 的否定域为 $[t_\alpha, +\infty)$，在 t 分布曲线的右尾，概率为 α，如图 2-2 所示。若问大耳白兔的血糖含量是否比青紫蓝兔低，假设为 $H_0:\mu_1=\mu_2$，

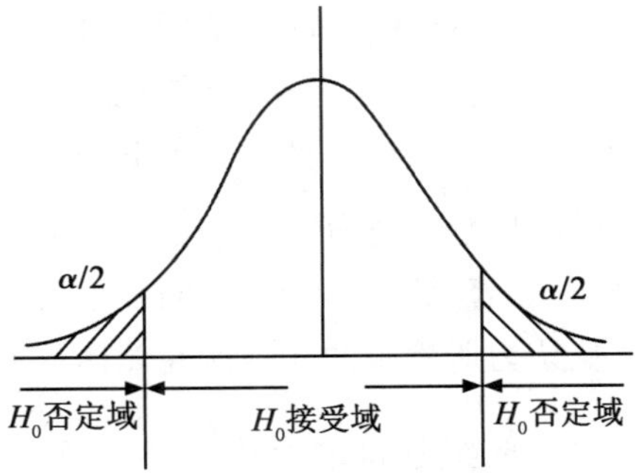

图 2-1　双尾检验

$H_A:\mu_1<\mu_2$，在 α 水平上 H_0 的否定域为$(-\infty,-t_\alpha]$，在 t 分布曲线的左尾，概率为 α，如图 2-2 所示。

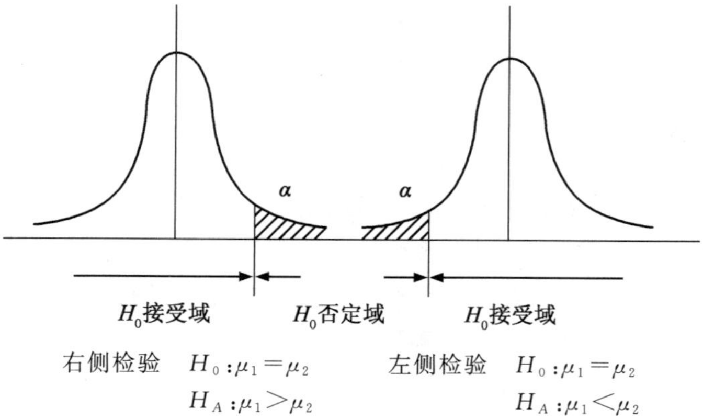

图 2-2　单尾检验

利用两尾概率进行的检验叫双尾检验，t_α 为双尾检验的临界 t 值。利用一尾概率进行的检验叫单尾检验，此时 t_α 为单尾检验的临界 t 值。显然，单尾检验的 t_α 等于双尾检验的 $t_{2\alpha}$。若对同一资料进行双尾检验也进行单尾检验，那么在 α 水平上单尾检验显著，只相当于双尾检验在 2α 水平上显著。因此，对于同一资料的双尾检验与单尾检验，所得的结论不一定相同。双尾检验显著，单尾检验一定显著；双尾检验不显著，单尾检验有可能显著。因此，单尾检验的检出率高于双尾检验。

选用单尾检验还是双尾检验，应根据专业知识以及问题的要求在试验设计时就进行确定。若事先不知道所比较的两个处理效果谁好谁坏，分析的目的在于推断两个处理效果有无差别，则选用双尾检验；若根据理论知识或实践经验判断甲处理的效果不会比乙处理的效果差(或相反)，分析的目的在于推断甲处理是否比乙处理好(或差)，则用单尾检验。一般情况下，如不做特殊说明均指双尾检验。

五、方差同质性检验

方差的同质性，又称方差的齐性或一致性。方差同质性检验的目的，就是要从各样本的均方来推断其相应的总体的方差是否相同，一般说来，方差分析以及 t 检验前应对各处理总体进行方差同质性检验，证明各处理总体方差的同质性后才能做方差分析或 t 检验。

当只有两个方差时，做齐性检验用 F 检验，方差齐性检验的具体方法是以两方差中较大的方差为分子，较小的方差为分母求其比值(称为 F 值)，然后将所得的 F 值与临界 F 值比较，看差异是否显著。而单个方差或者多个方差做齐性检验用 χ^2 检验。若显著性检验结果差异不显著，就认为所检验的样本所在总体的方差是同质的，若显著性检验结果差异(极)显著，就认为所检验的样本所在总体的方差不同质。

六、成组资料的形式

如果两个样本的各个变数是从各自总体中随机抽取的，即两个抽样样本彼此独立，则不论两样本的容量是否相同，所得数据皆为成组资料(表 2-2)。

表 2-2　成组资料的一般形式

处理	观测值 x_{ij}	样本容量 n_i	样本平均数	总体平均数
1	$x_{11},x_{12},\cdots,x_{1n_1}$	n_1	$\overline{x}_1=\sum x_{1j}/n_1$	μ_1
2	$x_{21},x_{22},\cdots,x_{2n_2}$	n_2	$\overline{x}_2=\sum x_{2j}/n_2$	μ_2

成组资料以组平均数作为相互比较的对象，来检验其差异的显著性。

【任务实施】

1. 对试验样本所在的总体提出假设

经计算，本任务中 11 只大耳白兔的平均血糖值 $\overline{x}_1=88.27$，标准差 $S_1=12.64$；11 只青紫蓝兔的平均血糖值 $\overline{x}_2=77.09$，标准差 $S_2=14.12$。两个样本平均数的差值为 $\overline{x}_1-\overline{x}_2=11.18$。

无效假设 $H_0:\mu_1=\mu_2$，即假设两个品种家兔的血糖值总体平均数相等，其意义是两个样本平均数的差值是由随机误差引起的。

备择假设 $H_A:\mu_1\neq\mu_2$，即假设两个品种家兔的血糖值总体平均数不相等，其意义是在试验的表面效应中，除含试验误差外，主要有处理效应存在。

2. 确定显著水平

统计学上，一般把概率小于 0.05 或 0.01 的事件称为小概率事件，所以在小概率原理基础上建立的假设检验，常取 $\alpha=0.05$ 和 $\alpha=0.01$ 两个显著水平。

3. 在无效假设成立的前提下，研究统计量的抽样分布，计算出检验统计量

对于本任务，在无效假设 $H_0:\mu_1=\mu_2$ 成立的前提下，对$(\overline{x}_1-\overline{x}_2)$进行标准化处理，得到$t$ 统计量：

$$t=\frac{(\overline{x}_1-\overline{x}_2)-(\mu_1-\mu_2)}{S_{\overline{x}_1-\overline{x}_2}}=\frac{\overline{x}_1-\overline{x}_2}{S_{\overline{x}_1-\overline{x}_2}} \tag{2-1}$$

其中：

$$S_{\overline{x}_1-\overline{x}_2}=\sqrt{\frac{\sum(x_1-\overline{x}_1)^2+\sum(x_2-\overline{x}_2)^2}{(n_1-1)+(n_2-1)}\times\left(\frac{1}{n_1}+\frac{1}{n_2}\right)}$$

$$=\sqrt{\frac{S_1^2(n_1-1)+S_2^2(n_2-1)}{(n_1-1)+(n_2-1)}\times\left(\frac{1}{n_1}+\frac{1}{n_2}\right)} \tag{2-2}$$

$S_{\overline{x}_1-\overline{x}_2}$ 为均数差异标准误；n_1 和 n_2 为两样本的容量，所得的统计量 t 服从自由度$df=(n_1-1)+(n_2-1)$的 t 分布。

因$(\overline{x}_1-\overline{x}_2)=(\mu_1-\mu_2)+(\overline{\varepsilon}_1-\overline{\varepsilon}_2)$，而 H_0 假设 $\mu_1=\mu_2$，则 $\overline{x}_1-\overline{x}_2=\overline{\varepsilon}_1-\overline{\varepsilon}_2$。在 H_0 成立的前提下，统计量 t 可看作是对试验误差的标准化处理。

$$S_{\overline{x}_1-\overline{x}_2}=\sqrt{\frac{S_1^2(n_1-1)+S_2^2(n_2-1)}{(n_1-1)+(n_2-1)}\times\left(\frac{1}{n_1}+\frac{1}{n_2}\right)}$$

$$=\sqrt{\frac{12.64^2\times(11-1)+14.12^2\times(11-1)}{(11-1)+(11-1)}\times\left(\frac{1}{11}+\frac{1}{11}\right)}$$

$$=5.714$$

$$t=\frac{\bar{x}_1-\bar{x}_2}{S_{\bar{x}_1-\bar{x}_2}}=\frac{88.27-77.09}{5.714}=1.957$$

4.估计相伴概率 P,根据小概率原理做出统计推断

t 值是在 H_0 成立的条件下计算出来的,所以 H_0 发生的概率与 t 值发生的概率是相等的。在进行显著性检验时,可以不算出 t 值发生概率(即相伴概率 P)的具体大小,只要推断出其发生的概率范围(相伴概率 P 的大小范围)即可。其概率推断方法是:将计算出的统计量 t 值和显著水平的临界 t 值进行比较即可推断出 t 值发生的概率范围。

查 t 值表,在 $df=(n_1-1)+(n_2-1)=(11-1)+(11-1)=20$ 时,两尾概率 α 为 0.05,0.01 的临界 t 值分别为 $t_{0.05(20)}=2.086$,$t_{0.01(20)}=2.845$,即在 $df=20$ 时,

$$P(|t|>2.086)=P(t>2.086)+P(t<-2.086)=0.05$$

$$P(|t|>2.845)=P(t>2.845)+P(t<-2.845)=0.01$$

由于根据两个样本数据计算所得的 t 值为 1.957,$|t|<t_{0.05(20)}$,所以,t 值发生的概率即试验的表面效应为试验误差的概率 $P>0.05$,不能否定无效假设 $H_0:\mu_1=\mu_2$,差异不显著,即认为大耳白兔和青紫蓝兔的血糖含量总体均数 μ_1 和 μ_2 相同。

5.利用 Excel 软件对成组资料 t 检验

方差齐性检验:打开分析工具列表的"F-检验 双样本方差分析"工具对话框,在输入框中指定输入参数。在变量 1 的区域框中选定 B1:B12;在变量 2 的区域框中选定 A1:A12;选中标志复选框;在 α 框内输入显著性水平为 0.025(由于 Excel 只提供 F 检验的单尾临界值,对于显著性水平的双尾 F 检验问题,输入 $\alpha/2$)。在输出选项框内键入输出区域左上角单元格地址 D1,单击确定按钮。结果表明,$F=1.247<3.7168$,$P=0.3669$,接受两个总体方差相等的假设(图 2-3)。须注意的是:在双样本方差未知的情况下,有时可能出现计算的 F 值小于 1,这时只需要互换变量 1 和变量 2 所选区域,即可得到正确的 F 值。

t 检验:通过方差齐性检验,得到两总体方差相等的结论,须采用双样本等方差假设的均值差检验。选择分析工具列表中的"t 检验:双样本等方差假设"对话框,在变量 1 的区域框中输入 A1:A12,在变量 2 的区域输入 B1:B12,在假设平均差框中输入 0,选中标志复选框,在 α 框内输入显著性水平为 0.05。在键入输出区域左上角单元格地址 D12,单击确定按钮。结果表明,$t=1.957<2.086$,$P=0.064$,双尾检验不显著,表明大耳白兔和青紫蓝兔的血糖含量相同。$t=1.957>1.725$,$P=0.032$,单尾检验显著,表明大耳白兔和青紫蓝兔的血糖含量不同(图 2-3)。

如果方差齐性检验的结果为两总体方差不等,须采用"t 检验:双样本异方差假设"的均值差检验,其方法同"t 检验:双样本等方差假设"。

6.利用 SPSS 软件对成组资料 t 检验(独立样本 t 检验)

操作步骤:首先定义数据变量【血糖值】和分组变量【group】,然后录入数据(图 2-4)。单

	A	B	C	D	E	F
1	大耳白	青紫蓝		F-检验 双样本方差分析		
2	98	57				
3	67	78			青紫蓝	大耳白
4	83	85		平均	77.09090909	88.27272727
5	80	101		方差	199.2909091	159.8181818
6	108	87		观测值	11	11
7	68	73		df	10	10
8	90	68		F	1.24698521	
9	92	56		P(F<=f) 单尾	0.366904004	
10	94	70		F 单尾临界	3.716792207	
11	95	80				
12	96	93		t-检验：双样本等方差假设		
13						
14					大耳白	青紫蓝
15				平均	88.27272727	77.09090909
16				方差	159.8181818	199.2909091
17				观测值	11	11
18				合并方差	179.5545455	
19				假设平均差	0	
20				df	20	
21				t Stat	1.957021375	
22				P(T<=t) 单尾	0.032225081	
23				t 单尾临界	1.724718004	
24				P(T<=t) 双尾	0.064450162	
25				t 双尾临界	2.085962478	

图 2-3　双样本方差分析与双样本等方差假设 t 检验

二维码 2-1　独立样本 t 检验

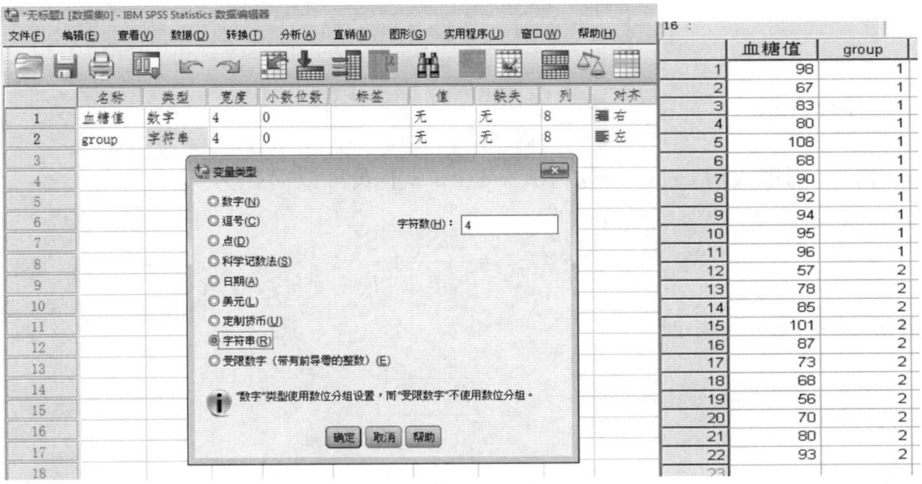

图 2-4　定义变量与录入数据

击"分析"→"比较平均值"→"独立样本 T 检验"→将【血糖值】选入"检验变量"→将【group】选入"分组变量"，此时变量名后出现[??] →点击"定义组"，定义分组变量值→点击"选项"，确定置信水平(95 或 99)→单击"继续"返回主对话框→单击"确定"，提交运行，检验结果见图 2-5。

结果分析："莱文方差等同性检验"是方差齐性检验，"独立样本检验"表中，左侧列出了两样本方差齐性检验(Levene's Test for Equality of Variances)结果，$F=0.132$，显著概率值(Sig.)为 $0.72>0.05$，表示方差同质(Equal variances assumed)。表的右侧两行数据分别表示方差同质和方差不同质(Equal variances not assumed)时的 t 检验结果和差异置信区间。本例方差齐性检验不显著，选择上一行结果。此时 $t=1.957$，$df=20$，$P=0.064$，表明两个品种家兔的血糖含量差异不显著。

独立样本检验

		莱文方差等同性检验		平均值等同性 t 检验						
									差值 95% 置信区间	
		F	显著性	t	自由度	Sig.（双尾）	平均值差值	标准误差差值	下限	上限
血糖值	假定等方差	.132	.720	1.957	20	.064	11.18182	5.71369	-.73674	23.10037
	不假定等方差			1.957	19.761	.065	11.18182	5.71369	-.74597	23.10961

图 2-5 独立样本 t 检验结果

【任务拓展】

1. 两样本所在的总体方差不相等时，成组资料差异显著性检验

两样本所在的总体方差有相等与不相等两种情况，其 t 检验时方法有异。两个样本平均数差的抽样分布服从 t 分布，$t=\dfrac{\overline{x}_1-\overline{x}_2}{S_{\overline{x}_1-\overline{x}_2}}$，此时均数差异标准误（$S_{\overline{x}_1-\overline{x}_2}$）和自由度（$df$）的计算，分两种情况：

（1）如果两总体方差相等，即 $\sigma_1=\sigma_2$，则两样本合并方差 S^2 为：

$$S^2=\frac{S_1^2(n_1-1)+S_2^2(n_2-1)}{(n_1-1)+(n_2-1)}$$

均数差异标准误 $$S_{\overline{x}_1-\overline{x}_2}=\sqrt{S^2\left(\frac{1}{n_1}+\frac{1}{n_2}\right)}$$

当 n_1 和 n_2 都很大时，$n_1-1\approx n_1$，$n_2-1\approx n_2$，上式可以简化为：

$$S_{\overline{x}_1-\overline{x}_2}=\sqrt{\frac{S_1^2}{n_2}+\frac{S_2^2}{n_1}} \tag{2-3}$$

特别地，当 $n_1=n_2=n$ 时，

$$S_{\overline{x}_1-\overline{x}_2}=\sqrt{\frac{S_1^2+S_2^2}{n}} \tag{2-4}$$

自由度 $$df=n_1+n_2-2 \tag{2-5}$$

（2）如果两总体方差不相等，即 $\sigma_1\neq\sigma_2$，用 S_1^2、S_2^2 分别估计 σ_1^2 和 σ_2^2，则有

$$S_{\overline{x}_1-\overline{x}_2}=\sqrt{\frac{S_1^2}{n_1}+\frac{S_2^2}{n_2}} \tag{2-6}$$

$$df=\frac{1}{\dfrac{R^2}{n_1-1}+\dfrac{(1-R)^2}{n_2-1}} \tag{2-7}$$

式中：$$R=\frac{\dfrac{S_1^2}{n_1}}{\dfrac{S_1^2}{n_1}+\dfrac{S_2^2}{n_2}} \tag{2-8}$$

当 $n_1=n_2=n$ 时，则

$$df=(n-1)\frac{(S_1^2+S_2^2)^2}{S_1^4+S_2^4} \tag{2-9}$$

2. u 检验和 t 检验

两者均可用于两个样本均数的比较。理论上要求样本来自正态分布总体，两个样本均数比较时还要求两个总体方差相等。实际应用时，若总体标准差 σ 已知时用 u 检验。成组资料两个样本平均数比较时，$u=\frac{\bar{x}_1-\bar{x}_2}{\sigma_{\bar{x}_1-\bar{x}_2}}$，$\sigma_{\bar{x}_1-\bar{x}_2}=\sqrt{\frac{\sigma_1^2}{n_1}+\frac{\sigma_2^2}{n_2}}$。

若样本容量 n 小且总体标准差 σ 未知时，用 t 检验。配对资料样本容量一般不大，直接用 t 检验。

【任务评价】

任务评价内容与考核得分

评价环节	评价内容	分值	得分
任务相关知识	理解误差效应、处理效应的含义，能说明显著性检验的思路	5	
	学会利用显著水平判断差异显著性，理解两类错误的含义	5	
	学会识别和整理成组数据	5	
任务实施	针对具体问题，判断单尾检验和双尾检验，准确叙述成组资料两个样本平均数的检验步骤	10	
	对给定资料1，会根据两个总体方差相等的假设，选择合适的公式计算 t 值，做出两种蛋白饲料饲养的大白鼠增重有无差别的统计推断($t=1.916$，$P>0.05$)	40	
计算机统计分析	对给定资料1，定义变量并录入数据，采用SPSS独立样本 t 检验方法，判断两种蛋白饲料饲养的大白鼠增重的差异显著性。要求能读懂分析结果，并与笔算结果相比较	15	
	对给定资料2，采用Excel均值差检验方法，判断甲饲料对猪增重效果是否显著高于乙饲料。要求先判断方差齐性，区分双样本等方差假设或双样本异方差假设进行均值差检验，准确理解计算机分析结果的含义($t=4.229>$ 单尾 $t_{0.01(18)}$，$P<0.01$)	15	
任务拓展	会依据两个总体方差相等与否，查找相应的均数差异标准误和自由度计算公式，明确 u 检验和 t 检验的使用条件	5	
总体评价		100	

评价环节	评价内容	分值	得分
资料 1	用高蛋白和低蛋白两种饲料饲养大白鼠，试验期内两组大白鼠的增重(g)如下。 高蛋白组:134,146,106,119,124,161,107,83,113,129,97,123 低蛋白组:70,118,101,85,107,132,94 试检验两种蛋白饲料饲养效果是否有显著差异		
资料 2	选择同品种同体重的 20 头猪随机分成两组，分别喂甲乙两种饲料，肥育期末各头猪的增重(kg)如下。 甲饲料:50,47,42,43,39,51,43,38,44,37 乙饲料:36,38,37,38,36,39,37,35,33,37 试检验甲乙两种饲料饲养效果是否有显著差异		

子任务二　配对资料两样本平均数的比较

【任务描述】

将实验动物按性别、体重等特征一致的配成 8 对，并将每对中的两头实验动物随机分配在正常饲料组和维生素 E 缺乏组，然后将实验动物处死，测定其肝中维生素 A 含量，见表 2-3。

表 2-3　8 对实验动物正常饲料组和维生素 E 缺乏组肝中维生素 A 含量

项目	实验动物号							
	1	2	3	4	5	6	7	8
正常饲料组	3 550	2 000	3 000	3 950	3 800	3 750	3 450	3 050
维生素 E 缺乏组	2 450	2 400	1 800	3 200	3 250	2 700	2 500	1 750

比较两组饲料对实验动物肝中维生素 A 含量的作用有无显著差异。

【任务相关知识】

一、配对资料的含义

将试验单位两两配对，每一对的两个试验单位除随机地给予不同处理外，其他试验条件应尽量保持一致，以保证试验结果的可比性，所得的观测值称为配对资料。配对设计可以消除试验单位不一致对试验结果的影响，正确地估计处理效应，减少系统误差，提高试验的准确性与精确性。配对的要求是，配成对子的两个试验单位的初始条件尽量一致，不同对子间试验单位的初始条件允许有差异，每一个对子就是试验处理的一个重复。在畜牧兽医试验中，常见的配对方式有自身配对和同质配对。

自身配对是指把同一个体在不同时间接受前后两次处理的观测值或不同部位的观测值作为对子，如研究仔猪在哺乳前后血液蛋白含量的变化，观测用两种不同方法对畜产品药物残留量的测定结果变化等，可进行自身对照。

同质配对是指将相同来源、相同条件的两个个体配成一对，如将品种、窝别、性别、年龄、体重相同的两个实验动物配成一对，然后对配对的两个个体随机地实施不同处理。

二、配对资料的形式

配对资料的一般形式见表 2-4。

表 2-4　配对资料的一般形式

处理	观测值 X_{ij}				样本容量	样本平均数	总体平均数
1	X_{11}	X_{12}	…	X_{1n}	n	$\bar{x}_1=\sum X_{1j}/n$	μ_1
2	X_{21}	X_{22}	…	X_{2n}	n	$\bar{x}_2=\sum X_{2j}/n$	μ_2
$d_j=X_{1j}-X_{2j}$	d_1	d_2	…	d_n	n	$\bar{d}=\bar{x}_1-\bar{x}_2$	$\mu_d=\mu_1-\mu_2$

$$\bar{d}=\frac{\sum d}{n}=\frac{\sum(x_1-x_2)}{n}=\frac{\sum x_1}{n}-\frac{\sum x_2}{n}=\bar{x}_1-\bar{x}_2 \tag{2-10}$$

公式(2-10)表明，样本差数的平均数等于两样本平均数的差数。在 $\mu_1=\mu_2$ 前提下，差值 d 的总体平均数 $\mu_d=0$。配对资料两样本平均数差异显著性检验，是将两个样本转化为一个差值样本，即转化为样本差数的平均数与已知均数为 0 的总体差异显著性检验。

【任务实施】

1. 对试验样本所在的总体提出假设

H_0：$\mu_1=\mu_2$，即 $\mu_d=0$

H_A：$\mu_1\neq\mu_2$，即 $\mu_d\neq 0$

2. 列差值表(表 2-5)，计算 t 值

表 2-5　配对数据差值表

配对	正常饲料组	维生素 E 缺乏组	差数 d	d^2
1	3 550	2 450	1 100	1 210 000
2	2 000	2 400	−400	160 000
3	3 000	1 800	1 200	1 440 000
4	3 950	3 200	750	562 500
5	3 800	3 250	550	302 500
6	3 750	2 700	1 050	1 102 500
7	3 450	2 500	950	902 500
8	3 050	1 750	1 300	1 690 000
合计	—	—	6 500	7 370 000

$$S_d=\sqrt{\frac{\sum d^2-(\sum d)^2/n}{n-1}}=\sqrt{\frac{7\ 370\ 000-6\ 500^2/8}{7}}=546.253\ 5$$

$$\bar{d}=\frac{\sum d}{n}=812.5$$

$$S_{\bar{d}}=\frac{S_d}{\sqrt{n}}=\frac{546.2535}{\sqrt{8}}=193.1298$$

$$t=\frac{\bar{d}}{S_{\bar{d}}}=\frac{812.5}{193.1298}=4.207$$

$$df=n-1=8-1=7$$

式中:d 为两个样本各对数据之差,S_d 为 d 的标准差,$S_{\bar{d}}$ 为差异标准误;$d_j=x_{1j}-x_{2j}$,($j=1,2,\cdots,n$);n 为配对的对子数,即试验的重复数。

3.统计推断

查 t 值表(附表 4)得 $t_{0.01(7)}=3.499$,$t>t_{0.01(7)}$,$P<0.01$,否定 H_0,接受 H_A,差异极显著,说明两组饲料对实验动物肝中维生素 A 含量的作用上有极显著差异。

4.利用 Excel 软件对配对资料 t 检验

打开分析工具列表中,“t-检验:平均值的成对二样本分析”工具对话框。在输入框中变量 1 的区域输入正常饲料组的数据区域 A1:A9,变量 2 的区域输入维生素 E 缺乏组的数据区域 B1:B9。在假设平均差框中输入 0,选中标志复选框,α 值为指定显著性水平,本任务输入 0.05。给定输出区域的左上角单元格地址 D1,单击确定按钮,结果见图 2-6。结果表明,样本 t 统计量为 4.207,大于 t 双尾临界值 2.3646,拒绝原假设 H_0,即在显著水平为 0.05 的情况下,两组实验动物肝中维生素 A 含量差异显著。双尾概率 $P=0.004$,说明差异极显著。

	A	B	C	D	E	F
1	正常饲料组	维生素E缺乏组		t-检验: 成对双样本均值分析		
2	3550	2450				
3	2000	2400			正常饲料组	维生素E缺乏组
4	3000	1800		平均	3318.75	2506.25
5	3950	3200		方差	399955.3571	308169.6429
6	3800	3250		观测值	8	8
7	3750	2700		泊松相关系数	0.583538282	
8	3450	2500		假设平均差	0	
9	3050	1750		df	7	
10				t Stat	4.207015884	
11				P(T<=t) 单尾	0.00200027	
12				t 单尾临界	1.894578605	
13				P(T<=t) 双尾	0.00400054	
14				t 双尾临界	2.364624252	
15						

图 2-6　8 对实验动物正常饲料组和维生素 E 缺乏组肝中维生素 A 含量及 t 检验结果

5.利用 SPSS 软件对配对资料 t 检验

操作步骤:“分析”→“比较平均值”→“成对样本 T 检验”→将定义的两个变量【正常饲料组】和【维生素 E 缺乏组】选进“配对变量”→点击“确定”,检验结果见图 2-7。

配对样本检验

	配对差值					t	自由度	Sig.（双尾）
	平均值	标准 偏差	标准 误差平均值	差值 95% 置信区间 下限	差值 95% 置信区间 上限			
配对1　正常饲料组-维生素E缺乏组	812.50000	546.25347	193.12977	355.82067	1269.17933	4.207	7	.004

图 2-7　配对样本 t 检验结果

结果分析：配对样本检验表给出配对样本 t 检验结果。本例 $t=4.207$，双侧检验概率 $P=0.004$，表明正常饲料组和维生素 E 缺乏组肝中维生素 A 含量差异极显著。

二维码 2-2　配对样本 t 检验

【任务评价】

任务评价内容与考核得分

评价环节	评价内容	分值	得分
任务相关知识	理解配对设计与配对资料的含义	5	
	学会识别和整理配对数据	5	
配对资料 t 检验	准确叙述配对资料两个样本平均数的检验步骤	10	
	对给定资料 1，会根据两个总体均数相等即差值总体为零的假设，列出差值表，选择合适的公式计算 t 值，做出仔猪哺乳前后血液蛋白含量是否相同的统计推断（$t=4.308$，$P<0.01$）	40	
计算机统计分析	对给定资料 1，定义变量并录入数据，采用 SPSS 软件成对样本 T 检验，判断仔猪哺乳前后血液蛋白含量是否相同。要求能读懂分析结果，并与笔算结果进行比较	15	
	对给定资料 1，利用 Excel 软件“t 检验：平均值的成对二样本分析”，推断仔猪哺乳前后血液蛋白含量是否相同	15	
	借助资料 2，叙述配对资料 t 检验的操作步骤。判断雄鼠在 X 线照射前的体重是否显著高于照射后的体重（$t=4.635>$ 单尾 $t_{0.01(9)}$，$P<0.01$）	10	
总体评价		100	
资料 1	某品种 8 头仔猪做初生未哺乳与哺乳 24 h 后血液蛋白含量测定结果如下表所示，比较哺乳前后血液蛋白含量是否相同。		

仔猪哺乳前后血液蛋白含量测定结果　　mg/100 mL

项目	仔猪号 1	2	3	4	5	6	7	8
初生未哺乳	34.28	42.18	35.36	38.27	37.85	35.52	34.68	38.49
哺乳 24 h	38.93	42.38	41.43	40.34	40.04	41.87	41.20	40.33

评价环节	评价内容	分值	得分
资料 2	10 只雄鼠在 X 线照射前后的体重数据及 Excel 分析结果如下：（见下表）		

	A	B	C	D	E	F
1	照射前	照射后				
2	25.7	22.5		t-检验：成对双样本均值分析		
3	24.4	23.2				
4	21.1	20.6			照射前	照射后
5	25.2	23.4		平均	23.92	22.41
6	26.4	25.4		方差	3.124	2.514333333
7	23.8	20.4		观测值	10	10
8	21.5	20.6		泊松相关系数	0.816611714	
9	22.9	21.9		假设平均差	0	
10	23.1	22.6		df	9	
11	25.1	23.5		t Stat	4.635741977	
12				P(T<=t) 单尾	0.000613322	
13				t 单尾临界	1.833113856	
14				P(T<=t) 双尾	0.001226644	
15				t 双尾临界	2.262158887	
16						

10 只雄鼠在 X 线照射前后的体重及 *t* 检验结果

任务二　单个样本平均数的差异显著性检验

在实际工作中，往往需要检验某一样本所属总体的平均数 μ 是否和某一指定的总体平均数 μ_0 相同。若 $\mu=\mu_0$，说明该检验样本来自这一总体；若 $\mu\neq\mu_0$，则说明该样本所属的总体与这个指定总体有显著或极显著差异。已知的总体平均数一般为公认的理论数值、经验数值或期望数值，如动物正常的生理指标、妊娠期、孵化期以及生产性能指标等。

【任务描述】

鸡的孵化期为 21 d，某种鸡场 40 枚种蛋的孵化天数见表 2-6。

表 2-6　某种鸡场 40 枚种蛋的孵化天数　　d

20	19	21	22	21	20	18	20	21	19
23	18	22	20	21	19	20	21	21	20
19	24	20	19	21	21	20	19	21	23
20	20	18	21	20	21	19	23	20	21

推断该场种鸡的孵化天数与 21 d 有无显著差异。

【任务相关知识】

一、总体标准差(σ)已知，用 *u* 检验

$$u=\frac{\bar{x}-\mu}{\sigma_{\bar{x}}} \tag{2-11}$$

式中：n 为样本容量，$\sigma_{\bar{x}}$ 为总体标准误，简称标准误。

$$\sigma_{\bar{x}}=\frac{\sigma}{\sqrt{n}}$$

将计算所得 u 值的绝对值与临界 u 值相比较，做出统计推断。

二、总体标准差(σ)未知，用 t 检验

$$t=\frac{\bar{x}-\mu}{S_{\bar{x}}} \tag{2-12}$$

式中：$S_{\bar{x}}$ 为样本标准误。σ 未知，用样本标准差 S 代替总体标准差 σ 计算 $S_{\bar{x}}$。

$$S_{\bar{x}}=\frac{S}{\sqrt{n}}$$

将计算所得 t 值的绝对值与 $df=n-1$ 的临界 t 值比较，做出统计推断。

【任务实施】

分析：这是一个 σ 未知的样本平均数检验，采用 t 检验。鸡的正常孵化期为 21 d，即 $\mu_0=21$。样本孵化天数与 21 d 的差异，包括大于 21 d 和小于 21 d 两种情况，属双尾检验。

1. 提出无效假设与备择假设

$H_0: \mu=\mu_0=21$

$H_A: \mu \neq \mu_0$

其中：μ 为样本所在总体平均数，μ_0 为已知总体平均数。

2. 计算 t 值

经计算得　$\bar{x}=20.4$，$S=1.392\ 3$

$$S_{\bar{x}}=\frac{S}{\sqrt{n}}=\frac{1.392\ 3}{\sqrt{40}}=0.220\ 1$$

$$t=\frac{\bar{x}-\mu}{S_{\bar{x}}}=\frac{20.4-21}{0.220\ 1}=-2.726$$

$$df=n-1=40-1=39$$

3. 统计推断

查 t 值表得，$t_{0.05(39)}=2.023$，$t_{0.01(39)}=2.078$，$|t|=2.726>t_{0.01(39)}$，$P<0.01$，接受 H_A，差异极显著，认为该种鸡场的孵化天数与 21 d 有极显著的差异。

4. 利用 Excel 软件进行单个样本平均数的 t 检验

将 40 枚种蛋的孵化天数数据放到工作表 B1:B41 区域中，利用“描述统计”工具得出算术平均数为 20.4，95%的置信半径(置信度)为 0.445 2，用算术平均数分别减去和加上置信半径，得到总体均数 95%的置信区间 [19.95，20.84]。99%的置信半径(置信度)为 0.596 1，总体均数 99%的置信区间[19.80，21.00]，该区间没有包含“21”，表明差异极显著(图 2-8)。

I41

	A	B	C	D	E	F	G	H
1		孵化天数						
2		20	孵化天数			孵化天数		
3		19						
4		21	平均	20.4		平均	20.4	
5		22	标准误差	0.22014		标准误差	0.220139816	
6		21	中位数	20		中位数	20	
7		20	众数	20		众数	20	
8		18	标准差	1.392286		标准差	1.392286443	
9		20	方差	1.938462		方差	1.938461538	
10		21	峰度	0.308075		峰度	0.308074813	
11		19	偏度	0.487229		偏度	0.487229174	
12		23	区域	6		区域	6	
13		18	最小值	18		最小值	18	
14		22	最大值	24		最大值	24	
15		20	求和	816		求和	816	
16		21	观测数	40		观测数	40	
17		19	置信度(95.0%)	0.445275		置信度(99.0%)	0.596119508	
18		20						
38		19						
39		23	19.9547252	20.84527		19.80388049	20.99611951	
40		20						
41		21						
42								
43								

图 2-8 种蛋的孵化天数及描述统计结果(Excel)

二维码 2-3 单个样本 t 检验

5. 利用 SPSS 软件进行单个样本均数的 t 检验

操作步骤:"分析"→"比较平均值"→"单样本 T 检验"→将变量【孵化天数】选入"检验变量"→"检验值"项填总体均数 21→单击"确定",提交运行,检验结果见图 2-9。双侧检验概率(sig.)为 0.01,表明差异显著。

单样本检验

	检验值 =21					
					差值 95% 置信区间	
	t	自由度	Sig.(双尾)	平均值差值	下限	上限
孵化天数	-2.726	39	.010	-.60000	-1.0453	-.1547

图 2-9 种蛋的孵化天数的单个样本 t 检验结果(SPSS)

【任务拓展】

一、点估计和区间估计

将样本统计量直接作为总体相应参数的估计值叫点估计。但是点估计没有指出估计误差的大小,比如用 $\bar{x}$ 估计 μ,由于抽样误差,不同样本的 $\bar{x}$ 是各不相同的,无法判断用哪个 $\bar{x}$ 最能代表 μ。

根据统计量的概率分布,估计出一个区间 $[L_1, L_2]$,使总体参数 θ 在 $[L_1, L_2]$ 中的概率为 $1-\alpha$,即 $P(L_1 \leqslant \theta \leqslant L_2)=1-\alpha$。式中的 L_1 和 L_2 分别称为参数 θ 的 $1-\alpha$ 置信下限和

置信上限，置信上、下限之差称为置信距，区间 $[L_1, L_2]$称为参数 θ 的 $1-\alpha$ 置信区间，$1-\alpha$ 则称为区间 $[L_1, L_2]$的置信概率。

二、总体平均数的区间估计

只要抽样为大样本，不论其总体是否为正态分布，其样本平均数都近似服从正态分布 $N(\mu, \sigma^2/n)$。根据标准正态分布的密度函数，有

$$P\left(-1.96 \leqslant \frac{\bar{x}-\mu}{\sigma_{\bar{x}}} \leqslant 1.96\right)=0.95$$

$$P(\bar{x}-1.96\sigma_{\bar{x}} \leqslant \mu \leqslant \bar{x}+1.96\sigma_{\bar{x}})=0.95$$

总体平均数 μ 的 95%的置信区间为：

$$\bar{x}-1.96\sigma_{\bar{x}} \leqslant \mu \leqslant \bar{x}+1.96\sigma_{\bar{x}} \tag{2-13}$$

同理，$P(\bar{x}-2.58\sigma_{\bar{x}} \leqslant \mu \leqslant \bar{x}+2.58\sigma_{\bar{x}})=0.99$

总体平均数 μ 的 99%的置信区间为：

$$\bar{x}-2.58\sigma_{\bar{x}} \leqslant \mu \leqslant \bar{x}+2.58\sigma_{\bar{x}} \tag{2-14}$$

如果是小样本，且总体方差未知，用样本标准误 $S_{\bar{x}}=S/\sqrt{n}$ 代替总体标准误 $\sigma_{\bar{x}}$。

$P(-t_\alpha \leqslant t \leqslant t_\alpha)=1-\alpha$，也就是说 t 在区间$[-t_\alpha, t_\alpha]$内取值的可能性为 $1-\alpha$，也就是说区间$[-t_\alpha, t_\alpha]$有 $1-\alpha$ 的可能性包括 t 值。

$$P\left(-t_\alpha \leqslant \frac{\bar{x}-\mu}{S_{\bar{x}}} \leqslant t_\alpha\right)=1-\alpha$$

$$P(\bar{x}-t_\alpha S_{\bar{x}} \leqslant \mu \leqslant \bar{x}+t_\alpha S_{\bar{x}})=1-\alpha$$

总体平均数 μ 的 $1-\alpha$ 的置信区间为：

$$\bar{x}-t_\alpha S_{\bar{x}} \leqslant \mu \leqslant \bar{x}+t_\alpha S_{\bar{x}} \tag{2-15}$$

式中：$t_\alpha S_{\bar{x}}$ 称为置信半径；$\bar{x}-t_\alpha S_{\bar{x}}$ 和 $\bar{x}+t_\alpha S_{\bar{x}}$ 分别称为置信下限和置信上限。

例 2-1　从某渔场的对虾总体中，随机抽取 20 尾对虾，测得平均体长为 120 mm，标准差为 15 mm，试估计置信度为 99%的对虾总体平均数的置信区间。

分析：由于总体方差 σ 未知，用 S 估计 σ，借助小样本资料，采用 t 分布的原理，估计总体均数的置信区间。当 $df=20-1=19$ 时，$t_{0.01}=2.861$，于是对虾体长的区间估计：

$$S_{\bar{x}}=\frac{S}{\sqrt{n}}=\frac{15}{\sqrt{20}}=3.354$$

$$\bar{x}-t_\alpha S_{\bar{x}}=120-2.861\times 3.354=110.4(\text{mm})$$

$$\bar{x}+t_\alpha S_{\bar{x}}=120+2.861\times 3.354=129.6(\text{mm})$$

说明对虾体长(mm)99%的置信区间为 $110.4 \leqslant \mu \leqslant 129.6$。

【任务评价】

任务评价内容与考核得分

评价环节	评价内容	分值	得分
任务相关知识	理解样本标准误与总体标准误的含义	5	
	会根据总体标准差已知或未知，选择 u 检验或 t 检验	5	
单个均数 t 检验	准确叙述单个样本平均数的检验步骤	10	
	对给定资料 1，提出无效假设与备择假设，选择合适的公式计算统计量，推断育鲢苗新方法的 1 月龄体长与常规方法有无显著差异（$u=2.53$，$0.01<P<0.05$）	20	
	对给定资料 2，提出无效假设与备择假设，选择合适的公式计算统计量，做出该厂鸡配合饲料产品是否符合规定要求的统计推断（$t=1.86$，$0.01<P<0.05$，接受 $H_A:\mu>160$）	20	
计算机统计分析	对给定资料 3，采用 Excel 软件“描述统计”工具，得出算术平均数和置信半径，确定 95%或 99%的置信区间，做出该鱼塘该次抽样测定水中的含氧量与多年平均值有无差别的统计推断（$t=-0.599\ 6$，$P>0.05$）	10	
	对给定资料 3，定义变量并录入数据，采用 SPSS 软件 One-Samples T Test，得出分析结果并说明其统计学意义	10	
任务拓展	理解点估计和区间估计的含义	10	
	某品种 10 头仔猪的初生重(kg)为：1.5，1.2，1.3，1.4，1.8，1.1，0.9，1.0，1.6，1.2，估计该品种仔猪初生重总体均数 μ 的 95%的置信区间（$1.100\ 5\leqslant\mu\leqslant1.499\ 5$）	10	
总体评价		100	
资料 1	某渔场按常规方法所育鲢鱼 1 月龄体长平均为 7.25 cm，标准差为 1.58 cm。现采用新方法进行育鲢苗，1 月龄时随机抽取 100 尾进行测量，其平均体长为 7.65 cm。问育鲢苗新方法与常规方法有无显著差异？		
资料 2	按鸡配合饲料标准，产蛋高峰期每 1 000 kg 饲料中粗蛋白质要大于 160 g。现从饲料厂的产品中随机抽测 12 个样品，测得 1 000 kg 饲料中粗蛋白质含量(g)如下：155，160，162，162，170，165，156，158，164，165，164，170，问此产品是否符合规定要求？		
资料 3	某鱼塘水中的含氧量，多年平均值为 4.5 mg/L，该鱼塘设 12 个点采集水样，测定含氧量为：4.13，4.62，4.89，4.14，3.78，4.64，4.52，4.55，4.48，4.26，4.25，5.02，试检验该次抽样测定的水中含氧量与多年平均值有无显著差别		

任务三 百分数资料的差异显著性检验

【任务描述】

为比较甲、乙两药治疗仔猪黄痢的效果，甲药治疗病猪 70 例，死亡 53 例；乙药治疗病猪 75 例，死亡 62 例。问甲、乙两药治疗后病仔猪的死亡率是否有显著差异？

【任务相关知识】

对具有两个属性类别的质量性状，利用统计次数计算出的百分数资料，如成活率、死亡率、孵化率、治愈率、阳性率等都是样本百分数。样本百分数与总体百分数间存在一定的抽样误差，其假设检验应按二项分布进行。

在二项分布中，事件 A 发生的频率 x/n 称为二项百分数，平均数和标准差分别为：

$$\mu_p = p, \sigma_p = \sqrt{\frac{pq}{n}}$$

σ_p 也称为二项总体百分数的标准误，当 p 未知时，常以样本百分数 $\hat{p}$ 来估计。此时上式改写为：$S_{\hat{p}} = \sqrt{\frac{\hat{p}\hat{q}}{n}}$，$\hat{q} = 1-\hat{p}$，$S_{\hat{p}}$ 称为样本百分数的标准误。

检验两个样本百分数 $\hat{p}_1$，$\hat{p}_2$ 差异的显著性，目的在于检验两个样本百分数 $\hat{p}_1$，$\hat{p}_2$ 所在的两个二项总体百分数 p_1，p_2 是否相同。

当样本容量 n 较大，p 不过小，且 np 和 nq 均大于 5 时，二项分布接近于正态分布。所以，对于服从二项分布的百分数资料，当 n 足够大时，可以近似地用 t 检验或 u 检验法进行假设检验。具体情况如下：

(1)当 np 和 nq 值均大于 30 时，可以近似地用 t 检验。

$$t = \frac{\hat{p}_1 - \hat{p}_2}{S_{\hat{p}_1-\hat{p}_2}} \tag{2-16}$$

$S_{\hat{p}_1-\hat{p}_2}$ 为样本百分数差异标准误，计算公式为：

$$S_{\hat{p}_1-\hat{p}_2} = \sqrt{\bar{p}(1-\bar{p})\left(\frac{1}{n_1}+\frac{1}{n_2}\right)} \tag{2-17}$$

这里，$\bar{p}$ 为合并样本百分数：

$$\bar{p} = \frac{n_1\hat{p}_1 + n_2\hat{p}_2}{n_1+n_2} = \frac{m_1+m_2}{n_1+n_2}$$

(2)np 或 nq 均大于 5 且至少其一小于 30 时,用矫正的 t 检验。

$$t_c=\frac{|\hat{p}_1-\hat{p}_2|-0.5/n_1-0.5/n_2}{S_{\hat{p}_1-\hat{p}_2}} \tag{2-18}$$

(3)np 和 nq 值有一个小于 5 时,用 χ^2 检验或按二项分布直接计算求得差异的概率。

【任务实施】

1.提出假设

$H_0:P_1=P_2,H_A:P_1\neq P_2$

2.计算 np 和 nq 值,选择检验方法

$$\hat{p}_1=\frac{m_1}{n_1}=\frac{53}{70}=75.71\%$$

$$\hat{p}_2=\frac{m_2}{n_2}=\frac{62}{75}=82.67\%$$

合并的样本死亡率为:

$$\bar{p}=\frac{m_1+m_2}{n_1+n_2}=\frac{53+62}{70+75}=79.31\%$$

因为 $n_1\bar{p}=70\times79.31\%=55.52$

$n_1(1-\bar{p})=70\times(1-79.31\%)=14.48$

$n_2\bar{p}=75\times79.31\%=59.48$

$n_2(1-\bar{p})=75\times(1-79.31\%)=15.52$

即 $n\bar{p}$ 和 $n(1-\bar{p})$ 均大于 5,但有小于 30 的情况,用矫正的 t 检验。事先不知道甲、乙两药的治愈率孰高孰低,用双尾检验。

3.计算 t_c 值

因为 $S_{\hat{p}_1-\hat{p}_2}=\sqrt{\bar{p}(1-\bar{p})\left(\frac{1}{n_1}+\frac{1}{n_2}\right)}=\sqrt{79.31\%\times(1-79.31\%)\times\left(\frac{1}{70}+\frac{1}{75}\right)}=0.0673$

于是 $t_c=\frac{|\hat{p}_1-\hat{p}_2|-0.5/n_1-0.5/n_2}{S_{\hat{p}_1-\hat{p}_2}}$

$$=\frac{|0.7571-0.8267|-0.5/70-0.5/75}{0.0673}=0.83$$

4.统计推断

由于 $df=70+75-2=143$,$t_{0.05}=1.96$,$t_c<1.96$,$p>0.05$,接受 $H_0:P_1=P_2$,差异不显著,表明甲、乙两药治疗后病仔猪的死亡率差异不显著。

【任务拓展】

检验单个样本百分数 $\hat{p}$ 与某一理论百分数 p_0 的差异显著性检验步骤为：

1. 提出假设

$H_0: p=p_0, H_A: p\neq p_0$

2. 计算 u 值或 u_c 值

当 np_0 和 nq_0 值均大于 30 时，

$$u=\frac{\hat{p}-p_0}{\sigma_{p_0}} \tag{2-19}$$

当 np_0 和 nq_0 值均大于 5 且至少其一小于 30 时，

$$u_c=\frac{|\hat{p}-p_0|-0.5/n}{\sigma_{p_0}} \tag{2-20}$$

式中：$\hat{p}$ 为样本百分数，p_0 为总体百分数，$\sigma_p=\sqrt{\frac{p_0(1-p_0)}{n}}$ 为样本百分数的标准误。

3. 统计推断

将计算所得的 u 或 u_c 的绝对值与 1.96 或 2.58 比较，做出统计推断。

【任务评价】

任务评价内容与考核得分

评价环节	评价内容	分值	得分
任务相关知识	样本百分数的平均数和标准差如何估计	10	
	当样本容量 n 较大，p 不过小，且 np 和 nq 均大于 5 时，二项分布接近于什么分布，如何根据 np 和 nq 值，选择假设检验方法	10	
任务实施	叙述两个样本百分数差异显著性检验方法的步骤	15	
	对给定资料 1，提出无效假设与备择假设，选择合适的公式计算统计量，做出 A 和 B 两种药物的疗效是否相同的统计推断（$t_c=1.138, P>0.05$）	40	
任务拓展	叙述单个样本百分数与某一理论百分数 p_0 的差异显著性检验步骤	10	
	规定种蛋的孵化率高于 80%为合格，现对一批种蛋随机抽取 500 枚进行孵化，结果有 422 枚孵出，问这批种蛋是否合格（$u=2.46, P<0.01$）	15	
总体评价		100	
资料 1	A 和 B 两种药物做疗效对比试验。A 药治疗 18 例，治愈 13 例；B 药治疗 15 例，治愈 7 例。问 A 和 B 两种药物的疗效是否相同		

项目三
方差分析

知识目标

1. 理解试验指标、试验因素(因子)、水平、处理、试验单位、重复等基本概念。
2. 理解方差分析的概念与意义。

技能目标

1. 掌握方差分析的基本步骤以及多重比较的方法、适用条件、结果表示方法。
2. 掌握单因素和两因素(交叉分组)试验结果的方差分析方法。

任务一　单因素试验方差分析

【任务描述】

某水产研究所为了比较不同配合饲料对鱼的饲养效果,选取了基本条件相同的鱼20尾,随机分成4组,每组5尾,每组投喂不同配合饲料,经1个月试验后,各组鱼的增重结果列于表3-1,试检验四种饲料饲养效果的差异显著性。

表3-1　饲喂不同配合饲料的鱼的增重　　g

饲料	鱼的增重(x)				
A_1	31.9	27.9	31.8	28.4	35.9
A_2	24.8	25.7	26.8	27.9	26.2
A_3	22.1	23.6	27.3	24.9	25.8
A_4	27.0	30.8	29.0	24.5	28.5

【任务相关知识】

一、方差分析的概念与分类

(一)方差分析的概念与意义

在项目二样本平均数的差异显著性检验中我们已经学习过用 t 检验来推断两个样本平均数的差异显著性。如果所要比较的样本平均数是 3 个以上，那么能否仍用 t 检验进行样本间的比较呢？如有 3 个样本平均数，分别是 $\overline{x}_1$，$\overline{x}_2$，$\overline{x}_3$，需要进行比较，其无效假设 $H_0:\mu_1=\mu_2=\mu_3$。由于 t 检验的假设是 $\overline{x}_1$，$\overline{x}_2$ 来自同一总体，如果 $\overline{x}_1$，$\overline{x}_2$ 确是来自同一总体，那么我们错误地推断它们不是来自同一总体的可能性就不会大于所选用的显著水平 α。而若随机从一个总体内抽取 3 个样本，用 $H_0:\mu_1=\mu_2$，$\mu_1=\mu_3$，$\mu_2=\mu_3$ 进行 3 次 t 检验，就会使犯Ⅰ型错误的概率增大。因为检验 3 个 $\overline{x}$，2 个 $\overline{x}$ 为一组，需检验 $C_3^2=3$ 次，每次用 $\alpha=5\%$，则对每一个差数，获得正确结论的概率是 $(1-\alpha)=0.95$，3 个差数都要获得正确结论的概率却只有 $0.95^3=0.857$，因此在 3 个差数比较中，至少做出 1 个错误结论的概率已不再是 0.05，而是 $1-0.857=0.143$；若是检验 4 个样本平均数，共需检验 $C_4^2=6$ 次，假设每次检验接受无效假设的概率都是 $1-\alpha=0.95$，而且这些检验都是独立的，那么 6 次都接受的概率是 $0.95^6=0.735$，犯Ⅰ型错误的概率是 $1-0.735=0.265$，所以检验结果很不可靠。t 检验时，对于每个差数的标准误，都只能由 $2(n-1)$ 个自由度估计，而不能以 $k(n-1)$ 个自由度估计，因而估计误差的精确度降低。可见，进行多于 3 个样本的比较，不宜用两两比较的 t 检验方法来检验它们之间的差异显著性，而方差分析可以有效地解决这一难题。

方差分析是由英国统计学家 R. A. Fisher 于 1923 年提出，为纪念 Fisher，以“F”命名，故方差分析又称 F 检验(F test)，或叫变异数分析。它能够解决多个总体均值是否相等的检验问题，其主要功能在于分析试验数据中不同来源的变异对总体变异的贡献大小，从而确定试验中的自变量是否对因变量有重要影响。

方差分析的基本思想，是根据科研设计的类型和分析推断的目的，把全部观测值之间所表现的变异(即总变异)，分解为多个部分，除随机误差外每一个部分的变异可以用某个因素的作用来解释，通过比较各个部分的变异与随机误差的大小，来构造一个检验统计量，按照 F 分布的规律确定 P 值，从而做出统计推断。

方差分析在科研工作中有极为重要的用途。尤其是在多因素试验中，它可以帮助我们发现起主导作用的变异来源，从而使我们抓住主要矛盾或关键措施。

(二)常用术语

试验指标 在试验中用以表示试验结果并对之进行度量的性状，它是衡量试验结果好坏的标准，如产蛋量、产奶量、产仔数、日增重、孵化率、发病率等。

试验因素(因子) 在试验中加以考察的、影响试验指标的每一个条件叫试验因素，又叫试验因子。如研究怎样提高肉牛的日增重时，品种、饲料、环境温度等都对日增重有影响，均可作为试验因素(因子)来考虑。生物试验依据试验因素的多少，可分为单因素试验、两因素试验以及多因素试验。

试验水平 在每一个试验因素(因子)中，因素变化的各种状态或因素变化所分的等级或组别。如比较 5 种不同饲料中的蛋白质水平对蛋鸡产蛋量的影响，这 5 种蛋白质水平就是 5 个水平；3 个蛋鸡品种产蛋量的高低，这 3 个品种就是 3 个水平。因素的水平用代表该因素的字母加下标 1，2，…，来表示，如 A_1，A_2，…；B_1，B_2，…；等。

试验处理 事先设计好的实施在试验单位上的具体项目叫试验处理，简称处理。例如进行几种饲料的比较试验时，实施在试验单位（某种畜禽）上的具体项目就是饲喂某一种饲料。进行单因素试验时，试验因素的一个水平就是一个处理；在多因素试验中，实施在试验单位上的具体项目是各因素的某一水平组合。例如进行 3 种饲料对 3 个品种肉兔日增重影响的两因素试验，整个试验共有 3×3＝9 个水平组合，实施在试验单位（肉兔）上的具体项目就是某品种与某种饲料的组合。所以，在进行多因素试验时，试验因素的一个水平组合就是一个处理。

试验单位 在试验中能接受不同试验处理的独立的试验载体叫试验单位。在动物试验中，一只家禽、一头家畜、一只小白鼠，即一个动物；或几只家禽、几头家畜、几只小白鼠，即一组动物都可作为一个试验单位。

重复 在试验中，将一个处理实施在两个或两个以上的试验单位上，称为处理有重复；一个处理实施的试验单位数称为处理的重复数，如用某种饲料喂 10 头猪（10 个试验单位），就说这个处理（饲料）有 10 次重复。

效应 试验因素（因子）对试验指标引起的增减作用，如光照影响蛋鸡的产蛋量。

交互作用 多因素试验中，因素间相互促进或抑制所产生的效应叫交互作用，简称互作。

（三）方差分析的分类

依据试验因素的多少可以将方差分析分为单因素、两因素和多因素试验方差分析。单因素试验方差分析是其中最简单的一种，其目的在于正确地推断试验因素各处理间的相对效果。在单因素方差分析中，各处理内观察次数有相等和不相等两种情形，因而又分为处理内观察次数相等的方差分析和处理内观察次数不相等的方差分析。

两因素方差分析分为交叉分组资料和系统分组资料两种情形，交叉分组资料根据各处理有无重复观测值又分为无重复观测值资料和有重复观测值资料两种情形；系统分组资料又分为次级样本含量相等和不相等两种情形。

所谓交叉分组，是指两个试验因素地位平等，没有主次之分，一个因素的各个水平与另一个因素的各个水平自由组合，并且都要碰到，其组合形式如表 3-2 所示。

表 3-2 交叉分组资料组合形式

A 因素	B 因素			
	B_1	B_2	B_3	B_4
A_1	A_1B_1	A_1B_2	A_1B_3	A_1B_4
A_2	A_2B_1	A_2B_2	A_2B_3	A_2B_4
A_3	A_3B_1	A_3B_2	A_3B_3	A_3B_4

二、方差分析的基本原理

(一)平方和及自由度的剖分

方差分析简单地讲就是变异原因的分析,具体讲就是将试验资料总变异的总方差剖分为不同变异来源的各相应方差,并对其进行统计分析。

总方差如何剖分为各种变异的方差呢?它是通过平方和与自由度的剖分来实现的,因为方差等于离均差平方和除以自由度所得的商,所以把总平方和剖分为各变异来源的平方和,把总自由度剖分为各变异来源的自由度,进而计算出各种变异的方差。

方差分析就是将资料的总变异剖分为处理间的变异和误差的变异,其具体剖分方法是利用平方和与自由度的可加性,将各变异的平方和与各变异的自由度求出,再分别求出各项方差,利用各项方差与误差项方差比值的大小,找出谁是总变异的影响者。

假定一个单因素试验有 k 个处理,每个处理有 n 个重复观测值,总共有 nk 个观测值,设整个试验的总平均数为 $\overline{x}$,某一处理的合计为 T_i、平均数为 $\overline{x}_i$,其资料模式见表 3-3。

表 3-3　具 *nk* 个观测值的数据模式

处理	每一处理 n 个观测值					各处理的合计 T_i	各处理的平均数 $\overline{x}_i$
1	x_{11}	x_{12}	x_{13}	…	x_{1n}	T_1	$\overline{x}_1$
2	x_{21}	x_{22}	x_{23}	…	x_{2n}	T_2	$\overline{x}_2$
3	x_{31}	x_{32}	x_{33}	…	x_{3n}	T_3	$\overline{x}_3$
⋮	⋮	⋮	⋮	⋮	⋮	⋮	⋮
k	x_{k1}	x_{k2}	x_{k3}	…	x_{kn}	T_k	$\overline{x}_k$
合计						T	$\overline{x}$

那么就每一观测值来说则有:

$$x-\overline{x}=(x-\overline{x}_i)+(\overline{x}_i-\overline{x})$$

上式两边平方,得:

$$(x-\overline{x})^2=(x-\overline{x}_i)^2+2(x-\overline{x}_i)(\overline{x}_i-\overline{x})+(\overline{x}_i-\overline{x})^2$$

将每处理的 n 个重复累加,得:

$$\sum_1^n(x-\overline{x})^2=\sum_1^n(x-\overline{x}_i)^2+2\sum_1^n(x-\overline{x}_i)(\overline{x}_i-\overline{x})+\sum_1^n(\overline{x}_i-\overline{x})^2$$

因对每个处理的 n 个重复观测值来说,各处理的平均数 $\overline{x}_i$ 是唯一的,可以看作是常数。

所以 $2\sum_1^n(x-\overline{x}_i)(\overline{x}_i-\overline{x})=2(\overline{x}_i-\overline{x})\sum_1^n(x-\overline{x}_i)=0$

故上式变为:$\sum_1^n(x-\overline{x})^2=\sum_1^n(x-\overline{x}_i)^2+n(\overline{x}_i-\overline{x})^2$

再把所有处理(k 个)累加,得:

$$\sum_1^k\sum_1^n(x-\overline{x})^2=\sum_1^k\sum_1^n(x-\overline{x}_i)^2+n\sum_1^k(\overline{x}_i-\overline{x})^2 \tag{3-1}$$

公式(3-1)中，$\sum_1^k\sum_1^n(x-\overline{x})^2$ 代表总平方和，用 SS_T 表示；$n\sum_1^k(\overline{x}_i-\overline{x})^2$ 代表处理间(组间)平方和，反映了各组均数的变异程度，组间变异＝随机误差效应＋处理因素效应，用 SS_A 表示；$\sum_1^k\sum_1^n(x-\overline{x}_i)^2$ 代表处理内(组内)平方和，也就是随机误差平方和，用 SS_e 表示，即

$$SS_T=SS_A+SS_e \tag{3-2}$$

这样我们就把总平方和 SS_T 剖分为组间平方和 SS_A 和组内平方和 SS_e 两部分了。

同理，自由度也可剖分为两部分，即试验的总自由度 df_T 等于处理间的自由度 df_A 加上处理内的自由度 df_e，即

$$df_T=df_A+df_e \tag{3-3}$$

在计算总平方和时，资料中的各个数据要受到一个条件的约束，即 $\sum_1^k\sum_1^n(x-\overline{x})=0$，所以总自由度等于总的数据个数减去 1，即

$$df_T=nk-1 \tag{3-4}$$

由于用 $\overline{x}_i$ 计算处理间平方和时，$\overline{x}_i$ 受到一个条件的约束：$\sum_1^k(\overline{x}_i-\overline{x})=0$，所以处理间的自由度等于试验处理数 k 减去 1，即

$$df_A=k-1 \tag{3-5}$$

在计算处理内平方和时，因为每个处理均有 1 个约束条件，即 $\sum_1^n(x-\overline{x}_i)=0$，$k$ 个处理共受到 k 个条件的约束，所以处理内自由度应等于试验的总数据个数减去 k，即

$$df_e=nk-k=k(n-1) \tag{3-6}$$

$$df_A+df_e=(k-1)+(nk-k)=nk-1=df_T$$

可见 $df_T=df_A+df_e$。

在实际统计分析中，我们所分析的都是样本而不是总体，因总体方差虽然是客观存在的，但不能直接测得，必须通过样本均方来估计总体方差。用 S_T^2 或 MS_T 代表总均方，S_A^2 或 MS_A 代表处理间均方，S_e^2 或 MS_e 代表处理内均方，其计算公式为：

$$MS_T=S_T^2=\frac{\sum_1^k\sum_1^n(x-\overline{x})^2}{nk-1}=\frac{SS_T}{df_T} \tag{3-7}$$

$$MS_A=S_A^2=\frac{n\sum_1^k(\overline{x}_i-\overline{x})^2}{k-1}=\frac{SS_A}{df_A} \tag{3-8}$$

$$MS_e = S_e^2 = \frac{\sum_1^k \sum_1^n (x - \overline{x}_i)^2}{k(n-1)} = \frac{SS_e}{df_e} \tag{3-9}$$

在计算过程中，可以用比较简便的方法计算 SS_T 和 SS_A：

$$SS_T = \sum_1^k \sum_1^n (x - \overline{x})^2 = \sum_1^k \sum_1^n x^2 - \frac{\left(\sum_1^k \sum_1^n x\right)^2}{nk} = \sum_1^k \sum_1^n x^2 - C \tag{3-10}$$

其中：$C = \dfrac{\left(\sum_1^k \sum_1^n x\right)^2}{nk} = \dfrac{T^2}{nk}$，称为矫正数。

$$\begin{aligned}
SS_A &= n\sum_1^k (\overline{x}_i - \overline{x})^2 = n\left[\sum_1^k \overline{x}_i^2 - \frac{\left(\sum_1^k \overline{x}_i\right)^2}{k}\right] \\
&= n\left[(\overline{x}_1^2 + \overline{x}_2^2 + \overline{x}_3^2 + \cdots + \overline{x}_k^2) - \frac{\left[\left(\frac{T_1}{n}\right) + \left(\frac{T_2}{n}\right) + \left(\frac{T_3}{n}\right) + \cdots + \left(\frac{T_k}{n}\right)\right]^2}{k}\right] \\
&= n\left[\left(\frac{T_1}{n}\right)^2 + \left(\frac{T_2}{n}\right)^2 + \left(\frac{T_3}{n}\right)^2 + \cdots + \left(\frac{T_k}{n}\right)^2 - \frac{(T_1 + T_2 + T_3 + \cdots + T_k)^2}{n^2 k}\right] \\
&= \frac{\sum_1^k T_i^2}{n} - \frac{T^2}{nk} \\
&= \frac{\sum_1^k T_i^2}{n} - C
\end{aligned} \tag{3-11}$$

有了 SS_T 和 SS_A 的计算公式，SS_e 用 SS_T 减去 SS_A 即可计算，即

$$SS_e = SS_T - SS_A$$

对于两个独立的样本，分别求得其均方 MS_A 和 MS_e，则将二者的比值定义为 F：

$$F = \frac{MS_A}{MS_e} \tag{3-12}$$

在方差分析中，F 检验是用于检验某项变异因素的效应或方差是否真实存在。所以在计算 F 值时，总是将检验项变异因素的均方做分子，而将另一项变异因素（如试验误差）做分母。若所得 $F \geqslant F_{0.05}$（或 $F \geqslant F_{0.01}$），则 F 值即为在 $\alpha = 0.05$（或 $\alpha = 0.01$）水平上差异显著或差异极显著；否则差异不显著。

下面通过例题来说明平方和、自由度的剖分及各项均方的计算方法。

例 3-1　研究 4 个品种幼兔增重效果的差异。选择 4 个品种体重相同、性别一致的幼兔各 8 只，在相同的条件下经过 40 天的饲养试验，每个品种幼兔个体的日增重见表 3-4。

表 3-4 4 个品种各 8 只幼兔个体的 40 天日增重资料 g

品种	日增重								合计 T_i	平均数 $\bar{x}_i$
甲	28	38	31	33	33	28	31	30	252	31.50
乙	19	30	21	25	30	30	24	33	212	26.50
丙	21	18	15	20	14	30	10	26	154	19.25
丁	16	18	20	18	20	18	23	15	148	18.50
合计									$T=766$	

解:该题 $k=4, n=8, T=766$

1.计算各项平方和及自由度

$$C=\frac{(\sum_{1}^{k}\sum_{1}^{n}x)^2}{nk}=\frac{T^2}{nk}=\frac{766^2}{8\times 4}=18\ 336.13$$

$$SS_{\mathrm{T}}=\sum_{1}^{k}\sum_{1}^{n}x^2-C=28^2+38^2+\cdots+23^2+15^2-C=1\ 511.875$$

$$SS_{\mathrm{A}}=\frac{1}{n}\sum_{1}^{k}T_i^2-C=\frac{1}{8}(252^2+212^2+154^2+148^2)-C=922.375$$

$$SS_{\mathrm{e}}=SS_{\mathrm{T}}-SS_{\mathrm{A}}=1\ 511.875-922.375=589.5$$

$$df_{\mathrm{T}}=nk-1=8\times 4-1=31$$

$$df_{\mathrm{A}}=k-1=4-1=3$$

$$df_{\mathrm{e}}=df_{\mathrm{T}}-df_{\mathrm{A}}=31-3=28$$

2.计算各项均方

$$S_A^2=\frac{SS_{\mathrm{A}}}{df_{\mathrm{A}}}=\frac{922.375}{3}=307.46$$

$$S_e^2=\frac{SS_{\mathrm{e}}}{df_{\mathrm{e}}}=\frac{589.5}{28}=21.05$$

3.计算 F 值

$$F=\frac{S_A^2}{S_e^2}=\frac{307.46}{21.05}=14.61$$

(二)F 分布与 F 检验

1.F 分布

从一个正态总体 $N(\mu,\sigma^2)$ 中随机抽取两个分别具有自由度 $df_1=n_1-1$ 和 $df_2=n_2-1$ 的独立样本,分别求其均方 S_1^2 和 S_2^2(S_1^2 和 S_2^2 都是总体 σ^2 的无偏估计值,S_2^2 和 S_2^2 之间应没有显著差异)。把 S_1^2 和 S_2^2 的比值定义为 F,即 $F=S_1^2/S_2^2$。如果按上述自由度组合重复抽样多次,将得到一系列的 F 值,F 值是一随机变量,该随机变量所形成的分布即为 F 分布。

F 分布是随自由度组合($df_1=n_1-1, df_2=n_2-1$)不同而变化的一组偏态曲线,df_1 越小,分布的偏斜程度就越大,随 df_1 和 df_2 的增大,F 分布趋于对称,当 df_1 和 df_2,无穷大时,F 分布即为正态分布(图 3-1)。F 分布取值区间$(0,+\infty)$,F 分布的平均数 $N_F=1$(因为构成 F 值的 S_1^2 和 S_2^2 都是同一 σ^2 的无偏估计值)。

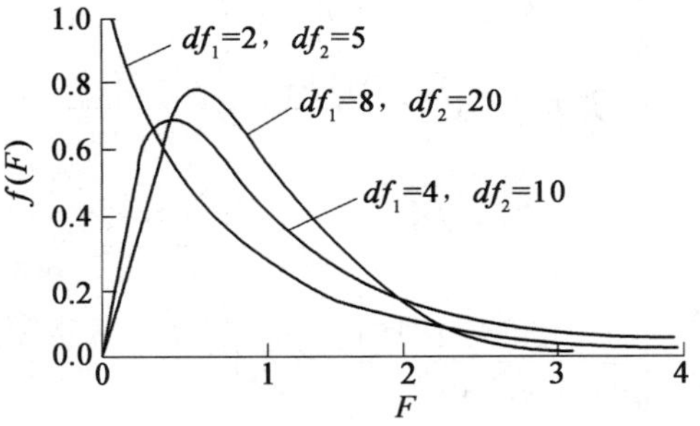

图 3-1　F 分布密度曲线

F 分布是以面积代表概率的，我们可以求出 F 值在一定范围内的概率值的大小。附表 5 列出了右尾概率为一定值时的临界 F 值。有了两个样本的自由度 df_1 和 df_2，就可查 $\alpha=0.05$ 和 $\alpha=0.01$ 的临界 F 值。如 $df_1=3$，$df_2=18$ 时，$F_{0.05(3,18)}=3.16$，$F_{0.01(3,18)}=5.09$，其意思是指 $P(F>3.16)=0.05$，$P(F>5.09)=0.01$。若某一 $F>F_{0.05}$，则 F 值出现的概率 $P<0.05$。

2.F 检验

进行 F 检验的目的，在于推断处理间的差异是否存在，检验某项变异因素的效应方差是否为零。因此，在计算 F 值时总是以被检验因素的均方做分子。

由 $F=S_1^2/S_2^2$ 可计算出 F 值，若实际计算的 F 值大于 $F_{0.05(df_1,df_2)}$，则 F 值在 $\alpha=0.05$ 的水平上显著，我们以 95% 的可靠性推断处理间差异大于处理内差异。这种用 F 值出现概率的大小推断两个总体方差是否相等的方法称为 F 检验。

在单因素试验结果的方差分析中，无效假设为 $H_0:\mu_1=\mu_2=\cdots=\mu_k$，备择假设为 H_A：$\mu_1,\mu_2,\cdots,\mu_R$ 不完全相等；$F=MS_A/MS_e$，也就是要判断处理间均方是否显著大于处理内（误差）均方。如果结论是肯定的，我们将否定 H_0；反之，不否定 H_0。反过来理解：如果 H_0 是正确的，那么 MS_A 与 MS_e 都是总体方差 σ^2 的估计值，理论上讲 F 值等于 1；如果 H_0 是不正确的，理论上讲 F 值就必大于 1。但是由于抽样的原因，即使 H_0 正确，F 值也会出现大于 1 的情况。所以，只有 F 值大于 1 达到一定程度时，才有理由否定 H_0。

实际进行 F 检验时，是将试验资料所算得的 F 值与根据分子和分母均方的自由度查表得到的临界 F 值（$F_{0.05(df_1,df_2)}$，$F_{0.01(df_1,df_2)}$）相比较，进行统计推断的。

若 $F<F_{0.05}$，$P>0.05$，接受 H_0，否定 H_A，差异不显著；

若 $F_{0.05}\leqslant F<F_{0.01}$，$0.01<P\leqslant 0.05$，否定 H_0，接受 H_A，差异显著，在 F 值右上角打一个"*"号；

若 $F\geqslant F_{0.01}$，$P\leqslant 0.01$，否定 H_0，接受 H_A，差异极显著，在 F 值右上角打两个"*"号。

(三)F 检验与 t 检验的比较

t 检验可认为是 F 检验的特殊情况，前者可看作处理数为 2，重复数为 n_i 的方差分析，共同基础是误差均方为合并均方，$df_1=2-1=1$，$df_2=n_1+n_2-2$，求出 F 值，并且 $\sqrt{F}=t$。下面用实例验证。

例 3-2　试检验 A、B 两个品种蛋鸡 2 月龄体重有无显著差异，资料见表 3-5。

表 3-5　两个品种蛋鸡 2 月龄体重资料　　kg

品种	2 月龄体重（各 10 只）										合计 T_i	平均数 $\bar{x}_i$	标准差 S_i
A	1.15	1.25	0.90	1.18	1.15	1.10	1.18	1.00	1.20	1.20	11.31	1.131	0.105 8
B	1.35	1.25	1.30	1.25	1.45	1.30	1.20	1.35	1.40	1.10	12.95	1.295	0.101 2

解:本例 $n_1=n_2=n=10$

合并均方 $\overline{S}^2=\dfrac{S_1^2(n_1-1)+S_2^2(n_2-1)}{n_1+n_2-2}=0.010\ 72$

$S_{\overline{x}_i-\overline{x}_j}=\sqrt{\dfrac{2\overline{S}^2}{n}}=\sqrt{\dfrac{2\times 0.010\ 72}{10}}=0.046\ 3$

$t=\dfrac{1.295-1.131}{0.046\ 3}=3.54$

组间平方和 $SS_A=\dfrac{1}{10}(11.31^2+12.95^2)-\dfrac{(11.31+12.95)^2}{20}=0.134\ 5$

组间自由度 $df_A=2-1=1$

所以组间均方 $MS_A=0.134\ 5$

组内均方 MS_e=合并均方 $\overline{S}^2=0.010\ 72$

故 $F=\dfrac{0.134\ 5}{0.010\ 72}=12.55$

$\sqrt{F}=\sqrt{12.55}=3.54=t$

一般地,当 F 分布的分子的自由度为 1,也就是 $df_1=1$,分母自由度等于 t 分布的自由度时,则有 $\sqrt{F}=t$。

三、多重比较

F 检验是一个整体的概念。一个显著的 F 值只表明试验中的各处理平均数间存在差异,并不能说明各处理之间都存在显著性差异,只是说至少有一对差异具有显著性意义,究竟哪些平均数间具有显著性差异,哪些不具有显著性差异,则还需进行平均数的多重比较。

经 F 检验达显著后,为弄清多个处理均数间的差异显著性而进行的两两处理平均数间的相互比较叫多重比较。多重比较也叫两两比较,常见的比较方法有最小显著差数法(LSD 法)、最小显著极差法(LSR 法)。

(一)最小显著差数法(LSD 法)

LSD 法实质上是 t 检验,而 t 检验只适用于两个相互独立的样本平均数之间比较。这种方法的原理是:先确定一个最小的显著标准 LSD_α,任意两个处理平均数间差数的绝对值都和这一显著标准比较,若差数的绝对值大于显著标准 LSD_α,则这两个处理间有显著或极显著差异;若差数的绝对值小于显著标准 LSD_α,则两个处理间无显著性差异。

在 t 检验一章中,我们学过公式 $t=\dfrac{\overline{x}_i-\overline{x}_j}{S_{\overline{x}_i-\overline{x}_j}}$,此式可转换为 $\overline{x}_i-\overline{x}_j=t\cdot S_{\overline{x}_i-\overline{x}_j}$,当 $t=t_\alpha$ 时,$t_\alpha\cdot S_{\overline{x}_i-\overline{x}_j}$ 即为最小显著标准:

$$LSD_\alpha=t_\alpha\cdot S_{\overline{x}_i-\overline{x}_j} \tag{3-13}$$

当 $n_1=n_2=\cdots=n_k=n$ 时,

$$S_{\overline{x}_i-\overline{x}_j}=\sqrt{\frac{2S_e^2}{n}} \tag{3-14}$$

当 $n_1 \neq n_2 \neq \cdots \neq n_k$ 时，

$$S_{\bar{x}_i - \bar{x}_j} = \sqrt{S_e^2\left(\frac{1}{n_i} + \frac{1}{n_j}\right)} \tag{3-15}$$

这里查 t_α 所用自由度为误差项的自由度 df_e。

下面举例说明 LSD 法的应用。

例 3-3 4 种不同解毒药物对大白鼠血液中胆碱酯酶含量的影响见表 3-6，试比较 4 种解毒药的解毒效果是否相同。

表 3-6 不同解毒药物对大白鼠血液中的胆碱酯酶含量的影响 IU/mL

解毒药物组号	胆碱酯酶含量(x)						合计 T_i	平均数 $\bar{x}_i$
A_1	23	12	18	16	28	14	111	18.5
A_2	28	31	23	24	28	34	168	28.0
A_3	14	24	17	19	16	22	112	18.7
A_4	8	12	21	19	14	15	89	14.8
合计							480	

解：

1. 计算各项平方和与自由度

$C = T^2/kn = 480^2/(4\times6) = 9\ 600$

$SS_T = \sum_1^k\sum_1^n x^2 - C = 23^2 + 12^2 + \cdots + 15^2 - C = 10\ 616 - 9\ 600 = 1\ 016$

$SS_A = \frac{1}{n}\sum T_i^2 - C = \frac{1}{6}\times(111^2 + 168^2 + 112^2 + 89^2) - 9\ 600 = 568.33$

$SS_e = SS_T - SS_A = 1\ 016 - 568.33 = 447.67$

$df_T = kn - 1 = 4\times6 - 1 = 23$

$df_A = k - 1 = 4 - 1 = 3$

$df_e = df_T - df_A = 23 - 3 = 20$

$S_A^2 = \frac{SS_A}{df_A} = \frac{568.33}{3} = 189.44$

$S_e^2 = \frac{SS_e}{df_e} = \frac{447.67}{20} = 22.38$

$F = \frac{S_A^2}{S_e^2} = \frac{189.44}{22.38} = 8.46$

2. 列出方差分析表(表 3-7)，进行 F 检验

表 3-7 对表 3-6 资料的方差分析表

变异来源	SS	df	MS	F 值	$F_{0.01}$	$F_{0.05}$
组间	568.33	3	189.44	8.46**	4.94	3.10
误差	447.67	20	22.38			
总变异	1 016.00	23				

根据 $df_A=3$，$df_e=20$ 查附表 5（F 值表）得：$F_{0.05(3,20)}=3.10$，$F_{0.01(3,20)}=4.94$，因为 $F>F_{0.01(3,20)}$，即 $P<0.01$，差异极显著，表明组间的差异极显著。

已知 $S_e^2=22.38$，$n=6$，由显著水平 α 及 $df_e=20$，查附表 4（t 值表）得 $t_{0.05(20)}=2.086$，$t_{0.01(20)}=2.845$，所以

$$LSD_{0.05}=2.086\times\sqrt{\frac{2\times22.38}{6}}=5.70$$

$$LSD_{0.01}=2.845\times\sqrt{\frac{2\times22.38}{6}}=7.77$$

用两个处理平均数的差数的绝对值与 5.70 和 7.77 进行比较，凡大于 5.70 或 7.77 的，表现为差异显著或极显著（表 3-8）。

表 3-8　不同组的多重比较表

组别	$\overline{x}_i$	$\overline{x}_i-14.8$	$\overline{x}_i-18.5$	$\overline{x}_i-18.7$
A_2	28.0	13.2**	9.5**	9.3**
A_3	18.7	3.9	0.2	
A_1	18.5	3.7		
A_4	14.8			

表 3-8 中 13.2，9.5 和 9.3 三个差值均大于 7.77，所以这三个差值表现为差异极显著，在其右上角打上两个“*”号，表示 A_2 解毒药与其他三种解毒药差异极显著；其他解毒药间表现为差异不显著。

多重比较结果的表示有多种方法，最常用的方法是三角形星号法和字母标记法。

多重比较结果用三角形星号法表示（梯形比较法），如表 3-8 所示。把欲比较的平均数由大到小从上至下进行顺序排列，再列出相应的两两平均数的差值（先用各平均数减去最小平均数得一系列差值，再用各平均数减去次小平均数，一直用各平均数减到次大平均数为止），数字形成三角形排列，并标记上差异显著程度的星号，如不显著则不标。这种方法简单直观，但所占篇幅较大。

字母标记的方法是，先将全部平均数从大到小依次排列，然后在最大平均数旁标上字母 a，并将此平均数与以下各平均数比较，凡差异不显著的都标上字母 a，直到某一个平均数与之相差显著的则标以字母 b；再以标有字母 b 的平均数与其上方比它大的平均数相比，凡不显著的一律也标以字母 b，之后再用标有字母 b 的最大平均数与其以下各平均数相比，凡不显著的标记字母 b，直到某一个与之相差显著的平均数则标以字母 c，如此重复进行下去，直到最小的平均数标了标记字母，并与上面的平均数比较后为止。这样各平均数标记的字母中，只要有 1 个相同字母即表示两者间差异不显著，1 个相同字母都没有的表示两者间差异显著，这种方法是目前用来表示多重比较结果的主要方法。

在实际应用时，往往还需区分不同显著水平上的差异显著性。这时可以用小写字母表示 $\alpha=0.05$ 显著水平，大写字母表示 $\alpha=0.01$ 的极显著水平。将表 3-8 改用字母表示法，见表 3-9。

表 3-9　不同组的多重比较表(字母表示法)

组别	平均数($\overline{x}_i$)	差异显著性	
		$\alpha=0.05$	$\alpha=0.01$
A_2	28.0	a	A
A_3	18.7	b	B
A_1	18.5	b	B
A_4	14.8	b	B

(二)最小显著极差法(LSR 法)

根据统计原理,t 检验只适用于一对平均数的比较,如果有多个平均数都与对照组比较,应用 t 检验还是可以的。但如果是多个平均数间的相互比较,再用 t 检验就不合理了,因为这样实际上降低了检验标准而夸大了差异的显著性,因此,在多个平均数相互比较时,应采用最小显著极差法。

最小显著极差法的特点是不同平均数间比较时采用不同的显著标准。该法又分为新复极差法(也叫 SSR 检验法)和 q 检验法两种。

1. 新复极差法

此方法是由邓肯(Duncan)于 1955 年提出,故又称 Duncan 法,此法还称为 SSR 法。这种方法是先求出平均数的标准误 $S_{\overline{x}}$,即 $S_{\overline{x}}=\sqrt{\frac{S_e^2}{n}}$,当各处理的重复数不等时,

$$S_{\overline{x}}=\sqrt{\frac{S_e^2}{2}\left(\frac{1}{n_i}+\frac{1}{n_j}\right)} \tag{3-16}$$

或求出 n_o,再代入 n 相等时的 $S_{\overline{x}}$ 公式。

$$n_o=\frac{1}{k-1}\left(\sum n_i-\frac{\sum n_i^2}{\sum n_i}\right) \tag{3-17}$$

此式中,k 为处理数,n_i 为各组的重复数。

$$S_{\overline{x}}=\sqrt{\frac{S_e^2}{n_o}} \tag{3-18}$$

再根据下式求出最小显著极差 LSR_α 值:

$$LSR_{\alpha(k,df_e)}=SSR_{\alpha(k,df_e)}\cdot\sqrt{\frac{S_e^2}{n}} \tag{3-19}$$

公式(3-19)中,k 是欲检验的平均数两极差间所包括的平均数的个数,即把所有平均数由大到小按顺序排列,所比较的两个平均数作为两极,这两极范围内所包含的平均数的个数(含所比较的两极均数)即为 k 值,称为秩次距。df_e 是误差自由度,α 为显著水平,

$SSR_{\alpha(k,df_e)}$是根据显著水平 α、自由度 df_e 和秩次距 k 由 SSR 值表（附表 6）所查的 SSR 值。

以例 3-3 资料说明 SSR 法的具体应用。

由于 $MS_e=22.38$，$n=6$，所以

$$S_{\bar{x}}=\sqrt{\frac{MS_e}{n}}=\sqrt{\frac{22.38}{6}}=1.93$$

根据 $df_e=20$，秩次距 $k=2,3,4$，由 SSR 值表查出 $\alpha=0.05$ 和 $\alpha=0.01$ 的各临界 SSR 值，乘以 $S_{\bar{x}}=1.93$，即得各最小显著极差 LSR_α 值，所得结果列于表 3-10。

表 3-10　SSR 值及 LSR 值

秩次距 k	$SSR_{0.05}$	$SSR_{0.01}$	$LSR_{0.05}$	$LSR_{0.01}$
2	2.95	4.02	5.69	7.76
3	3.10	4.22	5.98	8.14
4	3.18	4.33	6.14	8.36

表 3-11 中，13.2 是第二组与第四组平均数的差值，这两个极差平均数之间还有第三组、第一组的平均数，所以 13.2 应与 $k=4$ 时的 $LSR_{\alpha(4,df_e)}$ 进行比较，13.2 大于 $LSR_{0.01(4,20)}$ 的 8.36，所以 13.2 表现为差异极显著，即第二组、第四组平均数间存在着极显著的差异；表 3-11 中，9.5 和 3.9 是中间相隔一个平均数的两个平均数的差数，因此，9.5 和 3.9 要与 $k=3$ 时的 $LSR_{\alpha(3,df_e)}$ 进行比较，不难看出，9.5 表现为差异极显著，3.9 表现为差异不显著；9.3，0.2 和 3.7 三个平均数的差数是相邻两个平均数的差数，因此，这三个差值要与 $k=2$ 时的 $LSR_{\alpha(2,df_e)}$ 进行比较，9.3 表现为差异极显著，0.2 和 3.7 表现为差异不显著。

表 3-11　不同组的多重比较表

组别	$\bar{x}_i$	$\bar{x}_i-14.8$	$\bar{x}_i-18.5$	$\bar{x}_i-18.7$
A_2	28.0	13.2**	9.5**	9.3**
A_3	18.7	3.9	0.2	
A_1	18.5	3.7		
A_4	14.8			

2. q 检验法

q 检验与新复极差法（SSR 检验法）相似，其区别仅在于计算最小显著极差 LSR_α 值时不是查 SSR 值表，而是查 q 值表（附表 7）。q 检验法 LSR 值的计算公式如下：

$$LSR_{0.05(k,df_e)}=q_{0.05(k,df_e)}\cdot S_{\bar{x}} \tag{3-20}$$

$$LSR_{0.01(k,df_e)}=q_{0.01(k,df_e)}\cdot S_{\bar{x}} \tag{3-21}$$

公式(3-20)和公式(3-21)中的 k，df_e，$S_{\bar{x}}$ 的含义与新复极差法（SSR 法）一样，$q_{\alpha(k,df_e)}$ 由 α，k 和 df_e 查 q 值表即得。

以例 3-3 资料说明 q 法的具体应用。查 q 值表得：

$k=2$ 时，$q_{0.05(2,20)}=2.95$，$q_{0.01(2,20)}=4.02$

$k=3$ 时，$q_{0.05(3,20)}=3.58$，$q_{0.01(3,20)}=4.64$

$k=4$ 时，$q_{0.05(4,20)}=3.96$，$q_{0.01(4,20)}=5.02$

将 q 值与 $S_{\bar{x}}$ 代入公式(3-20)和公式(3-21)即可得到 LSR 值，见表 3-12。

表 3-12　四个平均数比较所用的 q 值和 LSR 值

k	$q_{0.05(k,20)}$	$q_{0.01(k,20)}$	$LSR_{0.05(k,20)}$	$LSR_{0.01(k,20)}$
2	2.95	4.02	5.69	7.76
3	3.58	4.46	6.91	8.61
4	3.96	5.02	7.64	9.69

与新复极差法(SSR 检验法)同样的道理，表 3-13 中，13.2 是第二组与第四组平均数的差值，这两个极差平均数之间还有第三组、第一组的平均数，所以 13.2 应与 $k=4$ 时的 $LSR_{\alpha(4,df_e)}$ 进行比较，13.2 大于 $LSR_{0.01(4,20)}$ 的 9.69，所以 13.2 表现为差异极显著，即第二组、第四组平均数间存在着极显著的差异；表 3-13 中，9.5 和 3.9 是中间相隔一个平均数的两个平均数的差数，因此，9.5 和 3.9 要与 $k=3$ 时的 $LSR_{\alpha(3,df_e)}$ 进行比较，不难看出，9.5 表现为差异极显著，3.9 表现为差异不显著；9.3，0.2 和 3.7 三个平均数的差数是相邻两个平均数的差数，因此，9.3，0.2 和 3.7 要与 $k=2$ 时的 $LSR_{\alpha(2,df_e)}$ 进行比较，9.3 表现为差异极显著，0.2 和 3.7 表现为差异不显著。

表 3-13　不同组的多重比较表

组别	$\bar{x}_i$	$\bar{x}_i-14.8$	$\bar{x}_i-18.5$	$\bar{x}_i-18.7$
A_2	28.0	13.2**	9.5**	9.3**
A_3	18.7	3.9	0.2	
A_1	18.5	3.7		
A_4	14.8			

(三)多重比较方法的异同

根据例题 3-3 的计算，我们可以看到在两极差间所包含的平均数个数 $k=2$ 时，LSD 法、SSR 检验法和 q 检验法的显著尺度都是完全相同的。但是，当 $k>2$ 时，三种检验的显著尺度不相同，LSD 法最低，SSR 检验法次之，q 检验法最高。因此，对于试验结果事关重大或有严格要求的试验，宜用 q 检验法，一般试验可采用 SSR 检验法；试验中各个处理平均数皆与对照相比的，可用 LSD 法。LSD 法必须经过 F 检验确认各平均数间有显著差异之后，才宜应用；SSR 检验法和 q 检验法可不经过 F 检验。

四、方差分析的基本步骤

综上所述，方差分析的基本原理是：根据平方和与自由度的可剖性，将观测值总变异的平方和与自由度剖分为不同变异来源的平方和与自由度，进而获得不同变异来源的方差估计值，利用这些方差进行统计分析，做出全面结论。

方差分析的基本步骤归纳如下：

(1)设立无效假设和备择假设 $H_0:\mu_1=\mu_2=\cdots=\mu_k$；$H_A:\mu_1,\mu_2,\cdots,\mu_k$ 不完全相等。

(2)计算各项变异的 SS，df 及 S^2，求出 F 值。

(3)根据 df_t，df_e 及 α 查 F 值表得临界值 $F_{0.05}$，$F_{0.01}$。

(4)F 值与临界 F 值比较。

若 $F<F_{0.05}$，$P>0.05$，接受 H_0，否定 H_A，差异不显著。

若 $F_{0.05}\leqslant F<F_{0.01}$，$0.01<P\leqslant 0.05$，否定 H_0，接受 H_A，差异显著，在 F 值右上角打 1 个“*”号。

若 $F\geqslant F_{0.01}$，$P\leqslant 0.01$，否定 H_0，接受 H_A，差异极显著，在 F 值右上角打 2 个“*”号。

若 $F<F_{0.05}$ 时，方差分析到此结束，若 $F_{0.05}\leqslant F<F_{0.01}$ 或 $F\geqslant F_{0.01}$ 时，方差分析还要进行多重比较。

(5)对各平均数进行多重比较。

【任务实施】

1. 设立无效假设和备择假设

$H_0:\mu_1=\mu_2=\mu_3=\mu_4$

$H_A:\mu_1,\mu_2,\mu_3,\mu_4$ 不完全相等

2. 列计算表

计算出每一种饲料增重的合计以及平均数，见表 3-14。

表 3-14 饲喂不同配合饲料的鱼的增重计算表 g

饲料	鱼的增重(x)					合计 T_i	平均数 $\overline{x_i}$
A_1	31.9	27.9	31.8	28.4	35.9	155.9	31.18
A_2	24.8	25.7	26.8	27.9	26.2	131.4	26.28
A_3	22.1	23.6	27.3	24.9	25.8	123.7	24.74
A_4	27.0	30.8	29.0	24.5	28.5	139.8	27.96
合计						550.8	

3. 计算各项平方和与自由度

$$C=\frac{T^2}{kn}=\frac{550.8^2}{4\times 5}=15\ 169.03$$

$$SS_T=\sum_1^k\sum_1^n x^2-C$$

$$=31.9^2+27.9^2+\cdots+28.5^2-C$$

$$=15\ 368.7-15\ 169.03$$

$$=199.67$$

$$SS_A = \frac{1}{n}\sum T_i^2 - C$$

$$= \frac{1}{5} \times (155.9^2 + 131.4^2 + 123.7^2 + 139.8^2) - 15\ 169.03$$

$$= 15\ 283.3 - 15\ 169.03$$

$$= 114.27$$

$$SS_e = SS_T - SS_A = 199.67 - 114.27 = 85.40$$

$$df_T = kn - 1 = 4 \times 5 - 1 = 19$$

$$df_A = k - 1 = 4 - 1 = 3$$

$$df_e = df_T - df_A = 19 - 3 = 16$$

$$S_A^2 = \frac{SS_A}{df_A} = \frac{114.27}{3} = 38.09$$

$$S_e^2 = \frac{SS_e}{df_e} = \frac{85.40}{16} = 5.34$$

$$F = \frac{S_A^2}{S_e^2} = \frac{38.09}{5.34} = 7.13$$

4. 列出方差分析表(表 3-15),进行 F 检验

表 3-15　饲喂不同配合饲料鱼的方差分析表

变异来源	SS	df	MS	F 值	$F_{0.01}$
饲料间	114.27	3	38.09	7.13**	5.29
误差	85.40	16	5.34		
总变异	199.67	19			

根据 $df_A=3$,$df_e=16$ 查临界 F 值得:$F_{0.01(3,16)}=5.29$,因为 $F>F_{0.01(3,16)}$,即 $P<0.01$,拒绝 H_0,接受 H_A,差异极显著,表明饲料间的差异极显著。

5. 多重比较,采用 SSR 法

因为 $MS_e=5.34$,$n=5$,所以 $S_{\bar{x}}$ 为:

$$S_{\bar{x}} = \sqrt{\frac{MS_e}{n}} = \sqrt{\frac{5.34}{5}} = 1.03$$

根据 $df_e=16$,秩次距 $k=2,3,4$,由 SSR 值表查出 $\alpha=0.05$ 和 $\alpha=0.01$ 的各临界 SSR 值,乘以 $S_{\bar{x}}=1.03$,即得各最小显著极差 LSR_α 值,所得结果如表 3-16 所列。

表 3-16　饲喂不同配合饲料鱼的 *SSR* 值及 *LSR* 值

秩次距 k	$SSR_{0.05}$	$SSR_{0.01}$	$LSR_{0.05}$	$LSR_{0.01}$
2	3.00	4.13	3.09	4.25
3	3.15	4.34	3.24	4.47
4	3.23	4.45	3.33	4.58

不同饲料的多重比较结果见表 3-17。

表 3-17　饲喂不同配合饲料鱼的多重比较表

饲料	$\overline{x}_i$	$\overline{x}_i-24.74$	$\overline{x}_i-26.28$	$\overline{x}_i-27.96$
A_1	31.18	6.46**	4.90**	3.22*
A_4	27.96	3.22	1.68	
A_2	26.28	1.54		
A_3	24.74			

6. 结论

饲料 A_1 对鱼的增重效果与 A_2、A_3 差异极显著，与 A_4 差异显著；其他饲料对鱼的增重效果差异不显著，说明饲料 A_1 对鱼的增重效果最好。

7. 利用 Excel 软件进行单因素方差分析

打开分析工具列表的“方差分析：单因素方差分析”对话框，输入区域选定“A2：F5”，分组方式选行，选中标志位于第一列，给定输出区域起始单元格 A7，按确定按钮，统计结果见图 3-2。

在图 3-2 显示的结果中，上表为各组的样本容量、合计、平均数和方差，下表为方差分析表，表中 P-value 为 F 值的相伴概率，F crit 是显著水平为 0.05 时的临界值。$F=7.136>3.239$，$P=0.002\ 9$，差异极显著。

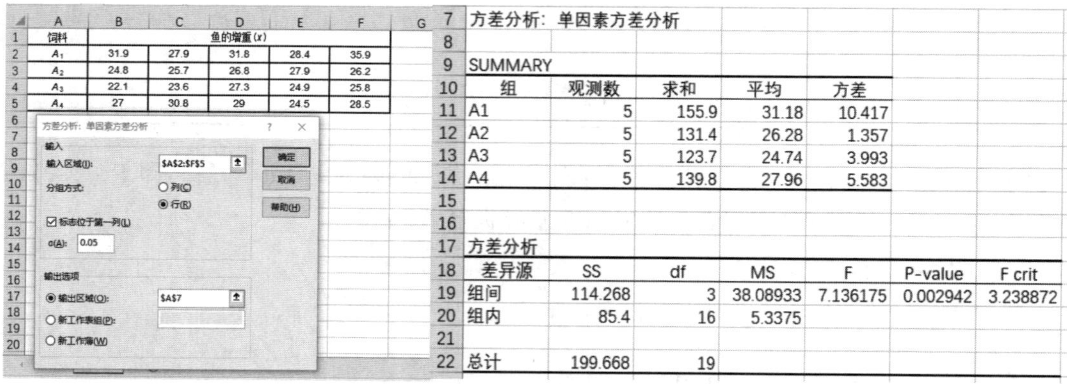

图 3-2　单因素试验数据与方差分析结果

8. 利用 SPSS 软件进行单因素方差分析

操作步骤：首先定义数据变量【增重】和分组变量【饲料】，输入数据。“分析”→“平均值比较”→“单因素 ANOVA 检验”，打开对话框将试验指标变量【增重】选入“因变量列表”栏，选中分组变量【饲料】进入“因子”栏→点击“事后比较”按钮，进入“单因素 ANOVA 检验：事后多重比较”对话框→根据要求勾选“Bonferroni（Bonferroni 校正）”或“Duncan（邓肯法，又叫 SSR 法）”后，点击“继续”回到上一级话框→点击“选项”按钮，进入选项对话框，勾选“描述”和“方差齐性检验”选项→单击“继续”回到主对话框，点击“确定”，操作及结果见图 3-3。

	增重	饲料
1	31.9	1
2	27.9	1
3	31.8	1
4	28.4	1
5	35.9	1
6	24.8	2
7	25.7	2
8	26.8	2
9	27.9	2
10	26.2	2
11	22.1	3
12	23.6	3
13	27.3	3
14	24.9	3
15	25.8	3
16	27.0	4
17	30.8	4
18	29.0	4
19	24.5	4
20	28.5	4

方差齐性检验

增重

Levene 统计量	df1	df2	显著性
1.330	3	16	.299

ANOVA

增重

	平方和	df	均方	F	显著性
组间	114.268	3	38.089	7.136	.003
组内	85.400	16	5.337		
总数	199.668	19			

增重

Duncan[a]

饲料	N	alpha = 0.05 的子集	
		1	2
3	5	24.740	
2	5	26.280	
4	5	27.960	
1	5		31.180
显著性		.052	1.000

将显示同类子集中的组均值。

a. 将使用调和均值样本大小 = 5.000。

图 3-3　SPSS 单因素方差分析

结果分析：方差齐性检验，$F=1.330$，$P=0.299$（Based on Mean，基于平均数），说明方差同质。ANOVA 表是方差分析表，其中列出了组间、组内以及总变异的离均差平方和、自由度、均方、F 值、显著性概率值，$F=7.136$，$P=0.003$，差异极显著。多重比较表按照均值从小到大、自上而下排列，如果各组均值差异不显著（$P>0.05$）则均值排在一列，差异显著（$P<0.05$）排在不同列。饲料 A_3、饲料 A_2 和饲料 A_4 均与饲料 A_1 差异显著，而饲料 A_3、饲料 A_2 和饲料 A_4 之间差异不显著。

二维码 3-1
单因素方差分析

【任务拓展】

一、处理内观察次数不相等的方差分析

单因素处理内观察次数不相等方差分析与单因素处理内观察次数相等方差分析方法基本上是一样的，不同之处在于公式的表达方式有所差异。单因素处理内观察次数不相等资料进行方差分析所用公式应表示为：

$$C=\frac{T^2}{\sum n_i}$$

$$SS_{\mathrm{T}}=\sum_1^k\sum_1^{n_i}(x-\overline{x})^2=\sum x^2-C$$

$$SS_{\mathrm{A}}=\sum_{i=1}^k n_i(\overline{x}_i-\overline{x})^2=\sum\frac{T_i^2}{n_i}-C$$

$$SS_{\mathrm{e}}=\sum_1^k\sum_1^{n_i}(x-\overline{x}_i)^2$$

多重比较时标准误公式：$S_{\overline{x}}=\sqrt{\frac{S_e^2}{n_0}}$

例 3-4　给出生后的雄性小鼠喂不同的饲料，6 周后称得体重见表 3-18，问饲喂不同的

饲料对小鼠体重是否有明显影响？

表 3-18 不同配方饲料饲喂的雄性小鼠平均体重 g

组别	重复数						
Ⅰ饲料	15.0	13.4	12.7	19.2	14.3	14.8	
Ⅱ饲料	10.9	12.8	8.3	14.4			
Ⅲ饲料	10.3	10.1	8.8	11.5	10.3		
Ⅳ饲料	9.2	6.7	8.9	11.0	10.2	7.6	7.8
Ⅴ饲料	13.5	12.7	16.4				

该例是比较不同饲料对小鼠体重的影响，只有一个试验因素(饲料)，共有 5 个处理，且各处理重复观测值不相等，所以属于单因素处理内观察次数不等的方差分析。其解题步骤为：

1. 提出假设

$H_0:\mu_1=\mu_2=\cdots=\mu_5$

$H_A:\mu_1,\mu_2,\cdots,\mu_5$ 不完全相等

2. 列出计算表(表 3-19)

表 3-19 不同配方饲料饲喂的雄性小鼠平均体重计算表 g

组别	重复数							n_i	合计 T_i	平均数 $\overline{x}_i$
Ⅰ饲料	15.0	13.4	12.7	19.2	14.3	14.8		6	89.4	14.9
Ⅱ饲料	10.9	12.8	8.3	14.4				4	46.4	11.6
Ⅲ饲料	10.3	10.1	8.8	11.5	10.3			5	51.0	10.2
Ⅳ饲料	9.2	6.7	8.9	11.0	10.2	7.6	7.8	7	61.4	8.77
Ⅴ饲料	13.5	12.7	16.4					3	42.6	14.2
合计								25	290.8	

3. 计算各项平方和与自由度

$$C=\frac{T^2}{\sum n_i}=\frac{290.8^2}{25}=3\ 382.585\ 6$$

$$SS_T=\sum(x-\overline{x})^2=\sum x^2-C=15.0^2+13.4^2+\cdots+12.7^2+16.4^2-3\ 382.585\ 6$$
$$=3\ 605.68-3\ 382.585\ 6=223.094\ 4$$

$$SS_A=\sum_{i=1}^{k}n_i(\overline{x}_i-\overline{x})^2=\sum\frac{T_i^2}{n_i}-C$$
$$=\frac{89.4^2}{6}+\frac{46.4^2}{4}+\frac{51^2}{5}+\frac{61.4^2}{7}+\frac{42.6^2}{3}-3\ 382.585\ 6=151.400\ 1$$

$$SS_e=SS_T-SS_A=223.094\ 4-151.400\ 1=71.694\ 3$$

$$df_T=\sum n_i-1=25-1=24$$

$df_A = k - 1 = 5 - 1 = 4$

$df_e = df_T - df_A = 24 - 4 = 20$

计算各项均方及 F 值

$$S_A^2 = \frac{SS_A}{df_A} = \frac{151.4001}{4} = 37.85$$

$$S_e^2 = \frac{SS_e}{df_e} = \frac{71.6943}{20} = 3.5847$$

$$F = \frac{S_A^2}{S_e^2} = \frac{37.85}{3.5847} = 10.5587$$

将以上计算结果作方差分析，见表 3-20。

表 3-20　不同配方饲料饲喂雄性小鼠的方差分析表

变异来源	SS	df	MS	F 值	$F_{0.05}$	$F_{0.01}$
饲料间	151.400 1	4	37.85	10.558 7**	2.87	4.43
误差	71.694 3	20	3.584 7			
合计	233.094 4	24				

根据 $df_A = 4$，$df_e = 20$ 查临界 F 值得：$F_{0.05(4,20)} = 2.87$，$F_{0.01(4,20)} = 4.43$，因为 $F > F_{0.01(4,20)}$，即 $P < 0.01$，拒绝 H_0，接受 H_A，差异极显著，表明饲料间的差异极显著。

4. 多重比较

因为 F 检验差异极显著，说明不同饲料对小鼠的体重有明显的影响，用 SSR 法进行多重比较，其方法与组内观测值相等的比较方法基本相同，只是在计算最小显著极差值时的 $S_{\bar{x}}$ 计算稍微复杂一些，因为需要根据公式(3-17)计算出 n_o。

对表 3-19 资料进行多重比较如下：

$$n_0 = \frac{1}{k-1}\left[\sum n_i - \frac{\sum (n_i)^2}{\sum n_i}\right]$$

$$= \frac{1}{5-1} \times \left(25 - \frac{6^2 + 4^2 + 5^2 + 7^2 + 3^2}{25}\right)$$

$$= \frac{1}{4} \times \left(25 - \frac{135}{25}\right) = 4.9$$

$$S_{\bar{x}} = \sqrt{\frac{S_e^2}{n_o}} = \sqrt{\frac{3.5847}{4.9}} = 0.8553$$

用 SSR 法进行多重比较。

列 SSR 与 LSR 值表(表 3-21)。

表 3-21 不同配方饲料饲喂雄性小鼠的 *SSR* 及 *LSR* 值表

秩次距(k)	$SSR_{0.05(k,20)}$	$SSR_{0.01(k,20)}$	$LSR_{0.05}$	$LSR_{0.01}$
2	2.95	4.02	2.52	3.44
3	3.10	4.20	2.65	3.59
4	3.19	4.31	2.73	3.69
5	3.26	4.40	2.79	3.76

将表 3-22 中各差数与表 3-21 中各对应的 *LSR* 进行比较，并用“ * ”或“ ** ”标记。

表 3-22 不同配方饲料饲喂雄性小鼠的多重比较表

组别	$\bar{x}_i$	$\bar{x}_i-8.77$	$\bar{x}_i-10.2$	$\bar{x}_i-11.6$	$\bar{x}_i-14.2$
Ⅰ饲料	14.9	6.13**	4.7**	3.3*	0.7
Ⅴ饲料	14.2	5.43**	4.0**	2.6*	
Ⅱ饲料	11.6	2.83*	1.4		
Ⅲ饲料	10.2	1.43			
Ⅳ饲料	8.77				

5. 结论

第Ⅰ种和第Ⅴ种饲料分别与第Ⅲ种和第Ⅳ种饲料达到极显著差异、与第Ⅱ种饲料达显著差异，第Ⅱ种饲料与第Ⅳ种饲料达显著差异，其他饲料间小鼠平均体重差异不显著；所以第Ⅰ种、第Ⅴ种饲料对增加小鼠体重影响较大。

利用 Excel 软件和 SPSS 软件对单因素处理内重复数相等和不相等试验结果进行方差分析的方法相同。

二、方差分析的基本假定与数据转换

(一)方差分析的基本假定

方差分析是建立在一些基本假定基础上的，这些基本假定有：

1. 可加性

处理效应与误差效应是可加的。这是因为我们进行方差分析的模型就是线性可加模型，所以可加性特性是方差分析的主要特性。

2. 正态性

试验误差是独立的随机变量，并服从正态分布。这是因为 F 检验只有在这一假定的基础上才能正确地进行。

3. 同质性

所有试验处理的误差方差都是同质的，即 $\sigma_1^2=\sigma_2^2=\cdots=\sigma_k^2$。这是由于方差分析是以各个处理的合并均方值作为试验处理间显著性共用的误差均方(这一假定能否得到满足，可由 Bartlett 检验得知)。

上述假定可简单归纳为三性：可加性、正态性和同质性。多数试验资料都可以或基本上可以满足三个基本假定，因而方差分析能做出有效的推断。但是也有些资料不能满足这三个假定，其中最常见的一种情况是处理平均数和均方有着一定的关系（如处理均方随着处理平均数的增大而增大等）。这种资料不能直接进行方差分析，所以必须对试验资料做适当的数据转换后，才能进行方差分析。

（二）数据转换

当资料不能满足方差分析的条件时，如果进行方差分析，可能造成错误的判断。因此对于明显偏离上述应用条件的资料，可以通过数据转换的方法来加以改善。常用的数据转换方式有以下三种：

1. 反正弦转换

常用于服从二项分布的率或百分比资料。一般地，当总体率较小（<30%）或较大（>70%）时，通过平方根反正弦转换，可使两端的百分率向中间靠近，使数据的差异幅度变小，使资料接近正态，且达到方差齐性的要求。转换公式为：

$$X' = \sin^{-1}\sqrt{X} \tag{3-22}$$

附表 8 为根据公式(3-22)做成的反正弦函数转换表。

如果资料的 P 值都在 0.3～0.7，因为转换后的数据与转换前相差不大，故不必做公式(3-22)转换，即可直接进行方差分析。但是如果 P 只要有大于 0.7 或小于 0.3 的，则宜将全部数据都做反正弦转换，再做方差分析。不遵从二项分布的百分数资料不能做反正弦转换。

例 3-5　研究某果树花粉在不同贮藏条件下的生活力，处理代号为 1、2、3 及对照（新鲜花粉）。经贮藏后在显微镜下检查有生活力花粉的百分数，每处理检查 6 个视野，其结果见表 3-23，试做方差分析。

表 3-23　不同处理后有生活力花粉百分数　　%

项目	处理			
	对照	1	2	3
变量	97	95	93	70
	91	77	78	68
	82	72	75	66
	85	64	76	49
	78	56	63	55
	77	68	71	64

表 3-23 有不少 P 值大于 70%，故需做反正弦转换。转换后的资料见表 3-24，对其做方差分析可得表 3-25。

表 3-24 有生活力花粉百分数的反正弦值

项目	处理			
	对照	1	2	3
X'	80.02	77.08	74.66	56.79
	72.54	61.34	62.03	55.55
	64.90	58.05	60.00	54.33
	67.21	53.13	60.67	44.43
	62.03	48.45	52.53	47.87
	61.34	55.55	57.42	53.13
合计 T_i	408.04	353.60	367.31	312.10
平均数 $\bar{x}_i$	68.01	58.93	61.22	52.02

表 3-25 对表 3-24 资料的方差分析表

变异原因	SS	df	MS	F	$F_{0.05}$	$F_{0.01}$
处理间	782.728 7	3	260.909 6	4.594	3.10	4.94
误差	1 135.871 3	20	56.793 6			
总变异	1 918.600 0	23				

做多重比较时，因为均与对照做比较，所以可用 LSD 法，见表 3-26。

$$S_{\bar{x}_1-\bar{x}_2}=\sqrt{\frac{2\times 56.793\ 6}{6}}=4.351$$

$df_e=20, k=3, t_{0.05}=2.57, t_{0.01}=3.31$

$LSD_{0.05}=4.351\times 2.57=11.182$

$LSD_{0.01}=4.351\times 3.31=14.402$

表 3-26 不同处理后花粉生活力的多重比较表

处理	平均数	与对照的差异	反正弦值转换为百分数/%
对照	68.0	—	86.0
1	58.9	9.1	73.3
2	61.2	6.8	76.8
3	52.0	16.0**	62.1

试验结果表明，第一、第二种方法贮藏后的花粉生活力与对照的花粉生活力差异未达显著水平，第三种方法贮藏后的花粉生活力极显著的低于对照的，将其反正弦值转换为百分数后可以看出，比对照降低了 23.9%。

2. 平方根转换

常用于服从泊松(Poission)分布的计数资料或轻度偏态的资料正态化;当各样本的方差与均数呈正相关时,可使资料达到方差齐性。转换公式为:

$$X'=\sqrt{X} \tag{3-23}$$

当原始数据中有小值或零时,可用

$$X'=\sqrt{X+0.5} \tag{3-24}$$

平方根转换的主要作用是减少极端大变量对于均方的影响。

3. 对数转换

对数转换不仅可以将对数正态分布的数据正态化,还能使数据方差达到齐性,特别是各样本的标准差与均数成比例或变异系数接近于一个常数时,转换公式为:

$$X'=\lg X \tag{3-25}$$

当原始数据中有小值或零时,可用

$$X'=\lg(X+1) \tag{3-26}$$

在生物学研究中有些连续性变数,其取值在小的方面变动有限(不小于 0),在大的方面却可以有较大变异,因而可以期望是一个左偏分布,并且各处理均方将随平均数的增加而增加。对于这种资料,做对数转换也将改进可加性、正态性和同质性,使之更符合方差分析的基本假定。因为对数转换的作用是将普通尺度变为对数尺度,于是一个向右侧伸延的长尾就被缩短,使之趋向正态分布。

一般地说,对数转换对于削弱大变量的作用,要比平方根转换更强。例如变量 1,10 和 100 ,做方根转换是 1,3.16 和 10,做对数转换则是 0,1 和 2。

不论对原始资料做何种转换,其目的都只是使资料适合于方差分析和多重比较,从而做出正确结论。当获得必需的结论后,一般应尽可能将转换尺度反转换为原尺度(尤其在处理效应为固定模型时),以用于表达。但差异显著性结果符号不受影响,其方差分析方法同前介绍。

三、两个方差的同质性检验

方差的同质性,又称方差的齐性或一致性。方差的同质性检验的目的,就是要从各样本的均方来推断其相应的总体的方差是否相同,一般说来,方差分析以及 t 检验前应对各处理总体进行方差同质性检验,证明各处理总体方差同质性后才能做方差分析或 t 检验,检验处理总体均数间的差异。

当只有两个方差时,做齐性检验用 F 检验,若 F 检验差异不显著,就认为两样本所在总体的方差是同质的。

例 3-6 某地抽测 30 头陆川猪的白细胞数 $\overline{x}_1=2.55$ 万个/mm³，$S_1=0.72$ 万个/mm³；20 头东北民猪的白细胞数 $\overline{x}_2=1.85$ 万个/mm³，$S_2=0.34$ 万个/mm³。试比较两个品种猪的白细胞均数是否有显著差异？

解：由于 $S_1\neq S_2$，且相差较多，所以采用 F 检验法检验两样本所在总体的方差是否相同。

$$F=\frac{S_1^2(\text{大})}{S_2^2(\text{小})}=\frac{0.72^2}{0.34^2}=4.48$$

需注意：附表 5 的 F 值是右尾概率为 α 的临界值，是专为检验 σ_1^2 是否显著大于 σ_2^2（即 $H_0:\sigma_1^2\leqslant\sigma_2^2$，$H_A:\sigma_1^2>\sigma_2^2$）而设计的。如果检验对 $H_0:\sigma_1^2=\sigma_2^2$，$H_A:\sigma_1^2\neq\sigma_2^2$，则为两尾检验，表中列出的 F 值应变为 $F_{\frac{\alpha}{2}}$；且检验时应将大的 S^2 做分子，小的 S^2 做分母计算 F 值（以便查附表 5 的 F 值确定概率），这样计算的 F 值与 $F_{\frac{\alpha}{2}(df_1,df_2)}$ 值相比较，若 $F>F_{\frac{\alpha}{2}(df_1,df_2)}$，则差异显著，表明两个样本所在两个总体的方差在 α 水平上不等。

本例中 $F>F_{\frac{0.10}{2}(29,19)}=2.07$，说明两品种总体方差在 $\alpha=0.10$ 水平上不同质，此时应按两总体方差不同质的要求进行 t 检验，具体方法已在 t 检验一章中讲过，这里不再赘述。

样本方差与总体方差以及多个方差的同质性检验，均可通过 χ^2 检验来进行，其具体检验方法请参考有关资料。

【任务评价】

任务评价内容与考核得分

评价环节	评价内容	分值	得分
任务相关知识	理解试验指标、试验因素（因子）、试验水平、试验处理、试验单位、重复等基本概念；理解掌握方差分析的概念与意义；理解方差分析的基本步骤	10	
	掌握多重比较的方法、适用条件、结果表示方法	10	
	学会单因素试验处理内观察次数相等的方差分析方法	20	
任务实施	准确叙述单因素试验处理内观察次数相等的资料的方差分析步骤	10	
	对给定资料 1，会根据单因素试验处理内观察次数相等的资料的方差分析步骤计算 F 值，做出三个品种猪的增重是否有显著差异的统计推断（$F=6.42$，$P<0.01$） 分别采用 Excel 软件和 SPSS 软件对给定资料 2，判断五个不同品种猪的品种间增重是否有显著差异，准确理解计算机分析结果的含义（$F=5.99$，$P<0.01$）	35	

评价环节	评价内容	分值	得分
任务拓展	了解单因素处理内观察次数不相等的方差分析与单因素处理内观察次数相等的方差分析方法不同之处在于公式的表达方式有差异；了解方差分析的基本假定：可加性、正态性、同质性；能应用常用的三种数据转换方式；会进行两个方差的同质性检验和样本方差与总体方差的同质性检验	15	
总体评价		100	
资料 1	三个品种猪的增重(kg)情况如下，试比较品种间增重是否有显著差异 A：16，12，18，18，13，11，15，10，17，18 B：10，13，11，　9，16，14，　8，15，13，　8 C：11，　8，13，　6，　7，15，　9，12，10，11		
资料 2	五个不同品种猪的育肥试验，后期 30 天增重(kg)情况如下，试检验品种间增重是否有显著差异 品种 1：21.5，19.5，20.0，22.0，18.0，20.0 品种 2：16.0，18.5，17.0，15.5，20.0，16.0 品种 3：19.0，17.5，20.0，18.0，17.0 品种 4：21.0，18.5，19.0，20.0 品种 5：15.5，18.0，17.0，16.0		

任务二　两因素交叉分组试验方差分析

子任务一　两因素无重复观测值资料的方差分析

【任务描述】

四个品种猪 A_1，A_2，A_3，A_4 各有 3 头，各用三种配合饲料(每种饲料喂 1 头)B_1，B_2，B_3。饲喂 3 个月的增重结果列于表 3-27，试比较不同品种、不同饲料之间猪的增重差异显著性。

表 3-27　饲喂 3 个月猪的增重结果　　kg/头

因素	B_1	B_2	B_3
A_1	51	53	52
A_2	56	57	58
A_3	45	49	47
A_4	42	44	43

【任务相关知识】

两因素无重复观测值试验资料，就是每个试验处理只有一个观察值，进行方差分析时，其平方和与自由度剖分公式为：

$$SS_T = SS_A + SS_B + SS_e$$
$$df_T = df_A + df_B + df_e$$

设 A 因素有 m 个水平，B 因素有 k 个水平，则各项平方和的计算公式为：

$$SS_T = \sum_1^k \sum_1^m (x - \overline{x})^2$$

$$SS_A = k\sum_1^m (\overline{x}_A - \overline{x})^2 = \frac{1}{k}\sum_1^m (\overline{T}_A - \overline{T}_A)^2$$

$$SS_B = m\sum_1^k (\overline{x}_B - \overline{x})^2 = \frac{1}{m}\sum_1^k (\overline{T}_B - \overline{T}_B)^2$$

$$SS_e = SS_T - SS_A - SS_B$$

这里 SS_A 和 SS_B 可参照单因素重复数相等的方法来进行计算，即计算 SS_A 时把 B 因素的水平数 k 看作 A 因素的重复数；计算 SS_B 时把 A 因素的水平数 m 看作 B 因素的重复数。

【任务实施】

1. 提出假设

H_0：不同品种、不同饲料之间增重均无显著差异。

H_A：不同品种、不同饲料之间增重有显著差异。

本资料中，品种有四个，$m=4$；配合饲料有三种，$k=3$，全试验共有 $mk=12$ 个水平组合，每个水平组合只有一个观测值，共有 12 个观测值。

2. 列计算表(表 3-28)

表 3-28　饲喂 3 个月猪的增重结果计算表　　kg/头

因素	B_1	B_2	B_3	合计 T_{A_i}	平均数 $\overline{x}_{A_i}$
A_1	51	53	52	156	52
A_2	56	57	58	171	57
A_3	45	49	47	141	47
A_4	42	44	43	129	43
合计 T_{B_j}	194	203	200	$T=597$	
平均数 $\overline{x}_{B_j}$	48.50	50.75	50.00		$\overline{x}=49.75$

3. 计算平方和及自由度

$$C=\frac{T^2}{mk}=\frac{597^2}{4\times 3}=29\ 700.75$$

$$SS_T=\sum_1^k\sum_1^m x^2-C=51^2+53^2+\cdots+44^2+43^2-C=346.25$$

$$SS_A=\frac{\sum T_{A_i}^2}{k}-C=\frac{156^2+171^2+141^2+129^2}{3}-C=332.25$$

$$SS_B=\frac{1}{m}\sum T_{B_j}^2-C=\frac{194^2+203^2+200^2}{4}-C=10.5$$

$$SS_e=SS_T-SS_A-SS_B=346.25-332.25-10.5=3.5$$

$$df_T=mk-1=12-1=11$$

$$df_A=m-1=4-1=3$$

$$df_B=k-1=3-1=2$$

$$df_e=df_T-df_A-df_B=11-3-2=6$$

$$MS_A=\frac{SS_A}{df_A}=\frac{332.25}{3}=110.75$$

$$MS_B=\frac{SS_B}{df_B}=\frac{10.5}{2}=5.25$$

$$MS_e=\frac{SS_e}{df_e}=\frac{3.5}{6}=0.58$$

4. 计算 F 值，列方差分析表（表 3-29）

$$F_A=\frac{MS_A}{MS_e}=\frac{110.75}{0.58}=190.95$$

$$F_B=\frac{MS_B}{MS_e}=\frac{5.25}{0.58}=9.05$$

表 3-29　饲喂 3 个月猪的增重结果的方差分析表

变异来源	SS	df	MS	F
A（不同品种）	332.25	3	110.75	190.95**
B（不同配合饲料）	10.50	2	5.25	9.05*
误差	3.50	6	0.58	
总变异	346.25	11		

查 F 表得：$F_{0.01(3,6)}=9.78$，$F_{0.05(2,6)}=5.14$，$F_{0.01(2,6)}=10.92$。因为 $F_A>F_{0.01(3,6)}$，$P<0.01$；$F_{0.05(2,6)}<F_B<F_{0.01(2,6)}$，$0.01<P<0.05$。所以，$A$ 因素各水平（不同品种）间猪的增重差异极显著，B 因素各水平（不同配合饲料）间猪的增重差异显著，故需进行多重比较。

5. 多重比较

用 q 法进行多重比较。

$$S_{\bar{x}_A}=\sqrt{\frac{MS_e}{k}}=\sqrt{\frac{0.58}{3}}=0.44$$

$$S_{\bar{x}_B}=\sqrt{\frac{MS_e}{m}}=\sqrt{\frac{0.58}{4}}=0.38$$

依据 $df_e=6$，查 $k=2$、3、4 时的 $q_{0.05}$ 值和 $q_{0.01}$ 值，代入 $LSF_{\alpha(k,df_e)}=q_{\alpha(k,df_e)}\cdot S_{\bar{x}}$ 的计算公式，得品种各平均数多重比较的 LSR 值，如表 3-30 所列。

表 3-30 品种间最小显著极差值表

k	$q_{0.05(k,6)}$	$q_{0.01(k,6)}$	$LSR_{0.05(k,6)}$	$LSR_{0.01(k,6)}$
2	3.46	5.24	1.52	2.31
3	4.34	6.33	1.90	2.79
4	4.90	7.03	2.16	3.09

列品种各平均数多重比较表(表 3-31)。

表 3-31 品种各平均数多重比较

品种	$\bar{x}_{A_i}$	$\bar{x}_{A_i}-43$	$\bar{x}_{A_i}-47$	$\bar{x}_{A_i}-52$
A_2	57	14^{**}	10^{**}	5^{**}
A_1	52	9^{**}	5^{**}	
A_3	47	4^{**}		
A_4	43			

再计算饲料各平均数多重比较的 LSR 值(表 3-32)。

表 3-32 饲料间的最小显著极差值表

k	$q_{0.05(k,6)}$	$q_{0.01(k,6)}$	$LSR_{0.05(k,6)}$	$LSR_{0.01(k,6)}$
2	3.46	5.24	1.31	1.99
3	4.34	6.33	1.65	2.41

列饲料各平均数多重比较表(表 3-33)。

表 3-33 饲料各平均数多重比较

饲料	$\bar{x}_{B_j}$	$\bar{x}_{B_j}-48.50$	$\bar{x}_{B_j}-50.00$
B_2	50.75	2.25^{*}	0.75
B_3	50.00	1.50^{*}	
B_1	48.50		

结论：品种各平均数间差异均达到极显著水平，说明不同品种对猪增重有极明显影响。饲料各平均数间的多重比较结果表明，B_2 和 B_3 与 B_1 之间的差异均达到显著水平，而 B_2 与 B_3 间的差异不显著，说明饲料不同，猪的增重效果也不同。

6. 利用 Excel 软件对两因素交叉无重复试验的方差分析

打开分析工具列表的“方差分析：无重复双因素分析”对话框，输入区域为“A4:D8”，选定标志，给定输出区域起始单元格 A10，按确定按钮，统计结果见图 3-4。本例品种（行）间差异极显著（$P=2.47\times10^{-6}$），饲料（列）间差异显著（$P=0.015\ 6$）。

	A	B	C	D	E	F	G
3	四个品种猪饲喂三种配合饲料增重结果						
4		B1	B2	B3			
5	A1	51	53	52			
6	A2	56	57	58			
7	A3	45	49	47			
8	A4	42	44	43			
9							
10	方差分析：无重复双因素分析						
11	SUMMARY	观测数	求和	平均	方差		
12	A1	3	156	52	1		
13	A2	3	171	57	1		
14	A3	3	141	47	4		
15	A4	3	129	43	1		
16							
17	B1	4	194	48.5	39		
18	B2	4	203	50.75	30.91667		
19	B3	4	200	50	42		
20							
21	方差分析						
22	差异源	SS	df	MS	F	P-value	F crit
23	行	332.25	3	110.75	189.8571	2.47E-06	4.757063
24	列	10.5	2	5.25	9	0.015625	5.143253
25	误差	3.5	6	0.583333			
26							
27	总计	346.25	11				
28							

图 3-4　两因素交叉无重复试验 Excel 数据格式与方差分析结果

对随机单位组设计的试验资料分析时，可以把处理和单位组各作为一种因素，采用此方法。

7. 利用 SPSS 软件对两因素交叉无重复试验的方差分析

操作步骤：首先定义数据变量【增重】，分组变量【饲料】和【品种】，输入数据。“分析”→“一般线性模型”→“单变量”，打开对话框将试验变量【增重】选入“因变量”栏，将【饲料】和【品种】选进“固定因子”栏→点击“模型”按钮→点击“构建项”并将类型选为“主效应”→将“因子与协变量”中的【饲料】和【品种】选进“模型”栏→单击“继续”→点击“事后比较”按钮，进入“单变量：实测平均值的事后多重比较”对话框→将“因子”栏中的【饲料】和【品种】选进“下列各项的事后检验”栏→根据要求勾选“Bonferroni（Bonferroni 校正）”或“Duncan（邓肯法，又叫 SSR 法）”后，点击“继续”回到上一级对话框→点击“选项”按钮，进入选项对话框，勾选“描述统计”和“齐性检验”选项→单击“继续”回到主对话框，点击“确定”，操作及结果见图 3-5。

二维码 3-2　两因素交叉无重复方差分析

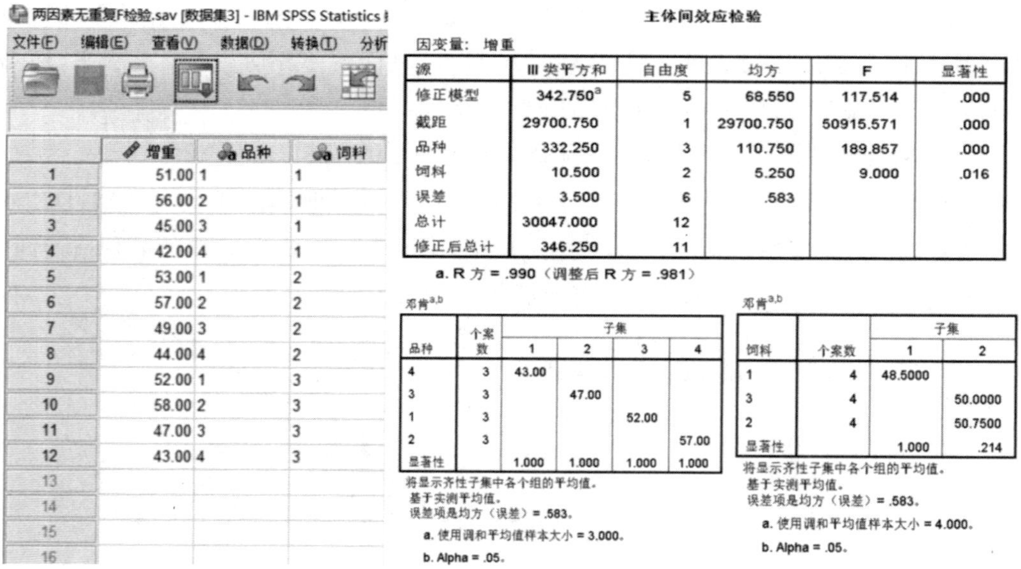
两因素无重复F检验.sav [数据集3] - IBM SPSS Statistics

	增重	品种	饲料
1	51.00	1	1
2	56.00	2	1
3	45.00	3	1
4	42.00	4	1
5	53.00	1	2
6	57.00	2	2
7	49.00	3	2
8	44.00	4	2
9	52.00	1	3
10	58.00	2	3
11	47.00	3	3
12	43.00	4	3

主体间效应检验

因变量：增重

源	III 类平方和	自由度	均方	F	显著性
修正模型	342.750[a]	5	68.550	117.514	.000
截距	29700.750	1	29700.750	50915.571	.000
品种	332.250	3	110.750	189.857	.000
饲料	10.500	2	5.250	9.000	.016
误差	3.500	6	.583		
总计	30047.000	12			
修正后总计	346.250	11			

a. R 方 = .990（调整后 R 方 = .981）

邓肯[a,b]

品种	个案数	子集 1	子集 2	子集 3	子集 4
4	3	43.00			
3	3		47.00		
1	3			52.00	
2	3				57.00
显著性		1.000	1.000	1.000	1.000

将显示齐性子集中各个组的平均值。
基于实测平均值。
误差项是均方（误差）= .583。
a. 使用调和平均值样本大小 = 3.000。
b. Alpha = .05。

邓肯[a,b]

饲料	个案数	子集 1	子集 2
1	4	48.5000	
3	4		50.0000
2	4		50.7500
显著性		1.000	.214

将显示齐性子集中各个组的平均值。
基于实测平均值。
误差项是均方（误差）= .583。
a. 使用调和平均值样本大小 = 4.000。
b. Alpha = .05。

图 3-5　SPSS 软件两因素交叉无重复试验的方差分析结果

结果分析：两因素交叉无重复试验，由于没有重复观测值，所以无误差自由度方差齐性检验。在方差分析表中【品种】的 $F=189.857$，$P=0.000$；【饲料】的 $F=9.000$，$P=0.016$，说明【饲料】和【品种】对增重的影响都显著。【品种】的多重比较表按照均值从小到大、自上而下排列，各组均值排在不同列，说明差异都显著（$P<0.05$）；【饲料】的多重比较表按照均值从小到大、自上而下排列，饲料 3 和饲料 2 之间差异不显著，饲料 3 和饲料 2 均与饲料 1 差异显著（$P<0.05$）。

【任务评价】

任务评价内容与考核得分

评价环节	评价内容	分值	得分
任务相关知识	掌握两因素无重复观测值试验资料进行方差分析时，其平方和与自由度剖分公式的使用	15	
两因素无重复观测值资料的方差分析	准确叙述两因素无重复观测值资料的方差分析步骤	20	
	对给定资料 1，会根据两因素无重复观测值资料的方差分析方法计算 F 值，得出注射不同剂量雌激素对大白鼠子宫重量的影响（$F_1=23.77$，$F_2=33.54$，$P<0.01$）	50	
计算机统计分析	采用 Excel 软件对给定资料 2，判断四种饲料和三个品种猪 60～90 日龄日增重是否有显著差异，准确理解计算机分析结果的含义（$F_A=11.13$，$F_B=13.21$，$P<0.01$）	15	
总体评价		100	

<table>
<tr><th>评价环节</th><th>评价内容</th><th>分值</th><th>得分</th></tr>
<tr><td>资料 1</td><td>为研究雌激素对子宫发育的影响，现有 4 窝不同品系未成年的大白鼠，每窝 3 只，随机分别注射不同剂量的雌激素，在相同条件下试验，并称得它们的子宫重量(g)，数据如下表所示，试做方差分析

不同剂量雌激素对大白鼠子宫重量的影响结果　g

<table>
<tr><th rowspan="2">品系</th><th colspan="3">雌激素注射剂量(每 100 g)</th></tr>
<tr><th>0.2 mg</th><th>0.4 mg</th><th>0.8 mg</th></tr>
<tr><td>1</td><td>106</td><td>116</td><td>145</td></tr>
<tr><td>2</td><td>42</td><td>68</td><td>115</td></tr>
<tr><td>3</td><td>70</td><td>111</td><td>133</td></tr>
<tr><td>4</td><td>42</td><td>63</td><td>87</td></tr>
</table></td><td></td><td></td></tr>
<tr><td>资料 2</td><td>为了比较 4 种饲料(A)和 3 个品种猪(B)，从每个品种随机抽取 4 头猪(共 12 头)分别喂以 4 种不同饲料。随机配置，分栏饲养、位置随机排列。60～90 日龄内分别测出每头猪的日增重(g)，数据如下，试检验饲料及品种间的差异显著性。

四种饲料三个品种猪 60～90 日龄日增重　g

<table>
<tr><th rowspan="2">品种</th><th colspan="4">饲　料</th></tr>
<tr><th>A_1</th><th>A_2</th><th>A_3</th><th>A_4</th></tr>
<tr><td>B_1</td><td>505</td><td>545</td><td>590</td><td>530</td></tr>
<tr><td>B_2</td><td>490</td><td>515</td><td>535</td><td>505</td></tr>
<tr><td>B_3</td><td>445</td><td>515</td><td>510</td><td>495</td></tr>
</table></td><td></td><td></td></tr>
</table>

子任务二　两因素有重复观测值资料的方差分析

【任务描述】

现有三个品种饲喂三种饲料的仔猪增重资料，见表 3-34，试问品种间、饲料间与水平组合之间有无差异？

表 3-34　三个品种三种饲料的仔猪增重资料　kg

品种	饲料 B_1	饲料 B_2	饲料 B_3
A_1	53　52　53	53　55　54	52　51　52
A_2	49　50　51	52　54　53	48　49　50
A_3	54　53　51	55　51　52	52　49　48

【任务相关知识】

一、交互作用概念

在上一个子任务中，品种和饲料两因素互相作用产生的影响被包含在误差项内。如果两个因素间互作不显著，可以当误差项处理；如果已知两个因素间互作明显，估计的误差就会混杂有系统误差而失去准确性，增加犯Ⅱ型错误的概率。所以，这种试验设计是不完善的。

有重复和无重复资料的方差分析的主要区别是利用有重复的资料可以对两因素各水平之间的交互作用进行分析。如前所述，交互作用是指每个因素并不是独立地对观测值起作用，从而使得一个因素的某个水平在另一因素的不同水平中有不同的效应；或者说，一个因素不同水平的效应的相对大小并不是恒定的，而是随另一因素的不同水平而变化，有时会得到增强，有时会减弱，甚至出现相反的情况。这种现象可用图 3-6 来说明，在图 3-6(a)中，两种饲料对增重的效应的相对大小在甲和乙两个品种中是一致的，都是饲料 B 的效应大于饲料 A 的效应，且两条线基本平行，此时我们说在品种与饲料间无互作，即它们是独立的；而在图 3-6(b)中，对于品种甲，饲料 B 的效应大于饲料 A 的效应，但对于品种乙，却是饲料 A 的效应大于饲料 B 的效应，此时我们说在品种与饲料间有互作，即它们不是独立的。

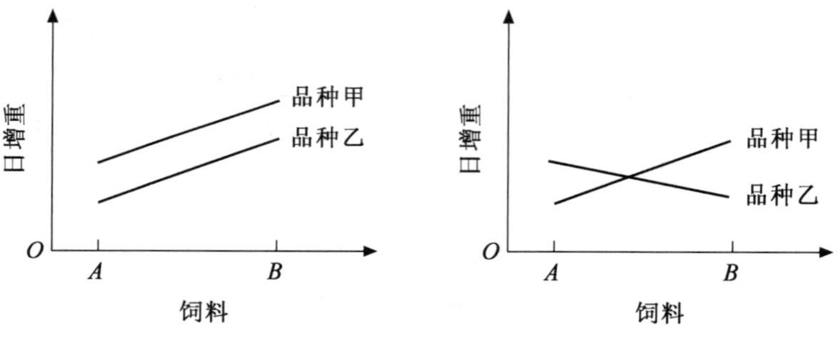

（a）无互作　　（b）有互作

图 3-6　互作效应示意图

在两因素试验中，如果因素之间的交互作用不明显，可以把混有交互作用的这部分均方当作试验误差；如果因素之间的交互作用明显，那么，像上一个子任务没有重复观测值的试验，就无法准确地估计试验误差，同时也无法分析交互作用。因此，对于两个因素以上的多因素的试验，要求每一水平组合都要设置重复观测值，这样既可以分析出试验误差，还可以检验试验因素间交互作用的显著性。

二、两因素有重复试验方差分析平方和与自由度的剖分

两因素有重复试验结果方差分析时平方和与自由度的剖分公式为：

$$
\begin{aligned}
SS_T &= SS_A + SS_B + SS_{A\times B} + SS_e \\
&= SS_{AB} + SS_e
\end{aligned}
$$

$$df_T = df_A + df_B + df_{A\times B} + df_e$$
$$= df_{AB} + df_e$$

式中：SS_{AB} 为水平组合平方和即处理平方和，$SS_{A\times B}$ 为 A 与 B 两因素交互作用平方和。

设 A 因素有 k 个水平，B 因素有 m 个水平，每个处理有 n 个观察值，共有 km 个处理，kmn 个观察值。

对两因素有重复观测值资料进行方差分析时，先将每一个处理求和，并将其看成一个值，列出二向和表（表 3-35），则其形式就可以看成了两因素无重复试验，依此可参照两因素无重复试验进行方差分析，分别计算出 SS_{AB}、SS_A、SS_B、$SS_{A\times B}$，然后再按有重复观测值资料求出 SS_T，最后求出 $SS_e = SS_T - SS_{AB}$。

表 3-35　二向和表（T_{AB}、$\overline{x}_{AB}$）

	B_1	B_2	…	T_A	$\overline{x}_A$
A_1	$T_{A_1B_1}$ $\overline{x}_{A_1B_1}$	$T_{A_1B_2}$ $\overline{x}_{A_1B_2}$		T_{A_1}	$\overline{x}_{A_1}$
A_2	$T_{A_2B_1}$ $\overline{x}_{A_2B_2}$	$T_{A_2B_2}$ $\overline{x}_{A_2B_1}$		T_{A_2}	$\overline{x}_{A_2}$
⋮	⋮	⋮	⋮	⋮	⋮
T_B	T_{B_1}	T_{B_2}	…	T	
$\overline{x}_B$	$\overline{x}_{B_1}$	$\overline{x}_{B_2}$			$\overline{x}$

依据表 3-35，可以依次计算出各项平方和，其各项平方和的公式为：

$$SS_{AB} = n\sum_1^k\sum_1^m(\overline{x}_{AB} - \overline{x})^2 = \frac{1}{n}\sum_1^k\sum_1^m(T_{AB} - \overline{T}_{AB})^2 = \frac{1}{n}\sum_1^k\sum_1^m T_{AB}^2 - C$$

$$SS_A = \sum_1^k\sum_1^m\sum_1^n(\overline{x}_{A_i} - \overline{x})^2 = mn\sum_1^k(\overline{x}_{A_i} - \overline{x})^2 = \frac{1}{mn}\sum_1^k(T_{A_i} - \overline{T}_A)^2 = \frac{1}{mn}\sum T_{A_i}^2 - C$$

$$SS_B = \sum_1^k\sum_1^m\sum_1^n(\overline{x}_{B_i} - \overline{x})^2 = kn\sum_1^m(\overline{x}_{B_i} - \overline{x})^2 = \frac{1}{kn}\sum_1^m(T_{B_i} - \overline{T}_B)^2 = \frac{1}{kn}\sum T_{B_i}^2 - C$$

$$SS_{A\times B} = SS_{AB} - SS_A - SS_B$$

$$SS_T = \sum_1^k\sum_1^m\sum_1^n(x - \overline{x})^2 = \sum_1^k\sum_1^m\sum_1^n x^2 - C$$

$$SS_e = SS_T - SS_{AB}$$

各项自由度公式为：$df_{AB} = km - 1$，$df_A = k - 1$，$df_B = m - 1$，$df_{A\times B} = df_{AB} - df_A - df_B$，$df_T = kmn - 1$，$df_e = df_T - df_{AB}$。

【任务实施】

该任务有三个品种、三种饲料、每一水平组合喂三头猪，即重复数为 3，共有 9 个水平组合 27 个观测值，设 A 因素（即品种）处理数为 k，B 因素（即饲料）处理数为 m，重复数为 n，则 $N=mkn=3\times3\times3=27$。

1. 提出假设

H_0：不同品种、不同饲料对仔猪增重均无影响。

H_A：不同品种、不同饲料对仔猪增重均有影响。

2. 列计算表（表 3-36）

表 3-36　表 3-34 的二向和表

品种	饲料			合计 T_{A_i}	平均数 $\bar{x}_{A_i}$
	B_1	B_2	B_3		
A_1	158	162	155	475	52.78
A_2	150	159	147	456	50.67
A_3	158	158	149	465	51.67
合计 T_{B_j}	466	479	451	$T=1\ 396$	
平均数 $\bar{x}_{B_j}$	51.78	53.22	50.11		$\bar{x}=51.70$

3. 计算各项平方和与自由度

$$C=\frac{T^2}{kmn}\frac{1\ 396^2}{27}=72\ 178.37$$

$$SS_T=\sum_1^k\sum_1^m\sum_1^n x^2-C=53^2+52^2+\cdots+49^2+48^2-C=72\ 282-72\ 178.37=103.63$$

$$SS_A=\frac{1}{mn}\sum T_{A_i}^2-C=\frac{1}{3\times3}\times(475^2+456^2+465^2)-C=72\ 198.444\ 4-72\ 178.37$$
$$=20.07$$

$$SS_B=\frac{1}{kn}\sum T_{B_j}^2-C=\frac{1}{3\times3}\times(466^2+479^2+451^2)-C=72\ 222-72\ 178.37$$
$$=43.63$$

$$SS_{AB}=\frac{1}{n}\sum_1^k\sum_1^m T_{AB}^2-C=\frac{1}{3}\times(158^2+162^2+\cdots+158^2+149^2)-C$$
$$=72\ 250.666\ 7-72\ 178.37$$
$$=72.296\ 7$$

$$SS_{A\times B}=SS_{AB}-SS_A-SS_B=72.296\ 7-20.07-43.63=8.597$$

$$SS_e=SS_T-SS_{AB}=103.63-72.296\ 7=31.38$$

$$df_T=kmn-1=3\times3\times3-1=26$$

$$df_A=k-1=2$$

$$df_B=m-1=2$$

$$df_{AB}=km-1=3\times3-1=8$$

$df_{A\times B}=df_{AB}-df_A-df_B=8-2-2=4$

$df_e=df_T-df_{AB}=26-8=18$

4.计算各项均方及 F 值

$$S_A^2=\frac{SS_A}{df_A}=\frac{20.07}{2}=10.035$$

$$S_B^2=\frac{SS_B}{df_B}=\frac{43.63}{2}=21.815$$

$$S_{A\times B}^2=\frac{SS_{A\times B}}{df_{A\times B}}=\frac{8.597}{4}=2.149$$

$$S_e^2=\frac{SS_e}{df_e}=\frac{31.33}{18}=1.741$$

$$F_{A\times B}=\frac{S_{A\times B}^2}{S_e^2}=\frac{2.149}{1.741}=1.234$$

对两因素有重复观测值进行 F 检验时,应先对交互作用进行检验,若交互作用差异显著,则说明各因素水平组合间有显著不同,这时应对各因素水平组合进行多重比较,看哪个因素水平组合比较好,同时仍以 S_e^2 为分母对 A 因素、B 因素进行 F 检验,若差异显著,对各因素水平间进行比较,找出较好的水平。若交互作用差异不显著,则应将交互作用变异与误差变异合并,用合并后的变异方差作为误差对 A 因素、B 因素进行 F 检验。对该任务资料交互作用进行显著性检验。

由 $df_{A\times B}=4$,$df_e=18$,查 F 值表得,$F_{0.05(4,18)}=2.93$,因为 $F_{A\times B}=1.234<2.93$ 差异不显著,故应将交互作用变异与误差变异进行合并,合并方法为:$SS_{A\times B}+SS_e=SS_E$ 为合并后误差平方和,$df_{A\times B}+df_e=df_E$ 为合并后误差自由度,$S_E^2=\frac{SS_E}{df_E}$为合并后的误差均方。

对上述资料进行误差合并为:

$SS_E=SS_{A\times B}+SS_e=8.597+31.33=39.927$

$df_E=df_{A\times B}+df_e=4+18=22$

$$S_E^2=\frac{SS_E}{df_E}=\frac{39.927}{22}=1.815$$

则有:

$$F_A=\frac{MS_A}{S_E^2}=\frac{10.035}{1.815}=5.529$$

$$F_B=\frac{MS_B}{S_E^2}=\frac{21.815}{1.815}=12.019$$

依据 $df_A=2$,$df_B=2$,$df_E=22$,查 F 值表得:$F_{0.05(2,22)}=3.44$,$F_{0.01(2,22)}=5.72$,因 $F_A=5.529$,$F_{0.05(2,22)}<F_A<F_{0.01(2,22)}$,即 $0.01<P<0.05$,说明不同品种仔猪的增重差异显著;$F_B=12.019>F_{0.01(2,22)}$,即 $P<0.01$,说明不同饲料对仔猪的增重影响差异极显著(表 3-37)。

表 3-37 不同品种猪和不同饲料方差分析表(合并误差后)

变异来源	SS	df	MS	F	$F_{0.05}$	$F_{0.01}$
品种 A	20.07	2	10.035	5.529*	3.44	5.72
饲料 B	43.63	2	21.815	12.019**		
交互作用 $A\times B$	8.597	4	2.149			
误差 e	31.33	18	1.741			
合并误差 E	39.927	22	1.815			
合计	103.63	26				

5. 多重比较

多重比较与前面所讨论的多重比较方法相同,只是在计算最小显著极差值时 $S_{\bar{x}}$ 的计算应该用合并后的误差均方,即

$$S_{\bar{x}_A}=\sqrt{\frac{S_E^2}{mn}}=\sqrt{\frac{1.815}{3\times3}}=0.45$$

$$S_{\bar{x}_B}=\sqrt{\frac{S_E^2}{kn}}=\sqrt{\frac{1.815}{3\times3}}=0.45$$

对品种(A 因素)进行多重比较时用 $S_{\bar{x}_A}$,对饲料(B 因素)进行多重比较时用 $S_{\bar{x}_B}$。因 $k=m=3$,故 $S_{\bar{x}_A}=S_{\bar{x}_B}=0.45$。

依据,$df_E=22$,从 q 值表中查出 $k=2$,$k=3$ 时的 $q_{0.05}$ 和 $q_{0.01}$ 值,计算出 LSR 值,列于表 3-38。

表 3-38 三个平均数比较所用的 q 值和 LSR 值

k	$q_{0.05(k,22)}$	$q_{0.01(k,22)}$	$LSR_{0.05(k,22)}$	$LSR_{0.01(k,22)}$
2	2.93	3.99	1.32	1.80
3	3.56	4.59	1.60	2.07

6. 结论

本例因为 $k=m=3$,所以 A、B 因素各水平的比较的 LSR 值是一样的,故用表 3-38 中的 LSR 值去检验 A、B 因素各水平平均数间的差数的显著性,结果列于表 3-39 和表 3-40。可见,品种 A_1 与 A_2 之间差异极显著,其他品种间差异不显著;饲料 B_2 与 B_3 之间差异极显著,其他饲料间差异显著。

表 3-39　三个品种的多重比较表

品种	$\bar{x}_{A_i}$	$\bar{x}_{A_i}-50.67$	$\bar{x}_{A_i}-51.67$
A_1	52.78	2.11**	1.11
A_3	51.67	1.00	
A_2	50.67		

表 3-40　三种饲料的多重比较表

饲料	$\bar{x}_{B_i}$	$\bar{x}_{B_i}-50.11$	$\bar{x}_{B_i}-51.78$
B_2	53.22	3.11**	1.44*
B_1	51.78	1.67*	
B_3	50.11		

通常情况下，先检验互作的显著性，若互作项不显著，则对每个因素主效应的检验是重要的，此时应把互作项并入误差项，自由度也并入，以提高 F 检验精确度；若互作显著，则对每个因素主效应检验的意义就不大了，就不必再检验 A、B 两因素的显著性，表明因子间相互影响大，两个因素对试验结果具有共同的重要性，则不能孤立考虑单个因子的作用（但习惯上往往仍对各因素效应做检验），只需对各处理的平均数做进一步比较，以找出最优水平组合。

7. 利用 Excel 软件对有重复观测值资料的方差分析

选用三个品种（A）和三种饲料（B）进行猪的育肥试验，每一水平组合重复数为 3，增重见图 3-7。

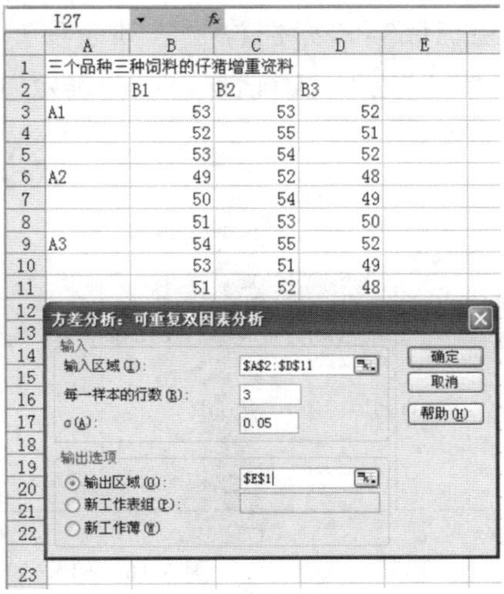

图 3-7　Excel 软件两因素有重复试验数据的输入格式与方差分析对话框

打开分析工具列表的“方差分析：可重复双因素分析”对话框，输入如图 3-7 所示，按确定按钮得到方差分析结果，见图 3-8。可以看出，不同品种（样本）间差异显著（$P=0.011\ 61$），不同饲料（列）间差异极显著（$P=0.000\ 389$），不同品种和饲料间的交互作用不显著（$P>0.05$）。

方差分析

差异源	SS	df	MS	F	P-value	F crit
样本	20.07407	2	10.03704	5.765957	0.01161	3.554557
列	43.62963	2	21.81481	12.53191	0.000389	3.554557
交互	8.592593	4	2.148148	1.234043	0.331632	2.927744
内部	31.33333	18	1.740741			
总计	103.6296	26				

图 3-8　Excel 软件两因素交叉有重复试验的方差分析结果

8. 利用 SPSS 软件对两因素交叉有重复试验的方差分析

试验指标【增重】为因变量,【品种】和【饲料】为分组变量,数据见图 3-9。

操作步骤:“分析”→“一般线性模型”→“单变量”→调出主对话框,将要分析的试验指标变量【增重】选入“因变量”栏,将两个分类变量【品种】和【饲料】选入“固定因子”栏→打开“模型”子对话框→选“全因子”分析全部主效应和交互效应→点击“继续”返回主对话框,打开“事后比较”子对话框→将要比较的因素由“因子”栏选入“事后检验”栏,在假设方差齐性中选择多重比较方法(如 Duncan),点击“继续”返回主对话框→“选项”,勾选“描述统计”和“齐性检验”,其余项默认→点击“继续”返回主对话框,点击“确定”,显示结果见图 3-10。

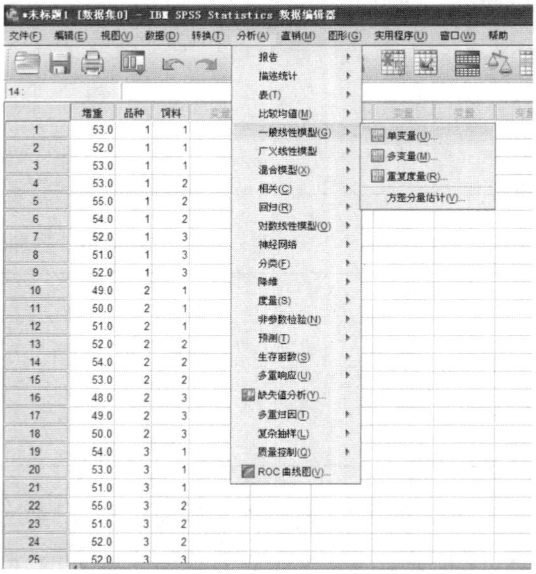

图 3-9 SPSS 软件两因素交叉有重复试验的数据格式

主体间效应的检验

因变量:增重

源	III 型平方和	df	均方	F	Sig.
校正模型	72.296[a]	8	9.037	5.191	.002
截距	72178.370	1	72178.370	41464.170	.000
品种	20.074	2	10.037	5.766	.012
饲料	43.630	2	21.815	12.532	.000
品种 * 饲料	8.593	4	2.148	1.234	.332
误差	31.333	18	1.741		
总计	72282.000	27			
校正的总计	103.630	26			

a. R 方 = .698 (调整 R 方 = .563)

增重

Duncan[a,b]

品种	N	子集 1	子集 2
2	9	50.667	
3	9	51.667	51.667
1	9		52.778
Sig.		.125	.091

已显示同类子集中的组均值。
基于观测到的均值。
误差项为均值方 (错误) = 1.741。
a. 使用调和均值样本大小 = 9.000。
b. Alpha = 0.05。

增重

Duncan[a,b]

饲料	N	子集 1	子集 2	子集 3
3	9	50.111		
1	9		51.778	
2	9			53.222
Sig.		1.000	1.000	1.000

已显示同类子集中的组均值。
基于观测到的均值。
误差项为均值方 (错误) = 1.741。
a. 使用调和均值样本大小 = 9.000。
b. Alpha = 0.05。

图 3-10 SPSS 软件两因素交叉有重复试验的方差分析结果

二维码 3-3 两因素交叉有重复方差分析

结果分析:主体间效应的检验。表中第一行是对所用方差分析模型的检验,检验显著概率如小于 0.05,则说明所用模型有统计学意义。第二行在此无实际意义。其余部分则是我们熟悉的方差分析表,【品种】因素 $F_A=5.766$,$p=0.012$;【饲料】因素 $F_B=12.532$,$p=0.000$;交互效应 $F_{A\times B}=1.234$,$p=0.332$。多重比较表显示:品种 1 与品种 2 间差异显著,其他品种间差异不显著;不同饲料间差异显著;品种与饲料间交互作用不显著。

【任务评价】

任务评价内容与考核得分

评价环节	评 价 内 容	分值	得分
任务相关知识	理解交互作用概念	5	
	掌握两因素有重复试验方差分析平方和与自由度的剖分方法及计算公式的使用	15	
任务实施	掌握两因素有重复试验方差分析的方法步骤	20	
	对给定资料 1,会根据两因素有重复试验方差分析计算 F 值,做出三种不同原料和三种不同温度发酵的酒精产量有无差别的统计推断（$F_A=14.16^{**}$,$F_B=26.89^{**}$,$F_{A\times B}=2.29^{*}$）	40	
	采用 Excel 软件对给定资料 2,判断三种不同饲料和三个不同品种猪育肥期增重是否有显著差异,准确理解计算机分析结果的含义（$F_A=58.51^{**}$,$F_B=15.40^{**}$,$F_{A\times B}=2.15$）	10	
	对给定资料 1 ,定义变量并录入数据,采用 SPSS 软件两因素有重复试验资料的方差分析方法,判断三种不同原料和三种不同温度发酵的酒精产量的差异显著性。要求能读懂分析结果,并与笔算结果相比较	10	
总体评价		100	
资料 1	为了从三种不同原料和三种不同温度中选择使酒精产量最高的水平组合,设计了两因素试验,每一水平组合重复 4 次,结果如下表,试进行方差分析		
资料 2	选用三种不同的饲料和三个不同的品种猪进行育肥试验,试验猪的增重(单位:kg)如下表,试检验不同饲料和品种在增重上有无差异？哪种饲料与品种的增重效果最好		

用不同原料及不同温度发酵的酒精产量结果　　kg

原料	温度 B_1(30 ℃)				B_2(35 ℃)				B_3(40 ℃)			
A_1	41	49	23	25	11	12	25	24	6	22	26	11
A_2	47	59	50	40	43	38	33	36	8	22	18	14
A_3	48	35	53	59	55	38	47	44	30	33	26	19

三种饲料和三个品种猪的育肥试验增重结果　　kg

饲料(A)	品种(B) B_1		B_2		B_3	
A_1	42.60	38.90	36.20	37.80	43.40	41.00
A_2	54.50	50.50	49.80	51.50	58.60	56.00
A_3	41.60	42.80	47.60	41.80	52.80	51.60

项目四
χ^2检验

知识目标

1. 理解卡方检验的原理和基本步骤。
2. 理解卡方分布和卡方的连续性矫正。

技能目标

1. 能区别处理独立性检验和适合性检验。
2. 会进行独立性检验和适合性检验理论值、自由度的计算。
3. 熟练掌握独立性检验、适合性检验方法和检验步骤。
4. 能利用 Excel 软件和 SPSS 软件进行独立性检验和适合性检验。

u 检验、t 检验和方差分析都是针对数量性状资料的统计方法，数量性状资料在理论上多属于正态分布，呈连续性分布。但是，生产实际中的质量性状，如动物的性别、牛角的有无、毛的颜色分类、杂种后代的遗传特征、鸡的冠型(单冠、玫瑰冠、豆冠和胡桃冠)、临床上的阴性和阳性、药物的疗效(治愈、未治愈或无效、死亡)等，这些性状不能直接通过度量衡的方法来度量，而只能根据不同的属性类别分类，分别统计每一属性类别内所包含的动物个体数，所得资料称为频数资料或计数资料。频数资料在理论上呈现的是间断的、不连续的二项分布或泊松分布，其统计分析主要是采用 χ^2(读作卡方或卡平方)检验方法，如果频数资料已转化为相对数(率或构成比)，则可用 u 检验方法或 t 检验方法进行分析。本项目主要介绍 χ^2 检验方法，包括适合性检验和独立性检验。

任务一　适合性检验

【任务描述】

某猪场 102 头仔猪中，公仔猪 61 头，母仔猪 41 头，试检验该猪场仔猪性别的实际比例是否符合家畜性别 1∶1 的理论比例。

【任务相关知识】

一、χ^2 值的由来

χ^2 检验主要是用于频数资料的显著性检验，是检验实际观察频数(O)与理论频数(E)的符合程度。在生产实践中，实际观察频数与理论频数之间往往存在差异，如某羊场一年所产的 70 只羔羊中，有公羔羊 37 只，母羔羊 33 只，“37”和“33”是实际观察频数，毋庸置疑的是，理论上动物的性别比应该是 1∶1，按此计算 70 只羔羊中的公、母羔羊的理论频数均应为 35 只。这种实际观察频数与理论频数之间的表观差异是由误差造成的，还是确实存在真实差异，则需要进行显著性检验。如果显著性检验结果为不显著，则说明表观差异是由误差造成的，也就是说公羔羊 37 只和母羔羊 33 只的比例还是符合理论上的 1∶1 的，其表观差异主要是抽样误差(把对该羊场一年所生羔羊的性别统计当作是一次抽样调查)，或者说某种欲改变性别比的试验因素无效；反之，则说明表观差异是由真实差异造成的，也就是说 70 只羔羊的性别比不符合 1∶1，当然这有可能是某种试验因素造成的。

那么，如何进行实际观察频数与理论频数之间差异的显著性检验呢？为此，首先要构建一个统计量，希望该统计量能反映实际观察频数与理论频数偏离的程度，然后依据该统计量的概率分布判断这一偏离程度属于抽样误差的概率，即进行显著性检验。度量实际观察频数(O)与理论频数(E)偏离的程度的最简单办法就是求出每个属性类别的实际观察频数与理论频数的差数($O-E$)，再将每个属性类别求和，即 $\sum(O-E)$，但是计算中会发现各属性类别的实际观察频数与理论频数的差值之和等于“零”，即 $\sum(O-E)=0$，显然不能反映两者之间的偏离程度，见表 4-1。若将($O-E$)平方后再求和就可消除正负号，即 $\sum(O-E)^2$。该值越大，说明实际观察频数与理论频数偏离越大，反之则越小。但是，用 $\sum(O-E)^2$ 表示实际观察频数与理论频数的偏离程度尚有不足。例如：某一性状的实际观察频数为 306，理论频数为 300，则 $(O-E)^2=36$；而另一性状的实际观察频数为 16，理论频数为 10，$(O-E)^2=36$。虽然两者的 $(O-E)^2$ 都是 36，但显然两性状的偏离程度或符合程度是不同的，前者是相对于理论频数 300 时相差 6，而后者是相对于理论频数 10 时相差 6。为克服上述不足，我们将各差数平方 $(O-E)^2$ 除以相应的理论频数(E)再相加，并记为 χ^2，即

$$\chi^2=\sum\frac{(O-E)^2}{E} \tag{4-1}$$

也就是说用 χ^2 值的大小作为度量实际观察频数与理论频数偏离程度的一个统计量。χ^2 值越小，表明实际观察频数与理论频数越接近，二者越符合；χ^2 值越大，表示两者相差越大，二者越不符合。

表 4-1 羔羊性别实际观察频数与理论频数

性别	实际观察频数 O	理论频数 E	$O-E$	$(O-E)^2/E$
公	$37(O_1)$	$35(E_1)$	2	0.114 3
母	$33(O_2)$	$35(E_2)$	−2	0.114 3
合计	70	70	0	0.228 6

二、χ^2 分布

χ^2 分布曲线不是一条曲线，而是由不同自由度确定的一组曲线，见图 4-1。理论研究证明，χ^2 分布具有如下特点：

(1)χ^2 分布为连续性概率分布，且没有负值，取值在 0～∞，即在 $\chi^2=0$ 的右边，为正偏态分布。

(2)χ^2 的偏态随自由度 df 的减小而加剧，当 $df=1$ 时，曲线以纵轴为渐近线。

(3)随着自由度的逐渐增大，曲线趋于对称，当 $df\geqslant30$ 时，χ^2 分布近似于正态分布。

(4)χ^2 分布曲线是一组曲线。每一个不同的自由度都有一条相应的 χ^2 分布曲线。

(5)n 个相互独立的自由度为 1 的 χ^2 值的总数，服从自由度为 n 的 χ^2 分布，即 χ^2 值具有可加性。

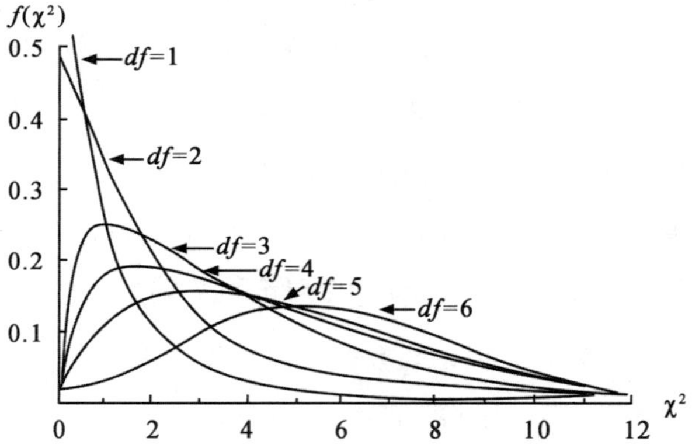

图 4-1 不同自由度下的 χ^2 分布

三、连续性矫正

χ^2 的理论分布是一种连续性分布，即在一定的自由度条件下，任何 χ^2 值都是可能的。而实际资料中所得的 χ^2 值却是非连续分布。如统计学家斯奈迪克(G. W. Snedecor)曾做的 χ^2 的一个分布试验，即选取大小相同、色泽不同的两种豆子(黄色和青色)各 1 000 粒混于小罐中，其颜色比为 1∶1，每次抽取 100 粒，数清黄色、青色各若干粒，再放入罐中继续抽取。当抽取黄豆为 49 粒，青豆为 51 粒，其 $\chi^2=(49-50)^2/50+(51-50)^2/50=0.04$；如果抽得黄豆为 48 粒，青豆为 52 粒，其 $\chi^2=(48-50)^2/50+(52-50)^2/50=0.16$；如果黄豆为

47 粒，青豆为 53 粒，其 $\chi^2=0.36$。很明显在 0.04、0.16、0.36 之间是不可能出现任何数值的，即在一定理论频数的条件下，χ^2 值的抽样分布是非连续的。但是，理论上的 χ^2 分布是一个连续性的分布，因此 χ^2 分析的结果仅是理论分布的一个近似值，那么所得的结论就不是建立在准确的 α 水平上，所得概率是真正概率偏低的估计值，即 χ^2 的计算值有偏大的趋势，特别是 $df=1$ 或 $E<5$ 时偏差较大。所以人们在长期实践中，在 $df=1$ 时采用耶茨(F. Yates)提出的矫正公式，用 χ_C^2 表示，即

$$\chi_C^2=\sum\frac{(|O-E|-0.5)^2}{E} \tag{4-2}$$

当 $df>1$，特别是理论频数又大于 5 的资料不需要进行连续性矫正。对于 $df>1$ 时，如果某组的理论频数小于 5，可以将邻近组做合并计算，直至理论频数大于 5 为止。

四、χ^2 检验的方法步骤

χ^2 检验的方法步骤与总体平均数假设检验一样。其步骤如下：

1. 提出假设

H_0：实际观察频数(O)与理论频数(E)的偏差为零(说明两者是符合的或者说两者的表观差异是由误差造成的)。

H_A：实际观察频数(O)与理论频数(E)的偏差不为零(说明两者是不符合的或者说两者的表观差异是由真实差异造成的)。

2. 确定显著平准 α

一般应用 $\alpha=0.05$ 和 $\alpha=0.01$ 两个显著水平。

3. 检验计算

在无效假设正确的前提下，计算统计量 χ^2 值，并根据自由度 df 查 χ^2 值表得 $\chi^2_{(df)}$ 值，将计算得到的 χ^2 值与查表得到的 $\chi^2_{(df)}$ 值进行比较。

4. 统计推断

若 $\chi^2<\chi^2_{0.05(df)}$，则 $P>0.05$，接受 H_0，差异不显著，表明观察频数与理论频数是符合的(适合性检验)或两类因子之间是相互独立的(独立性检验)，所得实际差异是由误差造成的。若 $\chi^2_{0.05(df)}\leqslant\chi^2<\chi^2_{0.01(df)}$，则 $0.01<P\leqslant0.05$，否定 H_0，接受 H_A，差异显著，表明观测频数与理论频数不相符合或两类因子之间是相关联的。若 $\chi^2\geqslant\chi^2_{0.01(df)}$，则 $P\leqslant0.01$，否定 H_0，接受 H_A，差异极显著。

对于百分数资料，也可以做 χ^2 检验，只要将百分数资料转换为频数资料即可。

五、适合性检验概念

适合性检验是按某一因子的属性类别，如性别因子的雌雄属性类别、表现型的显隐属性类别等，将频数资料归组，并根据已知的原理和规律，检验各属性类别实际观察频数与理论频数是否相符，或检验实际属性类别比例是否符合已知属性类别比例的某种理论或学说。包括某一资料是否符合一定规律，检验某样本资料的分布是否符合某种理论分布等。如在

遗传学中,实际观察值是否符合孟德尔遗传定律或其他规律。其理论频数是根据某种已知理论或自然规律推算出的期望数,理论频数可以有小数存在。

在适合性检验中,由于受理论频数的总和等于实际观察频数总和这一条件的约束,所以自由度为属性类别数减去1,若属性类别数为 n,则 $df=n-1$。

【任务实施】

1.提出假设

H_0:实际观察的仔猪公母比例符合1∶1的性别比例。

H_A:实际观察的仔猪公母比例不符合1∶1的性别比例。

2.计算统计量

根据理论比率1∶1求理论频数。

公仔猪理论频数:$E_1=102\times 1/2=51$

母仔猪理论频数:$E_2=102\times 1/2=51$

列表计算,求 χ_C^2 值,见表4-2。

由于本任务涉及的性别有两个属性类别(公、母),即属性类别数 $n=2$,自由度 $df=n-1=2-1=1$,因此需要做连续性矫正,应用矫正公式:

$$\chi_C^2=\sum\frac{(|O-E|-0.5)^2}{E}$$

$$\chi_C^2=\sum\frac{(|O-E|-0.5)^2}{E}=\frac{(|61-51|-0.5)^2}{51}+\frac{(|41-51|-0.5)^2}{51}=3.5392$$

表4-2 χ_C^2 值计算表

性状	实际观察频数(O)	理论频数(E)	$O-E$	χ^2	χ_C^2
公仔猪	61	51	+10	1.960 8	1.769 6
母仔猪	41	51	−10	1.960 8	1.769 6
合计	102	102	0	3.921 6	3.539 2

3.统计推断

当自由度 $df=1$ 时,查 χ^2 值表得,$\chi^2_{0.05(1)}=3.841$。

连续性矫正后的 $\chi_c^2=3.5392<\chi^2_{0.05(1)}$,故 $P>0.05$,接受 H_0,表明仔猪实际观察频数与理论频数差异不显著,可以认为公母仔猪的性别比例符合1∶1的性别比例。

而未矫正的 $\chi^2=3.9216>\chi^2_{0.05(1)}$,故 $P>0.05$,拒绝 H_0,可见当自由度 $df=1$ 时,很有必要做连续性矫正。

4.利用Excel软件对属性类别数为两个的资料进行适合性检验

将观察频数输入工作表,分别单击C4和C5单元格,在编辑栏输入"=B6/2",计算理论频数。单击D4单元格,在编辑栏输入"=(ABS(B4−C4)−0.5)^2/C4",计算公仔猪的 $(|O-E|-0.5)^2/E$ 值,单击D5单元格,在编辑栏输入"=(ABS(B5−C5)−0.5)^2/C5"求

出母仔猪的$(|O-E|-0.5)^2/E$值。点击 D6 单元格，在编辑栏输入“=SUM(D4:D5)”，得到总的$\chi_C^2=3.539$。在 D7 单元格，运用 CHIINV 函数，求得$\chi_{0.05(1)}^2$的值为 3.841。$\chi_C^2<\chi_{0.05}^2$，差异不显著，符合理论比例。适合性检验过程及结果如图 4-2 所示。

D4 =(ABS(B4-C4)-0.5)^2/C4

	A	B	C	D	E
1					
2					
3	性别	实际观察频数O	实理论E	$(\|O-E\|-0.5)^2/E$	
4	公仔猪	61	51	1.769607843	
5	母仔猪	41	51	1.769607843	
6	合计	102	102	3.539215686	χ_c^2
7				3.841458821	$\chi^2_{0.05(1)}$

图 4-2　Excel 软件适合性检验的过程及结果

5. 利用 SPSS 软件对属性类别数为两个的资料进行适合性检验

操作步骤：首先进行次数的加权，“数据”→“个案加权”→将实际观察【频数】变量选入“个案加权系数：频率变量”栏→点击“确定”。然后进行数据分析，“分析”→“非参数检验”→“旧对话框”→“卡方”→将【频数】变量选进入“检验变量列表”→系统默认为“所有类别相等”，即各类型的理论比率一致，本例理论比例为 1∶1，如不等则须顺序填入“期望值”，添加到下面候选框中→点击“确定”。数据格式与操作如图 4-3 所示，显示结果如图 4-4 所示。

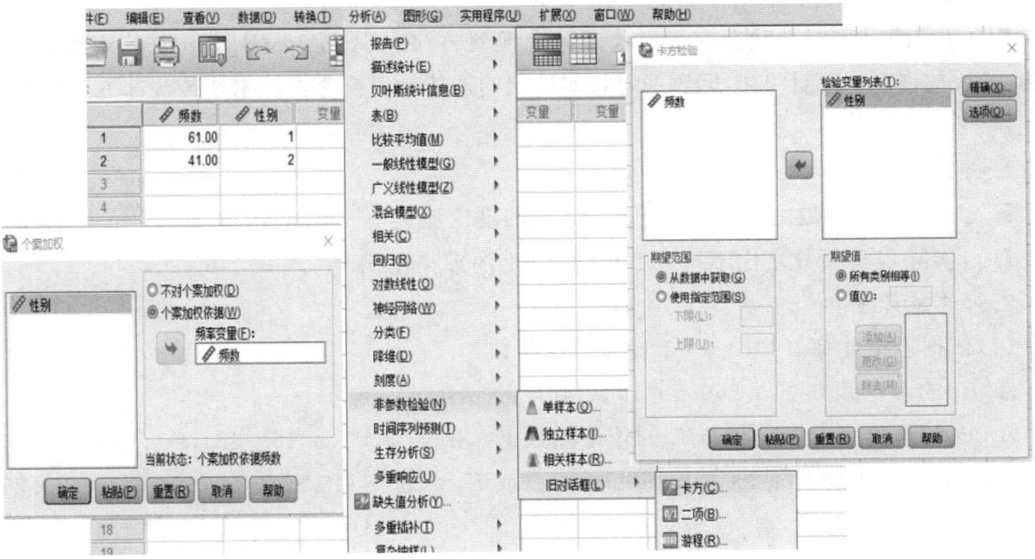

图 4-3　SPSS 软件适合性检验数据格式与操作

结果界面显示两张表。频数表列出观察数、期望数及差值；检验统计量表列出卡方值、自由度及检验概率。$\chi^2=3.922$，$P=0.048$，差异显著，说明性别不符合 1∶1 的理论比例。特别说明：本例自由度为 1，而 SPSS 软件显示没有校正的卡方值。利用 SPSS 分析自由为 1 的适合性卡方检验，不进行卡方值的校正，而利用 SPSS 分析自由为 1 的独立性卡方检验时，则得出校正后的卡方值。

二维码 4-1
适合性卡方检验

频数

	实测个案数	期望个案数	残差
41.00	41	51.0	-10.0
61.00	61	51.0	10.0
总计	102		

检验统计

	频数
卡方	3.922[a]
自由度	1
渐近显著性	.048

a. 0 个单元格 (0.0%) 的期望频率低于 5。期望的最低单元格频率为 51.0。

图 4-4 SPSS 软件适合性检验结果

【任务拓展】

一、属性类别数为多个的适合性检验

例 4-1 两对相对性状杂交子二代四种表现型 $A\_B\_$，A_bb，$aaB\_$，$aabb$ 的观察频数依次为 155，43，57，5，总计 260，问这两对相对性状的遗传是否符合孟德尔遗传规律 9∶3∶3∶1 的比例？

1. 提出假设

H_0：实际观察频数之比符合 9∶3∶3∶1 的理论比例。

H_A：实际观察频数之比不符合 9∶3∶3∶1 的理论比例。

2. 计算统计量

(1)依据理论比率 9∶3∶3∶1 计算理论频数。

$A_B_$的理论频数 E_1：$260\times9/16=146.25$

A_bb 的理论频数 E_2 与 $aaB_$的理论频数 E_3 相等：$260\times3/16=48.75$

$aabb$ 的理论频数 E_4：$260\times1/16=16.25$。或 $E_4=260-146.25-48.75-48.75=16.25$

(2)列表计算，求 χ^2 值，见表 4-3。

由于本例涉及的性状有四个属性类别($A\_B\_$，A_bb，$aaB_$和 $aabb$)，即属性类别数 $n=4$，自由度 $df=n-1=4-1=3$，所以，无需做连续性矫正。

表 4-3 χ^2 值计算表

表现型	实际观察频数 O	理论频数 E	$O-E$	$(O-E)^2/E$
$A\_B\_$	155(O_1)	146.25(E_1)	8.75	0.523 50
A_bb	43(O_2)	48.75(E_2)	−5.75	0.678 21
$aaB\_$	57(O_3)	48.75(E_3)	8.25	1.396 15
$aabb$	5(O_4)	16.25(E_4)	−11.25	7.788 46
合计	260	260	0	10.386 32

$$\begin{aligned}\chi^2 &= \sum \frac{(O-E)^2}{E} \\ &= \frac{(155-146.25)^2}{146.25}+\frac{(43-48.75)^2}{48.75}+\frac{(57-48.75)^2}{48.75}+\frac{(5-16.25)^2}{16.25} \\ &= 0.523\ 50+0.678\ 21+1.396\ 15+7.788\ 16 \\ &= 10.386\ 32\end{aligned}$$

由 $df=3$ 查 χ^2 值表得，$\chi^2_{0.05(3)}=7.815$，$\chi^2_{0.01(3)}=11.345$。因为 $\chi^2_{0.05(3)}<\chi^2<\chi^2_{0.01(3)}$，故 $0.01<P<0.05$，表明实际观察频数与理论观察频数差异显著，即该资料不符合 9∶3∶3∶1 的遗传规律。但是，这只能说明整个资料的结论和理论比例不符，而具体哪种表现型的比例不符，是不能反映出来的。为了找出其差异的关键所在，必须进行深入探讨，也算是一种多重比较。根据 χ^2 值具有可加性的特点，我们可以对 χ^2 值进行再分割，分割之后的 χ^2 值是相互独立的，并且不能做矫正，否则就破坏了它们的整体可加性。

χ^2 值分割的具体做法是：将一张列联表的总 χ^2 统计量，分割为数目等于该表总自由度的多个分量。每个分量的 χ^2 值对应于由原始数据所产生的特殊列联表，且每个分量独立于其他分量，这样各分量的 χ^2 值之和等于总 χ^2 值。这种可加性只有在所分割的列联表是相互独立、各分量的 χ^2 值不做矫正的条件下成立。

下面我们利用 χ^2 检验的再分割法对例 4-1 的资料进行进一步检验。

从表 4-3 可以看出，最后一项 $aabb$ 的 χ^2 值最大，因此 $aabb$ 项是最有可能造成整体资料的结论和理论比例不符。我们先检验 $A\_B\_$，A_bb，$aaB_$三项是否符合 9∶3∶3 的比例，分割后 χ^2 值(记为 χ^2_1)的计算见表 4-4。

表 4-4 χ^2 值分割表(理论比例 9∶3∶3)

表现型	实际观察频数 O	理论频数 E	$O-E$	$(O-E)^2/E$
$A\_B\_$	155	153.00	2.00	0.026 1
A_bb	43	51.00	−8.00	1.254 9
$aaB\_$	57	51.00	6.00	0.705 9
合计	255	255.00	0.00	1.986 9

$\chi_1^2=0.0261+1.2549+0.7059=1.9869$

由 $df_1=3-1=2$，查 χ^2 值表得，$\chi^2_{0.05(2)}=5.991$，$\chi_1^2=1.9869<\chi^2_{0.05(2)}$，$P>0.05$，表明实际观察频数与理论观察频数差异不显著，可以认为 $A\_B\_$，A_bb，$aaB\_$ 三种表现型符合 9∶3∶3 的理论比例。

把前三项合并，检验其与最后一项 *aabb* 是否符合 15∶1 的比例，不需要矫正。分割后 χ^2 值(记为 χ_2^2)的计算见表 4-5。

表 4-5　χ^2 值分割表(理论比例 1∶15)

表现型	实际观察频数(O)	理论频数(E)	O−E	$(O-E)^2/E$
aabb	5	16.25	−11.25	7.7885
其他三种表现型合并组	255	243.75	11.25	0.5192
合计	260	260.00	0.00	8.3077

$\chi_2^2=7.7885+0.5192=8.3077$

3. 统计推断

由 $df_2=2-1=1$，查 χ^2 表得，$\chi^2_{0.05(1)}=3.841$，$\chi^2_{0.01(1)}=6.635$，由于 $\chi_2^2=8.3077>\chi^2_{0.01(1)}$，故 $P<0.01$，表明实际观察频数与理论频数差异极显著，即 *aabb* 表现型与其他三种表现型组合不符合 1∶15 的比例。

经 χ^2 经分割后，可以看出实际频数不符合 9∶3∶3∶1 的比例，主要是由于 *aabb* 的实际观察频数与理论频数偏差过大造成的。如果再通过遗传学的理论进一步分析，就可查出实质性原因所在。

需要说明的是，χ^2 经分割后，$\chi_1^2=1.9869$，$\chi_2^2=8.3077$，$\chi_1^2+\chi_2^2=10.2946$ 与总 $\chi^2=10.38632$ 有微小差异，这是由于计算的舍入误差所造成；总自由度 $df=3$，$df_1=2$，$df_2=1$，所以总自由度 $df=df_1+df_2$。如果分割后 χ^2 值或自由度之和不等于 χ^2 值或总自由度，说明所分割的列联表相互不独立。

二、适合性检验简易计算

χ^2 检验计算 χ^2 值时也可以不经过计算理论频数，而直接由简易计算公式计算得到，这种方法就是简易计算方法。

1. 自由度 $df=1$ 的频数资料

(1)当理论比是 $r:k$ 时，简易计算公式是：

$$\chi_C^2=\frac{\left[|kO_1-rO_2|-\left(\frac{r+k}{2}\right)\right]^2}{rk(O_1+O_2)} \tag{4-3}$$

式中：r 是显性性状对应于隐性性状的比数，k 则是隐性性状对应于显性性状的比数(如 3∶1 中，$r=3$，$k=1$)，O_1 是比率中 r 所对应的实际观察频数，O_2 是比率中 k 所对应的实际观察频数。

(2)当理论比率为 $r:1$ 时,即 $k=1$,其简易计算公式是:

$$\chi_C^2=\frac{\left[|O_1-rO_2|-\left(\frac{r+1}{2}\right)\right]^2}{r(O_1+O_2)} \tag{4-4}$$

2. 自由度 $df\geqslant 2$ 的频数资料

$$\chi^2=\frac{1}{O}\sum\frac{O_i^2}{p_i}-O \tag{4-5}$$

式中:O_i 为各个实际观察频数,p_i 为各实际观察频数所对应的理论比率,O 为总频数。

对于两对等位基因 F_2 的分离,按 9∶3∶3∶1 的自由组合分离比率,公式(4-5)可表示为:

$$\chi^2=\frac{16(O_1^2+3O_2^2+3O_3^2+9O_4^2)}{9O}-O \tag{4-6}$$

根据公式(4-6),对例 4-1 进行 χ^2 值的计算如下:

$$\chi^2=\frac{16(O_1^2+3O_2^2+3O_3^2+9O_4^2)}{9O}-O=\frac{16\times(155^2+3\times 43^2+3\times 57^2+9\times 5^2)}{9\times 260}-260$$
$$=10.386\ 3$$

当然,也可以按公式(4-5)进行 χ^2 值计算:

$$\chi^2=\frac{1}{O}\sum\frac{O_i^2}{p_i}-O=\frac{1}{260}\times\left(\frac{155^2}{\frac{9}{16}}+\frac{43^2}{\frac{3}{16}}+\frac{57^2}{\frac{3}{16}}+\frac{5^2}{\frac{1}{16}}\right)-260=10.386\ 3$$

由以上计算结果可知,用公式(4-5)和公式(4-6)进行计算的 χ^2 值与前面计算值是相同的。

三、配合适度检验

我们知道常见的概率分布有正态分布、二项分布和泊松分布三种理论分布类型。但对于实际观测数据资料的分布是否与某一分布符合,如因抽样等原因,使其与某一分布不完全吻合,那么这种差异是真实性差异还是误差,就需利用配合适度检验。配合适度检验就是配合理论分布的适合性检验,是利用 χ^2 的原理,检验抽样资料的分布是否符合所属理论分布的一种统计分析方法。

χ^2 检验的理论基础是 χ^2 分布,所以在进行资料分布类型的适合性检验时,必须注意 χ^2 检验的要求,即对于理论次数小于 5 的组段,为防止造成 χ^2 值同理论分布有较大差异,利用 χ^2 可加性原理,应给予合并。

例 4-2 检验 150 头母犊牛初生重资料是否服从正态分布。

由表 4-6 资料计算得 $\overline{x}=36.04$ kg,$S=6.13$ kg。

表 4-6 150 头母犊牛初生重服从正态分布的适合性检验表

组别 /kg (1)	组中值 /kg (2)	实际次数 (3)	上限(x) (4)	$x-\overline{x}$ (5)	$u=(x-\overline{x})/S$ (6)	累加概率(α) (7)	各组概率 (8)	理论次数 (9)	χ^2 (10)
<19	17.5	0	19	−17.04	−2.78	0.002 7	0.002 7	0.407 7	
19～	20.5	2 } 6	22	−14.04	−2.29	0.011 0	0.008 3	1.243 8 } 5.389 5	0.069 2
22～	23.5	4	25	−11.04	−1.80	0.035 9	0.024 9	3.738 0	
25～	26.5	9	28	−8.04	−1.31	0.095 1	0.059 2	8.875 5	0.001 7
28～	29.5	14	31	−5.04	−0.82	0.206 1	0.111 0	16.650 0	0.421 8
31～	32.5	24	34	−2.04	−0.33	0.370 7	0.164 6	24.690 0	0.019 3
34～	35.5	33	37	0.96	0.16	0.563 6	0.192 9	28.935 0	0.571 1
37～	38.5	26	40	3.96	0.65	0.742 2	0.178 6	26.790 0	0.023 3
40～	41.5	18	43	6.96	1.14	0.872 9	0.130 7	19.605 0	0.131 4
43～	44.5	12	46	9.96	1.62	0.947 4	0.074 5	11.175 0	0.060 9
46～	47.5	6	49	12.96	2.11	0.982 6	0.035 2	5.280 0	
49～	50.5	2 } 8	52	15.96	2.60	0.995 3	0.012 7	1.905 0 } 7.335 0	0.060 3
52～	53.5	0	55	18.96	3.09	0.999 0	0.001 0	0.150 0	
合计									1.358 9

1. 提出假设

H_0：母犊牛初生重服从正态分布

H_A：母犊牛初生重不服从正态分布

2. 计算统计量

(1)将资料(原始数据略)整理成次数分布表，组限、组中值、实际次数列于表 4-6 的 1，2，3 栏，再将各组上限列于第 4 栏中。

(2)计算各组组上限与均数($\overline{x}=36.04$ kg)之差，如第二组 $x-\overline{x}=22-36.04=-14.04$，列于第 5 栏。

(3)依公式 $u=\dfrac{x-\overline{x}}{S}$ 求各组上限的正态离差，列入第 6 栏，如：

第一组 $u=\dfrac{19-36.04}{6.13}=-2.78$

第三组 $u=\dfrac{25-36.04}{6.13}=-1.80$

(4)设该资料服从正态分布，依 u 值查正态分布表得各组段的累加概率(α)，列入第 7 栏。如当 $u=-2.78$ 时，$\alpha=1-0.997\ 282=0.002\ 718\approx0.002\ 7$；$u=0.646$ 时，$\alpha=0.742\ 2$。

(5)求出每一组段的概率,列入第8栏。由下一组段的累加概率减去本组段的累加概率而得。如第二组段的概率为0.011 0−0.002 7=0.008 3。

(6)以总数 $n=150$ 头乘以各组概率便得理论次数,列入第9栏。凡理论值小于5者均应加以合并。本例前三组与后三组分别合并,见表4-6。

(7)求各组 χ^2 值,列入第10栏。

(8)求总 χ^2 值,即各组 χ^2 值的累加。

$\chi^2=\chi_1^2+\chi_2^2+\cdots+\chi_9^2=1.3589$

(9)确定自由度。这里是因为求理论次数时用去均数、标准差与总次数三个统计量,该例经合并共9个组,故 $df=9-3=6$。

3. 统计推断

由 $df=6$ 查 χ^2 表得:$\chi^2_{0.05(6)}=12.592$,因为 $\chi^2<\chi^2_{0.05(6)}$,$P>0.05$,接受 H_0,拒绝 H_A,差异不显著,表明母犊牛初生重资料服从正态分布。

【任务评价】

任务评价内容与考核得分

评价环节	评价内容	分值	得分
任务相关知识	掌握 χ^2 值的公式,理解 χ^2 值的统计含义	10	
	了解连续性矫正的功能和必要性,掌握连续性矫正的方法	10	
	了解 χ^2 检验的原理,掌握 χ^2 分布的特征,以及查表和统计推断方法	10	
	掌握适合性检验的概念、理论频数和自由度的计算方法	10	
任务实施	按要求对资料1、资料2和资料3分别进行显著性检验	20	
任务拓展	掌握 $df>1$ 时的 χ^2 检验方法与步骤和 χ^2 检验的再分割法	20	
	了解配合适度检验方法与步骤	10	
	了解适合性检验的简易计算方法	10	
总体评价		100	
资料1	两对相对性状杂交子二代 $A\_B\_$,A_bb,$aaB\_$,$aabb$ 四种表现型的观察频数依次为:315,108,101,32,问是否符合9∶3∶3∶1的遗传比例?($\chi^2=0.47$,$P>0.05$)		
资料2	在进行山羊群体遗传检测时,观察了260只白色羊与黑色羊杂交的子二代毛色,其中181只为白色,79只为黑色,问此毛色的比率是否符合孟德尔遗传分离定律的3∶1比例?($\chi^2=3.74$,$P>0.05$)		

评价环节	评 价 内 容	分值	得分
资料 3	用 800 粒牧草种子进行发芽试验，分 80 行，每行 10 粒种子，共有 174 粒发芽，没有发芽的有 6 行；1 粒发芽 20 行；2 粒发芽 28 行；3 粒发芽 12 行，4 粒发芽 8 行；5 粒发芽 6 行；6，7，8，9，10 粒发芽 0 行，试检验牧草种子发芽试验的结果是否服从二项分布（$\chi^2=2.9376$，$P>0.05$，计算过程保留 4 位小数）		

800 粒牧草种子发芽试验结果

发芽数	0	1	2	3	4	5	6	7	8	9	10	合计
行数	6	20	28	12	8	6	0	0	0	0	0	80
发芽数合计	0	20	56	36	32	30	0	0	0	0	0	174

任务二　独立性检验

【任务描述】

某生物制品厂研制出了新的鸡瘟疫苗，为检验其免疫力，用 200 只鸡进行试验。其中试验组 100 只，注射新的鸡瘟疫苗（注射后发病的 10 只，不发病的 90 只）；对照组 100 只，注射原疫苗（注射后发病的 15 只，不发病的 85 只），试问新旧疫苗的免疫力是否有差异？

【任务相关知识】

该任务需要用独立性检验的方法进行。独立性检验就是用于检验两类因子是相互独立还是彼此相关的一种检验方法，如比较两类药物对动物某种疾病治疗效果的好坏，首先将患病动物分为两组，一组用第一种药物治疗，另一组用第二种药物治疗，然后统计每种药物的治愈头数和未治愈头数，最后再分析药物种类与疗效是否相关。若两者彼此相关，表明疗效因药物不同而异，即两种药物疗效不相同；若两者相互独立，表明两种药物疗效相同。这种根据频数资料判断两类因子彼此相关或相互独立的假设检验就是独立性检验。

独立性检验与适合性检验是两种不同的检验方法，除了研究目的不同外，还有以下区别：

（1）适合性检验只按某一因子的属性类别（如性别、表现型等）将频数资料归组，而独立性检验的频数资料是按两因子属性类别进行归组，根据两因子属性类别数的不同而构成 2×2，$2\times C$，$R\times2$，$R\times C$ 列联表（R 为行因子的属性类别数，C 为列因子的属性类别数），其模式见表 4-7。

表 4-7 $R\times C$ 列联表模式

R 因子	C 因子				
	C_1	C_2	…	C_j	合计
R_1	a_{11}	a_{12}	…	a_{1j}	T_{R_1}
R_2	a_{21}	a_{22}	…	a_{2j}	T_{R_2}
⋮	⋮	⋮	⋮	⋮	⋮
R_i	a_{i1}	a_{i2}	…	a_{ij}	T_{R_i}
合计	T_{C_1}	T_{C_2}	…	T_{C_j}	T

(2)适合性检验按已知的属性分类理论或学说计算理论频数。独立性检验在计算理论频数时没有现成的理论或学说可供利用,其理论频数是在两因子相互独立假设成立的前提下根据实际频数推算出来的。即首先假定两因子相互独立,其中一个因子的变化对另一因子各组频数不会产生影响,这是一个非常重要的假定。

(3)在适合性检验中确定自由度时,只有一个约束条件即各理论频数之和等于各实际频数之和,自由度为属性类别数减 1。而在 $R\times C$ 列联表的独立性检验中,因行、列均有一个约束条件即各理论频数之和等于各实际频数之和的限制,也就是说每一行、每一列都有一个值失去自由,因而 $R\times C$ 列联表的自由度为 $df=(R-1)(C-1)$。

2×2 列联表的一般形式如表 4-8 所示,其自由度 $df=(C-1)(R-1)=(2-1)(2-1)=1$,在进行 χ^2 检验时,需做连续性矫正,应计算 χ_C^2 值。

表 4-8 2×2 列联表的一般形式

组别	C_1	C_2	合计
R_1	$O_{11}(E_{11})$	$O_{12}(E_{12})$	T_{R_1}
R_2	$O_{21}(E_{21})$	$O_{22}(E_{22})$	T_{R_2}
合计	T_{C_1}	T_{C_2}	T

注:O_{ij} 为实际观察频数;E_{ij} 为理论频数。

【任务实施】

1. 先将资料整理成列联表(表 4-9)

表 4-9 不同鸡瘟疫苗的免疫情况

组别	发病	未发病	合计 T_{R_i}	发病率/%
试验组	10(12.5)	90(87.5)	$T_{R_1}=100$	10
对照组	15(12.5)	85(87.5)	$T_{R_2}=100$	15
合计 T_{C_j}	$T_{C_1}=25$	$T_{C_2}=175$	$T=200$	

2. 提出无效假设与备择假设

H_0:发病与否和注射的疫苗无关,即两因素相互独立。

H_A:发病与否和注射的疫苗有关,即两因素彼此相关。

3. 计算理论频数

根据两因素相互独立的假设,由样本数据计算出各格的理论频数。若两因素相互独立,说明注射新疫苗与否不影响发病率,则试验组与对照组的理论发病率应当相同,均应等于总发病率 $T_{C_1}/T=25/200=0.125$,未发病率也应相同 $T_{C_2}/T=175/200=0.875$。以此计算出各个理论频数如下:

试验组理论发病数　$E_{11}=100\times25/200=12.5$

试验组理论未发病数　$E_{12}=100\times175/200=87.5$ 或 $E_{12}=100-12.5=87.5$

对照组理论发病数　$E_{21}=100\times25/200=12.5$ 或 $E_{21}=25-12.5=12.5$

对照组理论未发病数　$E_{22}=100\times175/200=87.5$ 或 $E_{22}=175-87.5=87.5$

从上述各理论频数 E_{ij} 的计算可以看出:4 个理论频数仅有 1 个是独立的。表 4-9 括号内的数据为相应的理论频数。理论频数的计算利用了行和、列和、总和,每格的理论频数可以用下式算出:

$$E_{ij}=\frac{T_{R_i}\times T_{C_j}}{T} \tag{4-7}$$

4. 计算 χ_C^2 值

将表 4-9 中的实际频数、理论频数代入公式(4-2)得:

$$\chi_C^2=\frac{(|10-12.5|-0.5)^2}{12.5}+\frac{(|90-87.5|-0.5)^2}{87.5}+\frac{(|15-12.5|-0.5)^2}{12.5}+\frac{(|85-87.5|-0.5)^2}{87.5}$$

$$=2^2\times\left(\frac{1}{12.5}+\frac{1}{87.5}+\frac{1}{12.5}+\frac{1}{87.5}\right)=0.73$$

5. 由自由度查表,进行统计推断

当 $df=1$ 时,$\chi^2_{0.05(1)}=3.841$,而 $\chi_C^2=0.73<\chi^2_{0.05(1)}$,$P>0.05$,接受 H_0,否定 H_A,表明发病率与是否注射新的鸡瘟疫苗无关,说明新鸡瘟疫苗与原鸡瘟疫苗预防效果基本一致。

在进行 2×2 列联表独立性检验时,还可利用下面简易公式计算 χ_C^2:

$$\chi_C^2=\frac{\left(|O_{11}O_{22}-O_{12}O_{21}|-\frac{T}{2}\right)^2\cdot T}{T_{C_1}\cdot T_{C_2}\cdot T_{R_1}\cdot T_{R_2}} \tag{4-8}$$

在公式(4-8)中,不需要先计算理论频数,直接利用实际观察频数 O_i、行和 T_{R_i}、列和 T_{C_j} 以及总和 T 进行计算,计算较简便,且舍入误差小。

对于本任务,利用公式(4-8)可得:

$$\chi_C^2=\frac{\left(|10\times85-90\times15|-\frac{200}{2}\right)^2\times200}{25\times175\times100\times100}=0.73$$

所得结果与前面计算结果相同。

6. 利用 Excel 软件对 2×2 列联表进行独立性检验

将有关原始数据输入工作表中，计算出各行、各列的合计。在工作表的另一个单元格区域中计算出对应的理论数。本例是在 B7 单元格输入公式："＝D2 * B4/D4"按确定得到 12.5。B8 单元格输入"＝D3 * B4/D4"，C7、C8 单元格依此类推。

单击 F2 单元格，在编辑栏输入"＝(ABS(B2－B7)－0.5)^2/B7"，计算试验组发病的 $(|O-E|-0.5)^2/E$ 值；单击 F3 单元格，在编辑栏输入"＝(ABS(B3－B8)－0.5)^2/B8"，计算对照组发病的 $(|O-E|-0.5)^2/E$ 值；G2、G3 单元格依此类推。对 F2:G3 区域求和计算 χ_C^2 值为 0.731 4。在 H6 单元格，运用 CHIINV 函数，求得 $\chi_{0.05(1)}^2$ 的值为 3.841（图 4-5）。$\chi_C^2<\chi_{0.05}^2$，接受 H_0，否定 H_A，表明发病率与是否注射新的鸡瘟疫苗无关。

	A	B	C	D	E	F	G	H
1	组别	发病（实际）	未发病（实际）	合 计		χ²值计算		合计
2	试验组	10	90	100		0.32	0.04571	
3	对照组	15	85	100		0.32	0.04571	
4	合 计	25	175	200		0.64	0.09143	0.73143
5								
6	组别	发病（理论）	未发病（理论）			$\chi^2_{0.05(1)}$	3.84146	
7	试验组	12.5	87.5					
8	对照组	12.5	87.5					

图 4-5 Excel 软件进行不同鸡瘟疫苗免疫情况独立性检验

7. 利用 SPSS 软件对 2×2 列联表进行独立性检验

操作步骤：首先进行次数的加权，"数据"→"个案加权"→将【频数】变量选入"个案加权依据：频率变量"栏→点击"确定"。然后进行数据分析，选择"分析"→"描述统计"→"交叉表"命令，弹出"交叉表"对话框，将变量【组别】选入"行"，将变量【发病情况】选入"列"，单击"统计"按钮，弹出"交叉表：统计"对话框，勾选"卡方"选项，单击"继续"按钮→返回到主对话框，单击"确定"，数据及操作见图 4-6，输出结果如图 4-7 所示。

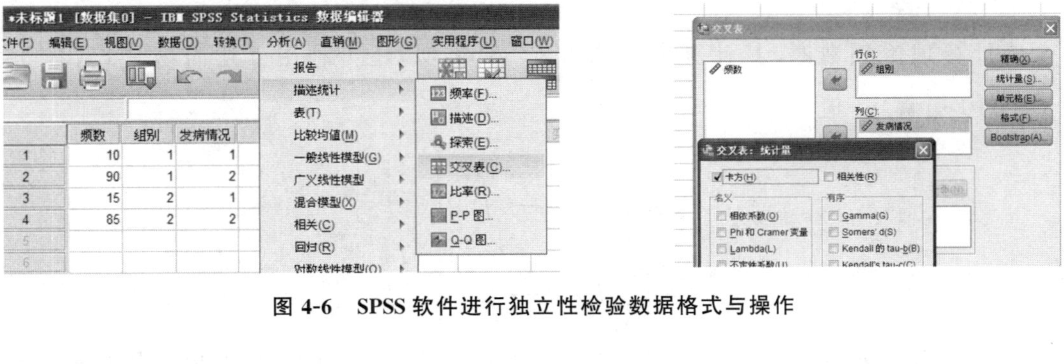

图 4-6 SPSS 软件进行独立性检验数据格式与操作

结果分析：对卡方检验表的四种结果的使用条件是，$n \geqslant 40$ 且 $E \geqslant 5$ 时，选择 Pearson 卡方，n 值为总的实际次数之和；自由度为 1，或者 $n \geqslant 40$ 且 $1 \leqslant E < 5$ 时，选择连续性校正卡方检验；$n < 40$ 或 $E < 1$ 时，选择 Fisher 精确概率法；$n \geqslant 40$ 且 $E \geqslant 5$ 时，选择似然比卡方检验与 Pearson 卡方一致；n 为例数（样本），E 为期望频数。本例题由于自由度为 1，则要进行连

二维码 4-2
独立性卡方检验

卡方检验

	值	自由度	渐进显著性（双侧）	精确显著性（双侧）	精确显著性（单侧）
皮尔逊卡方	1.143[a]	1	.285		
连续性修正[b]	.731	1	.392		
似然比	1.150	1	.284		
费希尔精确检验				.393	.196
有效个案数	200				

a. 0 个单元格 (0.0%) 的期望计数小于 5。最小期望计数为 12.50。
b. 仅针对 2x2 表进行计算

图 4-7 SPSS 软件独立性检验结果

续校正。对 2×2 表，显示连续校正卡方值，$\chi_C^2=0.731$，双侧近似概率 $P=0.392>0.05$，不能否定无效假设，即表明发病率与是否注射新的鸡瘟疫苗无关。

【任务拓展】

一、2×C 独立性检验

2×C 列联表是行因子的属性类别数为 2，列因子的属性类别数为 $C(C\geqslant 3)$ 的列联表。其自由度为 $df=(2-1)(C-1)=C-1$。2×C 表的一般形式见表 4-10。

表 4-10 2×C 联列表一般形式

	C_1	C_2	…	C_j	合计
R_1	O_{11}	O_{12}	…	O_{1j}	T_{R_1}
R_2	O_{21}	O_{22}	…	O_{2j}	T_{R_2}
合计	T_{C_1}	T_{C_2}	…	T_{C_j}	T

注：$O_{ij}(i=1,2;j=1,2,\cdots,C)$ 为实际观察频数。

在计算理论频数时，其计算方法与 2×2 表类似，还可利用下述简易公式(4-9)或公式(4-10)计算 χ^2 值。

$$\chi^2=\frac{T^2}{T_{R_1}T_{R_2}}\left[\sum\frac{O_{1j}^2}{T_{C_j}}-\frac{T_{R_1}^2}{T}\right] \tag{4-9}$$

或

$$\chi^2=\frac{T^2}{T_{R_1}T_{R_2}}\left[\sum\frac{O_{2j}^2}{T_{C_j}}-\frac{T_{R_2}^2}{T}\right] \tag{4-10}$$

两公式的区别在于：公式(4-9)利用第一行中的实际观察频数 O_{1j} 和行和 T_{R_1}；公式(4-10)则利用第二行中的实际观察频数 O_{2j} 和行和 T_{R_2}，计算结果相同。

例 4-3 分别统计了甲、乙两个品种各 60 头经产母猪的产仔情况，结果见表 4-11，问甲、乙两个品种的产仔数构成比例是否相同？

表 4-11 甲、乙两个品种产仔数的分类统计

	9 头及以下	10～12 头	13 头及以上	行和 T_{R_i}
甲	14	41	5	60
乙	3	31	26	60
列和 T_{C_j}	17	72	31	120

1. 提出无效假设与备择假设

H_0：甲、乙两个品种产仔数构成比例相同。

H_A：甲、乙两个品种产仔数构成比例不同。

2. 计算 χ^2 值

用简易公式(4-9)计算为：

$$\chi^2=\frac{120^2}{60\times60}\times\left(\frac{14^2}{17}+\frac{41^2}{72}+\frac{5^2}{31}-\frac{60^2}{120}\right)=22.73$$

3. 由自由度查表，进行统计推断

当 $df=3-1=2$ 时，$\chi^2_{0.01(2)}=9.210$，$\chi^2>\chi^2_{0.01}$，$P<0.01$，所以否定 H_0，接受 H_A，差异极显著，表明甲、乙两个品种产仔数构成比例差异极显著。

在例 4-3 中，χ^2 检验结果为两个品种间产仔数差异极显著，为了进一步了解两个品种间产仔数差异之所在，我们可以做进一步分析，以找出两个品种产仔数差异到底是 9 头及以下组、10～12 头组，还是 13 头及以上组。为此可以进行 χ^2 值分割，χ^2 值分割的功能可实现 χ^2 检验的多重比较。简述 χ^2 值分割方法如下：

从表 4-11 资料中我们可计算出甲、乙两个品种不同产仔数分类所占的比例即构成比(事物内部各构成部分所占的比重)见表 4-12。

表 4-12 甲、乙两个品种产仔数的分类的构成比

	9 头及以下	10～12 头	13 头及以上	合计
甲	0.233	0.683	0.084	1.000
乙	0.050	0.517	0.433	1.000

显然，两个品种间产仔数 13 头及以上的母猪所占比例差异最大，我们怀疑这是造成甲、乙两品种产仔数构成比例差异极显著的主要原因，为此先检验两品种间产仔数 13 头及以上的母猪所占比例差异是否显著，见表 4-13。

H_0：两品种间产仔数 13 头及以上的母猪所占比例差异不显著。

H_A：两品种间产仔数 13 头及以上的母猪所占比例差异显著。

表 4-13 χ^2 值分割表(1)

	13头及以上	其他	合计
甲	5	55	60
乙	26	34	60
合计	31	89	120

$$\chi_1^2=\frac{(a_{11}\cdot a_{22}-a_{12}\cdot a_{21})^2}{T_{R_1}\cdot T_{R_2}\cdot T_{C_1}\cdot T_{C_2}}\times T=\frac{(5\times34-55\times26)^2}{60\times60\times31\times89}\times120=19.18$$

此处无须做连续性矫正,否则就破坏了 χ^2 值的整体可加性。由 $df=1$,查 χ^2 值表得 $\chi^2_{0.01(1)}=6.635$,$\chi^2>\chi^2_{0.01(1)}$,$P<0.01$,拒绝 H_0,接受 H_A,差异极显著,说明两个品种间产仔数13头及以上的母猪所占比例差异极显著。我们再检验其他分类的差异情况,见表4-14。

H_0:两个品种间产仔数9头及以下和10~12头的母猪所占比例差异不显著。

H_A:两个品种间产仔数9头及以下和10~12头的母猪所占比例差异显著。

表 4-14 χ^2 值分割表(2)

	9头及以下	10~12头	合计
甲	14	41	55
乙	3	31	34
合计	17	72	89

$$\chi_2^2=\frac{(a_{11}\cdot a_{22}-a_{12}\cdot a_{21})^2}{T_{R_1}\cdot T_{R_2}\cdot T_{C_1}\cdot T_{C_2}}\times T=\frac{(14\times31-41\times3)^2}{55\times34\times17\times72}\times89=3.76$$

此处也无须做连续性矫正。由 $df=1$,查 χ^2 值表得 $\chi^2_{0.05(1)}=3.841$,$\chi^2<\chi^2_{0.05}$,$P>0.05$,接受 H_0,差异不显著,说明两个品种间产仔数9头及以下和10~12头的母猪所占比例差异不显著。

经过 χ^2 值分割可知,甲、乙两种产仔数构成比不一致,主要是产仔数13头及以上母猪所占比例不同造成的,也就是说乙品种母猪更具有高产特性。

值得注意的是,在上面的 χ^2 值分割中,$\chi_1^2+\chi_2^2=22.94$,与 $\chi^2=22.73$ 基本一致,其微小差异是由于计算时四舍五入过多造成的。自由度 $df=(2-1)\times(3-1)=df_1+df_2=(2-1)\times(2-1)+(2-1)\times(2-1)=2$,也完全一致。

二、$R\times C$ 独立性检验

$R\times C$ 表是指行因子的属性类别数为 $R(R>2)$,列因子的属性类别数为 $C(C>2)$ 的列联表,其一般形式见表4-7。

$R\times C$ 列联表各个理论频数的计算原理与上述 2×2 表和 $2\times C$ 表独立性检验一致。但一般用简易公式计算 χ^2 值,其公式为:

$$\chi^2=T\left[\sum\frac{O_{ij}^2}{T_{R_i}T_{C_j}}-1\right] \tag{4-11}$$

例 4-4 对三组黑山羊分别喂 A,B,C 三种不同的饲料,各组发病频数统计见表 4-15,问黑山羊发病频数的构成比与所喂饲料是否有关?

表 4-15 三组黑山羊喂不同饲料的发病结果

发病频数	饲料			合计
	A	B	C	
0	19(17.3)	16(17.3)	17(17.3)	52
1	8(10.0)	12(10.0)	10(10.0)	30
2	7(7.0)	6(7.0)	8(7.0)	21
3	4(4.0)	4(4.0)	4(4.0)	12
4	2(1.7)	2(1.7)	1(1.7)	5
合计	40	40	40	120

注:括号内为理论频数。

表 4-15 中理论值小于 5 的格数较多,故将发病频数为 3 和 4 的黑山羊合并为一组,见表 4-16。

表 4-16 三组黑山羊喂不同饲料的发病结果

发病频数	饲料			合计
	A	B	C	
0	19(17.3)	16(17.3)	17(17.3)	52
1	8(10.0)	12(10.0)	10(10.0)	30
2	7(7.0)	6(7.0)	8(7.0)	21
≥3	6(5.7)	6(5.7)	5(5.7)	17
合计	40	40	40	120

注:括号内为理论频数。

1. 提出无效假设与备择假设

H_0:发病频数的构成比与所喂饲料种类无关。

H_A:发病频数的构成比与所喂饲料种类有关。

2. 计算 χ^2 值

利用公式(4-11)计算 χ^2 值得:

$$\chi^2=120\times\left(\frac{19^2}{40\times52}+\frac{16^2}{40\times52}+\cdots+\frac{6^2}{40\times17}+\frac{5^2}{40\times17}-1\right)=1.47$$

3. 查临界 χ^2 值,进行统计推断

由自由度 $df=(4-1)(3-1)=6$,查临界 χ^2 值得,$\chi^2_{0.05(6)}=12.592$,因为计算所得的

$\chi^2<\chi^2_{0.05(6)}$，$P>0.05$，接受 H_0，差异不显著，可以认为黑山羊发病频数的构成比与所喂饲料种类无关，即用三种不同的饲料饲喂黑山羊，各组黑山羊发病频数的构成比相同。

三、配对资料的独立性检验

前面我们介绍过配对资料，对于配对的计量资料，可利用配对试验 t 检验法进行检验。若配对的是计数资料，则需用 χ^2 检验。下面我们结合实例介绍配对频数资料的 χ^2 检验。

例 4-5 某动物医院对 75 例患同种疾病的牛，用临床和 X 线两种方法进行了诊断，其结果见表 4-17，问两种诊断方法的检出率是否有差异？

表 4-17 临床和 X 线两种诊断方法的诊断结果

X 线诊断	临床诊断		合计
	+	−	
+	23(a)	19(b)	42
−	8(c)	25(d)	33
合计	31	44	75

此例中把每一头牛作为试验单位，两种诊断方法作为试验处理，所以这个资料应属于配对设计。两种方法对 75 头牛的诊断结果共有四种情况：诊断结果均为阳性(a)、均为阴性(d)，X 线诊断为阳性而临床诊断为阴性(b)，临床诊断为阳性而 X 线诊断为阴性(c)。在这四种情况中只有诊断结果不同的部分，即 b 和 c 两部分数据能够为辨别两种诊断方法的检出率是否有差异提供依据。

配对的计数资料检验的思路为：如果两种方法没有差别，b 和 c 的数据应该相等，但由于试验误差的存在，b 和 c 的数据不可能相等，据此可以计算配对资料的理论频数为 $(b+c)/2$；b 和 c 的不同是否由试验误差造成，需要进行显著性检验。

计算 χ^2_C，在无效假设成立的前提下，b 和 c 格的理论频数仅有一个独立的理论频数，即 $\frac{b+c}{2}=\frac{19+8}{2}=13.5$。配对频数资料的 χ^2 检验的自由度为 1，因而应进行连续性矫正，其公式为：

$$\chi^2_C=\sum\frac{(|O-E|-0.5)^2}{E}$$

或

$$\chi^2_C=\frac{(|b-c|-1)^2}{b+c} \tag{4-12}$$

1. 提出无效假设与备择假设

H_0：两种诊断方法无差别，检出率一致。

H_A：两种诊断方法有差别，检出率不一致。

2. 计算 χ^2_C 值

利用公式(4-2)计算为：

$$\chi_C^2=\sum\frac{(|O-E|-0.5)^2}{E}$$

$$=\frac{(|19-13.5|-0.5)^2}{13.5}+\frac{(|8-13.5|-0.5)^2}{13.5}$$

$$=2\times 1.8519$$

$$=3.70$$

或利用公式(4-12)计算为：

$$\chi_C^2=\frac{(|19-8|-1)^2}{19+8}=3.70$$

两者的计算结果相同。

3.查临界 χ^2 值，进行统计推断

因 $df=1$，查 χ^2 值表得，$\chi^2_{0.05(1)}=3.841$，$\chi^2_C<\chi^2_{0.05(1)}$，所以 $P>0.05$，接受 H_0，差异不显著，表明两种诊断方法对该疾病的检出率无显著差别。

【任务评价】

任务评价内容与考核得分

<table>
<tr><th>评价环节</th><th>评 价 内 容</th><th>分值</th><th>得分</th></tr>
<tr><td rowspan="2">任务相关知识</td><td>掌握独立性检验的定义、功能和意义</td><td>10</td><td></td></tr>
<tr><td>了解独立性检验的分类</td><td>5</td><td></td></tr>
<tr><td rowspan="2">任务实施</td><td>掌握独立性检验的方法步骤和统计推断方法，以及理论值和自由度计算方法</td><td>25</td><td></td></tr>
<tr><td>分别用 Excel 软件和 SPSS 软件对资料 1、资料 2、资料 3 进行显著性检验</td><td>15</td><td></td></tr>
<tr><td rowspan="3">任务扩展</td><td>掌握 $2\times C$ 或 $R\times C$ 列联表独立性检验的方法步骤和统计推断方法，以及理论值和自由度计算方法</td><td>20</td><td></td></tr>
<tr><td>掌握 χ^2 值分割方法</td><td>15</td><td></td></tr>
<tr><td>掌握各类独立性检验的简易计算方法</td><td>10</td><td></td></tr>
<tr><td>总体评价</td><td></td><td>100</td><td></td></tr>
<tr><td>资料 1</td><td colspan="3">某防疫站对屠宰场及食品零售点的猪肉进行表皮沙门氏杆菌带菌情况检验，结果如下表，问屠宰场与零售点猪肉带菌率有无显著差异($\chi_C^2=4.49$，$0.01<P<0.05$)
屠宰场及食品零售点的猪肉表皮沙门氏杆菌带菌情况检验结果
<table>
<tr><th>采样地点</th><th>带菌头数</th><th>不带菌头数</th><th>合计</th></tr>
<tr><td>屠宰场</td><td>8</td><td>32</td><td>40</td></tr>
<tr><td>零售点</td><td>14</td><td>16</td><td>30</td></tr>
<tr><td>合计</td><td>22</td><td>48</td><td>70</td></tr>
</table>
</td></tr>
</table>

<table>
<tr><th>评价环节</th><th>评 价 内 容</th><th>分值</th><th>得分</th></tr>
<tr><td>资料 2</td><td>对云南三个黄牛保种基地县进行黄牛肉用性能外形调查，划分为优、良、中、下四个等级，试问三个地区黄牛肉用性能各等级构成比差异是否显著？($\chi^2=7.73,P>0.05$)

云南三个黄牛保种基地县进行黄牛肉用性能外形调查结果 头
<table>
<tr><th>地区</th><th>优</th><th>良</th><th>中</th><th>下</th><th>合计</th></tr>
<tr><td>甲</td><td>10</td><td>10</td><td>60</td><td>10</td><td>90</td></tr>
<tr><td>乙</td><td>10</td><td>5</td><td>20</td><td>10</td><td>45</td></tr>
<tr><td>丙</td><td>5</td><td>5</td><td>23</td><td>6</td><td>39</td></tr>
<tr><td>合计</td><td>25</td><td>20</td><td>103</td><td>26</td><td>174</td></tr>
</table></td><td></td><td></td></tr>
<tr><td>资料 3</td><td>用土霉素和呋喃西林两种药物治疗仔猪下痢，结果如下表，试检验两种药物的治疗效果是否有显著差异($\chi_C^2=5.78,0.01<P<0.05$)

土霉素和呋喃西林两种药物治疗仔猪下痢结果 头
<table>
<tr><th>药物</th><th>治愈</th><th>死亡</th><th>合计</th><th>治愈率/%</th></tr>
<tr><td>土霉素</td><td>64</td><td>36</td><td>100</td><td>64</td></tr>
<tr><td>呋喃西林</td><td>16</td><td>24</td><td>40</td><td>40</td></tr>
<tr><td>合计</td><td>80</td><td>60</td><td>140</td><td>57.14</td></tr>
</table></td><td></td><td></td></tr>
</table>

项目五
直线相关与直线回归

知识目标

1. 理解直线相关与直线回归的概念。
2. 了解直线相关与直线回归的关系。
3. 理解相关系数与回归系数的意义。

技能目标

1. 能够确定变量间相关的性质，并会度量其相关的密切程度。
2. 能够对相关系数与回归系数进行计算并进行显著性检验。
3. 会建立直线回归方程和绘制回归直线。

任务一 相关分析

【任务描述】

10 只绵羊胸围(cm)与体重(kg)的资料见表 5-1。

表 5-1 10 只绵羊胸围与体重资料

胸围/cm	68	70	70	71	71	71	73	74	76	76
体重/kg	50	60	68	65	69	72	71	73	75	77

试计算绵羊胸围和体重之间的相关系数。

【任务相关知识】

一、相关与回归的概念

我们首先观察几组数据资料。

资料 1　圆的面积(S)与其半径(r)的关系见表 5-2。

表 5-2　圆的面积与半径资料

半径/cm	1	2	3	4	5	6	7	8	9	10
面积/cm^2	3.14	12.56	28.26	50.24	78.50	113.04	153.86	200.96	254.34	314.00

注:$\pi=3.14$。

从表 5-2 中,我们看到圆的面积随着半径的变化而变化。圆的面积与半径的关系是:$S=\pi r^2$。如果圆的半径确定了,其面积也就唯一确定。例如当半径 $r=5$ cm 时,面积 S 一定为 78.5 cm^2,不会是其他任何数值。变量间的这种确定性的相互关系就是数学上的函数关系。

资料 2　10 只绵羊胸围与体重的资料见表 5-3。

表 5-3　10 只绵羊胸围与体重资料

胸围/cm	68	70	70	71	71	71	73	74	76	76
体重/kg	50	60	68	65	69	72	71	73	75	77

资料 3　10 头育肥猪背膘厚与瘦肉率的关系见表 5-4。

表 5-4　10 头育肥猪背膘厚与瘦肉率资料

背膘厚/cm	4.02	3.91	3.86	3.63	3.34	3.14	3.03	3.03	2.97	2.78
瘦肉率/%	54.64	53.38	54.49	53.88	57.54	59.40	59.84	58.62	57.00	60.56

资料 2 中绵羊的体重随着胸围的变化而变化,但是同样大的胸围,其体重却不一定相同。例如当绵羊的胸围都是 70 cm 时,其中一只绵羊的体重为 60 kg,另一只绵羊的体重却为 68 kg。同样,资料 3 中猪的瘦肉率是随着背膘厚的变化而变化的,背膘厚度相同的,其瘦肉率也不一定相同,例如当两头猪的背膘厚度都为 3.03 cm 时,一头猪的瘦肉率为 59.84%,另一头猪的瘦肉率为 58.62%。对这些变量来说,一个变量随着另一个变量的变化而变化,但不能用一个变量的数值完全确定另一个变量的数值,变量间的这种非确定性关系称为相关关系,这两个变量称为两个相关变量。在生物界相关关系是普遍存在的,例如奶牛的泌乳量与乳脂率的关系,蛋鸡的产蛋量与蛋重的关系,药物与家畜生理指标的关系等。

我们仔细比较一下绵羊体重与胸围和猪背膘厚与瘦肉率两组相关变量,发现它们之间相互依存的关系,即相关的性质是不同的。绵羊体重随着胸围增大而增大,而猪的瘦肉率却随着背膘厚的增加而减小。我们把像绵羊体重与胸围之间关系那样,一个变量随着另一个变量增大而增大的相关称为正相关,存在正相关的两个变量之间的变化方向是一致的。而把像猪背膘厚与瘦肉率那样,一个变量随着另一个变量增大而减小的相关称为负相关,存在负相关的两个变量之间的变化方向是相反的。

资料 4　四川白鹅 70 日龄重与雏鹅重之间关系的资料见表 5-5。

表 5-5　四川白鹅雏鹅重及其 70 日龄重资料　　g

项目	编号											
	1	2	3	4	5	6	7	8	9	10	11	12
雏鹅重	80	86	98	90	120	102	95	83	113	105	110	100
70 日龄重	2 350	2 400	2 720	2 500	3 150	2 680	2 630	2 400	3 080	2 920	2 960	2 860

从表5-5中，我们发现四川白鹅70日龄重也随着雏鹅重的变化而变化，雏鹅体重大的，其生长到70日龄时体重也大，同样体重的雏鹅生长到70日龄时体重却不一定一样大。我们说雏鹅重与其70日龄重是两个相关变量。但是，比较一下绵羊体重与胸围和四川白鹅70日龄重与雏鹅重两组变量发现他们是有区别的，对于绵羊体重与胸围这组变量，我们既可以说绵羊体重随着胸围增大而增大，也可以说绵羊胸围随着体重增大而增大，也就是说这两个变量间的关系是平行的和双向的。而对于四川白鹅70日龄重与雏鹅重这组变量，我们可以说四川白鹅70日龄重随着其雏鹅重变化而变化，但却不能说雏鹅重随着其70日龄重变化而变化，也就是说这两个变量间是主从的、单向的或者说是因果的关系。假设有两个相关变量，分别为x和y，如果存在着其中一个变量(y)随着另一个变量(x)变化而变化的单向主从关系，则我们把这种相关关系称为回归关系。把前一个变量(y)叫依变量，后一个变量(x)叫自变量。由此可以看出相关关系包括平行关系和因果关系，回归关系仅指相关关系中的因果关系。

在畜牧生产和科研实践中，相关与回归分析具有重要的意义。通过相关与回归分析，可以使我们了解家畜与外界条件间、家畜与家畜间和家畜各个性状间的相互影响、相互作用，及其影响与作用的密切程度和数量关系。所以，相关与回归分析广泛地应用于家畜饲养管理技术调整与修正；饲养环境对家畜影响的分析；家畜饲养及治疗技术应用结果的预测；家畜育种指标的选择；一些难以测量性状的估测；等等。

二、相关与回归的分类

根据研究相关与回归时涉及的变量数目多少，把相关与回归分为两大类，即简单相关与简单回归和多元相关与多元回归。

1. 简单相关与简单回归

在进行相关与回归分析时，我们把含有两个变量的相关与回归称为简单相关与回归。简单相关有直线相关与曲线相关之分，简单回归也有直线回归和曲线回归两种情形。

设有两个变量，分别用x，y表示，观测两个变量获得n对观测值，分别为：(x_1,y_1)，(x_2,y_2)，(x_3,y_3)，…，(x_n,y_n)，如果以x为横坐标轴，y为纵坐标轴建立直角坐标系，则在坐标系中就能找到各对观测值对应的点。这些点我们称为散点或相关点，其构成的图形叫散点图。常见的散点图如图5-1所示。

(1)直线相关与直线回归。我们观察图5-1发现，图a和图b中散点呈直线分布趋势；图c中的散点呈曲线分布趋势；图d中的散点呈圆面分布趋势。像图a和图b那样，在散点图中，如果散点呈直线分布趋势，可以近似地用一条直线来表示两个变量间的相互关系，则这两个变量间的相关称为直线相关，如绵羊胸围与体重的相关。两个直线相关变量x和y，如果存在着y随着x变化而变化的单向主从关系，则称y与x的关系为直线回归关系，如四川白鹅70日龄重与雏鹅重的关系。

(2)曲线相关与曲线回归。像图5-1中图c那样，在散点图中，两个变量构成的散点，如果呈曲线分布趋势，可以近似地用一条曲线来表示，则这两个变量间的相关称为曲线相关。两个曲线相关的变量，如果存在着y随着x变化而变化的单向主从关系，则称y与x的关系为曲线回归。

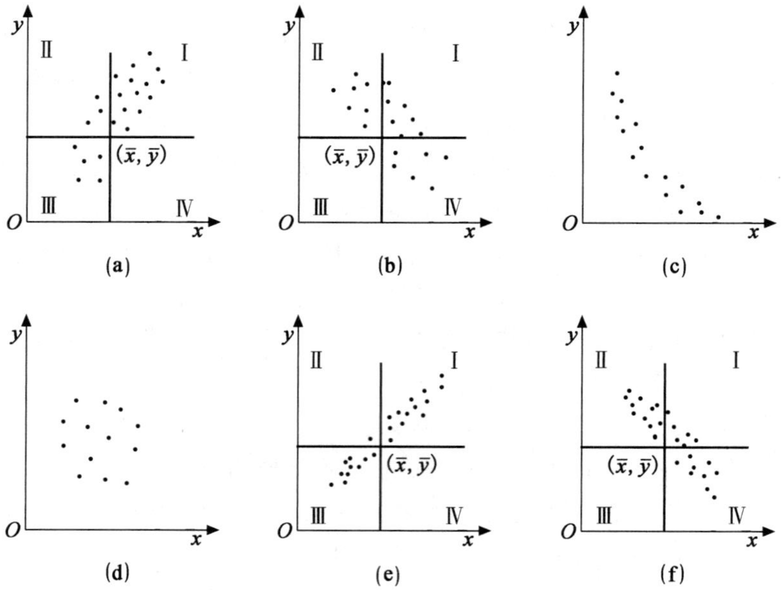

图 5-1 常见的散点图

像图 d 那样，在散点图中，两个变量构成的散点，如果呈圆面分布趋势，则这两个变量不存在相关关系。

2. 多元相关与多元回归

我们把涉及三个或三个以上变量的相关与回归称为多元相关与多元回归。多元相关也称为复相关，多元回归也称为复回归。例如，体重不但与体高有关，同时也与体长有关，所以体重、体高与体长之间的关系就是多元相关。

三、相关系数的计算公式

如果将图 5-1 中图 a、图 b、图 e 和图 f 中坐标系的原点移到点$(\overline{x}, \overline{y})$，会发现图 a 和图 e 中大部分的散点分布在第Ⅰ、第Ⅲ象限；图 b 和图 f 中大部分的散点分布在第Ⅱ、第Ⅳ象限。在第Ⅰ象限内的点都有：

$$(x-\overline{x})>0;(y-\overline{y})>0 \quad \text{则} \sum(x-\overline{x})(y-\overline{y})>0$$

$\sum(x-\overline{x})(y-\overline{y})$是两个变量离均差的乘积之和，简称为乘积和，用 SP_{xy} 表示，即

$$SP_{xy}=\sum(x-\overline{x})(y-\overline{y})=\sum xy-\frac{\sum x \sum y}{n} \tag{5-1}$$

在第 Ⅲ 象限内的点都有：

$$(x-\overline{x})<0;(y-\overline{y})<0 \quad \text{则} \sum(x-\overline{x})(y-\overline{y})>0$$

也就是说图 a 和图 e 中的散点有：$\sum(x-\overline{x})(y-\overline{y})>0$ 的特点，且有图 e 中 SP_{xy} 的绝对值大于图 a 的。

在第 Ⅱ 象限内的散点都有：

$$(x-\overline{x})<0;(y-\overline{y})>0 \quad 则\sum(x-\overline{x})(y-\overline{y})<0$$

在第 Ⅳ 象限内的散点都有：

$$(x-\overline{x})>0;(y-\overline{y})<0 \quad 则\sum(x-\overline{x})(y-\overline{y})<0$$

也就是说图 b 和图 f 的散点有：$\sum(x-\overline{x})(y-\overline{y})<0$ 的特点，且图 f 中 SP_{xy} 的绝对值大于图 b 的。

通过以上讨论我们可以得出：两个直线相关变量间相关的性质可以用 SP_{xy} 的正负符号来说明，其乘积和(SP_{xy})大于零时，为正相关；其乘积和(SP_{xy})小于零时，为负相关。

两个直线相关变量间相关的密切程度可以用 SP_{xy} 的绝对值大小来描述。SP_{xy} 的绝对值越大，变量间相关的密切程度越大。但是用 SP_{xy} 来描述两变量间的相互关系会受到两变量单位以及观测值多少的影响，为此将 SP_{xy} 除以两变量的标准差和自由度，所得统计量即为相关系数。

$$\frac{\sum(x-\overline{x})(y-\overline{y})}{S_xS_y}\cdot\frac{1}{n-1}=\frac{\sum(x-\overline{x})(y-\overline{y})}{\sqrt{\frac{SS_x}{n-1}}\sqrt{\frac{SS_y}{n-1}}}\cdot\frac{1}{n-1}=\frac{\sum(x-\overline{x})(y-\overline{y})}{\sqrt{SS_xSS_y}}$$

$$=\frac{SP_{xy}}{\sqrt{SS_xSS_y}}=r$$

通过以上讨论我们得出相关系数(r)的计算公式为：

$$r=\frac{SP_{xy}}{\sqrt{SS_xSS_y}}=\frac{SP_{xy}}{(n-1)\cdot S_x\cdot S_y} \tag{5-2}$$

式中：SP_{xy} 为两个变量的乘积和；SS_x 为 x 变量的离均差平方和简称为 x 变量的平方和；SS_y 为 y 变量的离均差平方和简称为 y 变量的平方和。在应用中，该公式也可书写成如下形式：

$$r=\frac{\sum xy-\frac{\sum x\sum y}{n}}{\sqrt{\left[\sum x^2-\frac{(\sum x)^2}{n}\right]\left[\sum y^2-\frac{(\sum y)^2}{n}\right]}} \tag{5-3}$$

相关系数绝对值的大小反映了变量之间相关关系的密切程度，其值域为[−1,1]，相关系数的绝对值越大，变量之间的相关关系越强。当 $|r|=1$ 时，为完全相关，在生物界完全相关的变量是很少见到的；当 $|r|=0$ 时，为零相关；当 $|r|\geqslant0.66$ 时，为强相关；当 $0.33\leqslant|r|<0.66$ 时，为中等强度相关；当 $|r|<0.33$ 时，为弱相关。

相关系数的正负符号反映了变量之间相关的性质，由公式(5-3)可知，相关系数的符号取决于 SP_{xy}，当 $SP_{xy}>0$ 时，$r>0$；当 $SP_{xy}<0$ 时，$r<0$。因此，$r>0$（r 为正值）时，变量间的相关关系为正相关；$r<0$（r 为负值）时，变量间的相关关系为负相关。

四、相关系数的显著性检验

在生产实践中，我们是通过样本来估测总体，由样本资料计算出来的相关系数，有两种可能性：一种是两个变量所在的总体之间存在相关关系，如果用字母 ρ 表示总体相关系数，则有 $\rho\neq0$；另一种是两个变量所在的总体之间不存在相关关系，我们得到的相关系数(r)是由于抽样误差造成的，即 $\rho=0$。所以，要确定计算出来的相关系数(r)是否是由试验误差造成的，必须对相关系数进行显著性检验。相关系数显著性检验的方法有 F 检验、t 检验和查表法，这里仅介绍 t 检验和查表法。

1. *t* 检验

在无效假设 $H_0:\rho=0$ 的前提下。

$$t=\frac{r-\rho}{S_r}=\frac{r}{S_r} \tag{5-4}$$

式中：S_r 为相关系数(r)的标准误。统计学中已经证明。

$$S_r=\sqrt{\frac{1-r^2}{n-2}} \tag{5-5}$$

计算相关系数时，数据对子数为 n，使用了 $\sum(x-\bar{x})=0$ 和 $\sum(y-\bar{y})=0$ 两个条件，所以相关系数(r)的自由度为：$df=n-2$。

在相关系数显著性检验中，我们仍然使用 0.05 和 0.01 两个显著水准，当 $|t|<t_{(0.05,df)}$，则 $P>0.05$，差异不显著，承认无效假设 $H_0:\rho=0$，两个变量所在的总体间无直线相关关系，我们得到的相关系数(r)是抽样误差造成的。当 $t_{(0.05,df)}\leqslant|t|<t_{(0.01,df)}$，则 $0.01<P<0.05$，差异显著；$|t|\geqslant t_{(0.01,df)}$，则 $P<0.01$，差异极显著，这两种情况均否定无效假设，即 $\rho\neq0$，两个变量所在的总体间存在直线相关关系，我们计算出来的相关系数(r)是真实可靠的。

2. 查表法

在进行相关系数的显著性检验时，我们可以将公式(5-4)变形为：

$$r=t\cdot S_r=\sqrt{\frac{t^2}{t^2+n-2}} \tag{5-6}$$

统计学上，根据公式(5-6)，将各个自由度对应的 0.05 和 0.01 两个显著水平下的临界 r 值计算出来制成附表 10（r 及 R 的显著数值表），以此表即可进行相关系数 r 的显著性检验。

【任务实施】

1. 设定变量

在生产和科研记录中，生物性状常用文字描述而不用字母表示（如本例），为了方便他人阅读，在计算相关系数之前一定要设定变量。如果记录中给定了代表符号就不必再另行设定了。另外，有些变量习惯上使用与相关系数计算公式不同的代表符号（如体重用 G 表示，体长用 L 表示，体高用 h 表示）这些符号在代入相关系数计算公式时，一定要对公式原形做出相应调整。本例，我们设绵羊的胸围为 x，绵羊的体重为 y。

2. 列相关系数计算表（表 5-6）

表 5-6　绵羊胸围与体重相关系数计算表

序号	胸围(x)	体重(y)	xy	x^2	y^2
1	68	50	3 400	4 624	2 500
2	70	60	4 200	4 900	3 600
3	70	68	4 760	4 900	4 624
4	71	65	4 615	5 041	4 225
5	71	69	4 899	5 041	4 761
6	71	72	5 112	5 041	5 184
7	73	71	5 183	5 329	5 041
8	74	73	5 402	5 476	5 329
9	76	75	5 700	5 776	5 625
10	76	77	5 852	5 776	5 929
合计	720	680	49 123	51 904	46 818

3. 代入计算公式

将上表计算结果代入相关系数计算公式。

$$r=\frac{\sum xy-\frac{\sum x\sum y}{n}}{\sqrt{\left[\sum x^2-\frac{\left(\sum x\right)^2}{n}\right]\left[\sum y^2-\frac{\left(\sum y\right)^2}{n}\right]}}$$

$$=\frac{49\ 123-\frac{720\times 680}{10}}{\sqrt{\left(51\ 904-\frac{720^2}{10}\right)\left(46\ 818-\frac{680^2}{10}\right)}}$$

$$=\frac{163}{\sqrt{64\times 578}}\approx 0.847\ 5$$

故绵羊胸围与体重之间的相关系数(r) 为 0.847 5。

4. 相关系数(r)显著性检验

方法一　t 检验

第一步　提出无效假设：$H_0:\rho=0$，$H_A:\rho\neq 0$。

第二步　计算 t 值与自由度。先计算 S_r，然后代入 t 值计算公式。

$$S_r=\sqrt{\frac{1-r^2}{n-2}}=\sqrt{\frac{1-0.847\ 5^2}{10-2}}=\sqrt{\frac{0.281\ 7}{8}}\approx 0.187\ 65$$

$$t=\frac{r}{S_r}=\frac{0.847\ 5}{0.187\ 65}\approx 4.516\ 4$$

$$df=n-2=10-2=8$$

第三步　进行推断。根据 $df=8$，查 t 值表得：$t_{(0.01,8)}=3.355$ ，$|t|>t_{(0.01,8)}$，$P<0.01$ 故差异极显著，表明绵羊胸围与体重之间存在直线相关关系，并且为强的正相关。

方法二　查表法

第一步　提出假设：$H_0:\rho=0$，$H_A:\rho\neq 0$。

第二步　根据自由度 $df=8$，查附表 10(r 及 R 的显著数值表)，查出在显著平准 α 下的临界 r 值，$r_{(0.05,8)}=0.632$，$r_{(0.01,8)}=0.765$。

第三步　用计算出来的相关系数的绝对值与临界值比较。$|r|>r_{(0.01,8)}$，$P<0.01$，差异极显著。表明绵羊胸围与体重之间存在直线相关关系，并且为强的正相关。

可见，用直接查表法与用 t 检验得出的结论是相同的，却省略了烦琐的计算过程。

5. 利用 Excel 软件计算双变量资料的相关系数

打开分析工具列表的“相关系数”对话框，输入区域“A1:B11”，分组方式选“逐列”，选定标志在第一行，给出输出区域，按确定得到简单相关系数矩阵，结果见图 5-2。

	A	B	C	D	E
1	胸围x	体重y		胸围x	体重y
2	68	50	胸围x	1	
3	70	60	体重y	0.847488	1
4	70	68			
5	71	65			
6	71	69			
7	71	72			
8	73	71			
9	74	73			
10	76	75			
11	76	77			
12					

图 5-2　Excel 软件计算胸围与体重的简单相关系数

6. 利用 SPSS 软件计算双变量资料的相关系数

数据录入格式：将各项指标作为单独变量，各变量的重复对应成行。

操作步骤：“分析”→“相关”→“双变量”→进入对话框后，将需要分析的【胸围】和【体重】变量选入“变量”栏，其余默认→点击“选项”进入子对话框→勾选“平均值和标准差”→“继续”→返回主对话框，点击“确定”，显示结果界面。图 5-3 显示简单相关系数并用概率值显示相关的显著性，$r=0.847$，$P=0.002$，与 Excel 软件计算结果相同。

二维码 5-1
相关分析

Correlations

		胸围X	体重Y
胸围X	Pearson Correlation	1	.847**
	Sig. (2-tailed)	.	.002
	N	10	10
体重Y	Pearson Correlation	.847**	1
	Sig. (2-tailed)	.002	.
	N	10	10

**. Correlation is significant at the 0.01 level

图 5-3　SPSS 软件计算胸围与体重的简单相关系数及相关显著性

【任务拓展】

相关分析注意事项：

1. 正确理解相关系数 r 的意义

相关系数的绝对值越大，说明两个变量间相关程度越强。相关系数大于零时，两个变量间的相关为正相关；相关系数小于零时，两个变量间的相关为负相关；相关系数等于零时，两个变量间不存在直线相关关系，但是并不排除两个变量间存在其他形式的相关关系。

2. 正确理解相关系数的显著性

相关系数经显著性检验，如果显著(或极显著)说明在显著水平下我们有 95%(或 99%)的把握性认为两个变量间存在直线相关关系；如果不显著，不能简单地认为两个变量间不存在相关关系。相关系数检验不显著有三种可能性：一是两个变量间存在其他形式的相关关系；二是我们犯了Ⅱ型错误；三是样本容量过小(样本容量小就容易犯Ⅱ型错误)。

3. 明确相关强度与相关显著性之间的区别

相关强度和相关显著性是两个独立的概念。相关强度表示两个变量相关紧密程度，是由相关系数绝对值的大小决定的；相关显著性是说明两个变量间是否存在直线相关关系，是由两个变量间自然关系决定的，是说明两个变量间相关系数的可靠性。当然，在样本容量较小时，需要相关系数绝对值较大才能达到显著水平；在样本容量较大时，并不需要相关系数绝对值很大就能达到显著水平。

【任务评价】

任务评价与考核得分

评价环节	评 价 内 容	分值	得分
任务相关知识	理解相关、回归的概念	5	
	了解相关与回归的分类	5	
	学会用相关系数来描述两个变量之间的相互关系	10	
	学会计算相关系数并检验其显著性	15	

评价环节	评 价 内 容	分值	得分
任务实施	明确相关分析的步骤	10	
	对给定的资料 1，进行相关分析	20	
	对给定的资料 1，采用 Excel 软件进行数据分析，并进行显著性检验	15	
	采用 SPSS 数据分析对给定资料 2 计算相关系数，并对相关系数进行显著性检验	15	
任务拓展	正确理解相关系数的意义和相关系数的显著性对生产实际的指导意义	5	
总体评价		100	
资料 1	8 头梅山猪的瘦肉率与后腿比率资料如下表(单位:%)，试对其瘦肉率与后腿比率进行相关分析，并进行显著性检验(答案:$r=0.887\ 23$，$P<0.01$，差异极显著)		
资料 2	某猪场测量 17 头后备母猪的胸围(cm)与体重(kg)资料如下表		

8 头梅山猪的瘦肉率与后腿比率资料 %

后腿比率	30.48	38.32	29.73	29.32	35.68	26.55	30.96	31.24
瘦肉率	44.10	48.65	44.52	41.59	45.83	38.45	43.70	45.77

17 头后备母猪的胸围与体重资料

项目	后备母猪序号														
	1	2	3	4	5	6	7	8	9	10	11	14	15	16	17
胸围/cm	35	35	35	33	32	33	36	33	36	35	34	36	38	35	32
体重/kg	33	30	29	28	30	27	34	31	31	30	28	36	43	31	25

(答案:$r=0.827\ 959$，$P<0.01$，差异极显著)

任务二 直线回归

相关分析描述了两个变量之间相关的性质和相关的密切程度，但没有表明两变量之间的数量关系。回归分析将建立描述两变量之间数量关系的直线回归方程，并通过回归方程由一个变量的变化估测另一个变量的变化。

【任务描述】

在对四川白鹅的生产性能研究中，测得雏鹅重与其 70 日龄重的数据见表 5-7，试计算四川白鹅 70 日龄重对雏鹅重的回归系数，并建立四川白鹅 70 日龄重对雏鹅重的直线回归方程。

表 5-7　四川白鹅雏鹅重及其 70 日龄重资料　g

项目	编号											
	1	2	3	4	5	6	7	8	9	10	11	12
雏鹅重	80	86	98	90	120	102	95	83	113	105	110	100
70 日龄体重	2 350	2 400	2 720	2 500	3 150	2 680	2 630	2 400	3 080	2 920	2 960	2 860

【任务相关知识】

一、直线回归方程的建立

设有两个直线相关变量 x 和 y，x 为自变量，y 为依变量。观测值数目为 n 对，以 x 为横坐标轴，y 为纵坐标轴建立直角坐标系见图 5-4(a)。因为 x 和 y 两个变量是直线回归关系，我们能够找到一条直线 L 代表这些散点。设直线 L 的直线方程为：

$$\hat{y}=a+bx$$

式中：$\hat{y}$ 代表 y 变量的估测值，在该方程中 $\hat{y}$ 是函数意义上的依变量。因为自变量 x 任意一个观测值 x_i 对应于 y 变量不是一个值而是一组值，是一对多的关系，所以在统计学上 $\hat{y}$ 就是这一组值的平均数的估计值；b 代表直线的斜率，这里称为回归系数，其含义是当自变量 x 每增减一个单位，依变量 y 平均增减的数量；a 代表直线在 y 轴上的截距，这里称为回归截距。只要确定 b 和 a，直线 L 就确定了。我们先讨论直线上的点与散点的关系。在散点中任取一点 $P(x_i,y_i)$，当 $x=x_i$ 时，直线上与其对应的点为 $P_0(x_i,\hat{y}_i)$。$\hat{y}_i$ 为 y_i 的估测值，其与观测值 y_i 的差用 e_i 表示，即 $e_i=y_i-\hat{y}_i$ 见图 5-4(b)。依此类推，对于变量 $x=x_1,x_2,x_3,\cdots,x_n$ 时，$\hat{y}$ 与 y 的差可以表示为：

$$e_1=y_1-\hat{y}_1,e_2=y_2-\hat{y}_2,e_3=y_3-\hat{y}_3,\cdots,e_n=y_n-\hat{y}_n$$

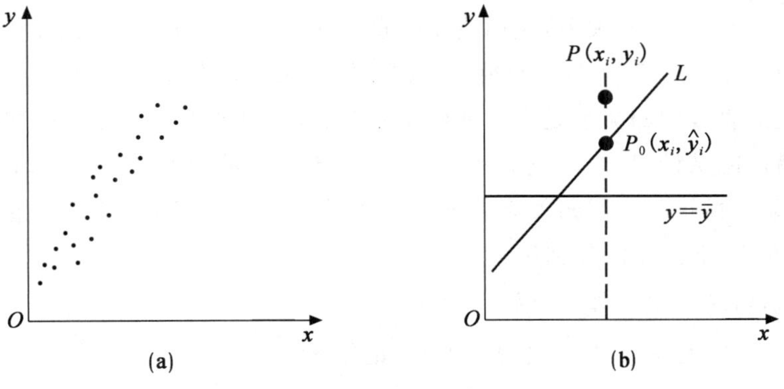

图 5-4　回归关系散点图及回归直线图

如果使直线 L 能够近似地代表两个变量的所有散点，则 y 与 $\hat{y}$ 的差 e 必须符合下面三个条件：$\sum(y-\hat{y})=0$；$\sum(y-\hat{y})^2$ 最小；直线 L 通过点$(\overline{x},\overline{y})$。

我们令 $Q=\sum(y-\hat{y})^2=\sum(y-bx-a)^2$ 根据微积分中求极值的方法，令 Q 对 a 和 b 的一阶偏导数等于零，得到关于 a 和 b 的二元一次方程组为：

$$\begin{cases} na+(\sum x)b=\sum y \cdots\cdots\cdots\cdots (1) \\ (\sum x)a+(\sum x^2)b=\sum xy \cdots\cdots\cdots\cdots (2) \end{cases}$$

解这个关于 a 和 b 的二元一次方程组得：

$$b=\frac{\sum xy-\frac{\sum x\sum y}{n}}{\sum x^2-\frac{(\sum x)^2}{n}}=\frac{SP_{xy}}{SS_x} \tag{5-7}$$

$$a=\frac{\sum y-b\sum x}{n}=\overline{y}-b\overline{x} \tag{5-8}$$

由公式(5-7)可以看出：回归系数和相关系数一样，其正负符号也取决于 SP_{xy}，所以回归系数的正负符号也可说明两变量间相关的性质。当 $b>0$ 时，两变量间是正相关；当 $b<0$ 时，两变量间是负相关。

因为回归关系是单向主从关系，两个变量有自变量与依变量区别，在书写回归系数时要用角标注明自变量和依变量，依变量写在前面，自变量写在后面。如 y 是依变量，x 是自变量，写成"b_{yx}"，读作"y 对 x 的回归系数"；因此"b_{yx}"和"b_{xy}"的意义及数值是不同的，具体应用时要特别注意区分。

二、回归关系及回归系数的显著性检验

与相关关系一样，通过样本建立的直线回归关系有两种可能性。其一，两个变量所在的总体真实地存在着线性回归关系，我们建立的直线回归关系真实地反映了总体特征和规律，总体的回归系数 $\beta\neq0$。其二，两个变量所在的总体本来不存在线性回归关系，总体回归系数 $\beta=0$，我们建立的直线回归关系是由于抽样误差造成，这时如果将其在生产和科研实践中应用，将会得出错误的结论，导致严重后果。因此，对于建立的回归关系和计算出来的回归系数还必须进行显著性检验。回归关系的显著性检验用方差分析方法，回归系数的显著性检验用 t 检验的方法，下面我们分别讨论。

1. 回归关系的显著性检验——F 检验

把 $\sum(y-\overline{y})^2$ 称为 y 变量的总平方和，记作 SS_y。

$$\begin{aligned}\sum(y-\overline{y})^2&=\sum(y-\hat{y}+\hat{y}-\overline{y})^2\\&=\sum[(y-\hat{y})+(\hat{y}-\overline{y})]^2\\&=\sum(\hat{y}-\overline{y})^2+\sum(y-\hat{y})^2+2\sum(\hat{y}-\overline{y})\cdot(y-\hat{y})\end{aligned}$$

由于 $\hat{y}=bx+a=\overline{y}+b(x-\overline{x})$，$\hat{y}-\overline{y}=b(x-\overline{x})$，故：

$$\begin{aligned}\sum(\hat{y}-\overline{y})\cdot(y-\hat{y}) &= \sum b(x-\overline{x})\cdot(y-\hat{y})\\ &= \sum b(x-\overline{x})\cdot[(y-\overline{y})-(\hat{y}-\overline{y})]\\ &= \sum b(x-\overline{x})\cdot[(y-\overline{y})-b(x-\overline{x})]\\ &= b\sum(x-\overline{x})\cdot(y-\overline{y})-b^2\sum(x-\overline{x})^2\\ &= b\cdot SP_{xy}-b^2\cdot SS_x\\ &= \frac{SP_{xy}}{SS_x}\cdot SP_{xy}-\left(\frac{SP_{xy}}{SS_x}\right)^2\cdot SS_x\\ &= 0\end{aligned}$$

因此有：

$$\sum(y-\overline{y})^2=\sum(\hat{y}-\overline{y})^2+\sum(y-\hat{y})^2$$

式中：$\sum(y-\overline{y})^2$ 反映了 y 变量的总变异程度，用 SS_y 表示；$\sum(\hat{y}-\overline{y})^2$ 反映了 y 与 x 两个变量间存在线性关系所引起的变异，称为回归平方和，用 SS_R 表示；$\sum(y-\hat{y})^2$ 反映了 y 与 x 变量间线性关系以外的其他因素引起的变异，称为离回归平方和，用 SS_e 表示。

通过上述讨论知：y 变量的总平方和可以剖分为回归平方和与离回归平方和两部分，总自由度 df_y 对应地也剖分为两部分，即

$$\begin{cases}SS_y=SS_R+SS_e\\ df_y=df_R+df_e\end{cases}\tag{5-9}$$

式中：

$$SS_y=\sum y^2-\frac{\left(\sum y\right)^2}{n}$$

$$SS_R=\sum(\hat{y}-\overline{y})^2=\sum(bx+a-\overline{y})^2=\sum(bx-b\overline{x})^2=b^2\sum(x-\overline{x})^2$$

即

$$SS_R=b^2SS_x\tag{5-10}$$

$$SS_e=SS_y-SS_R$$

在计算 SS_y 时使用一个条件，统计学上还能证明回归自由度等于自变量个数，因此有：$df_y=n-1$，　$df_R=1$，　$df_e=df_y-df_R=n-2$。

2. 回归系数的显著性检验——t 检验

前面已经讨论过，通过对样本的分析获得的回归系数 b 是否反映了总体特征与规律，也就是说其所在的总体回归系数 $\beta\neq0$ 还是 $\beta=0$，还应进行显著性检验。对回归系数进行显著性检验用 t 检验的方法。在无效假设 H_0：$\beta=0$ 的前提下有：

$$t=\frac{b-\beta}{S_b}=\frac{b}{S_b}\tag{5-11}$$

式中：S_b 为回归系数的标准误，计算方法为。

$$S_b = \sqrt{\frac{\sum (y-\hat{y})^2}{(n-2)SS_x}} = \sqrt{\frac{SS_e}{(n-2)SS_x}} \tag{5-12}$$

自由度等于资料的对子数减 2，$df=n-2$。根据自由度查 t 值表，查出临界 t 值，用计算出来的 t 值与临界 t 值进行比较，进行统计推断。

三、回归直线绘制

建立了直线回归方程以后，我们还可以绘制出回归直线，进而更直观的表达两个变量的直线回归关系。其步骤为：

第一步　查原始资料，找到自变量的最大值($x_{极大}$)和最小值($x_{极小}$)。

第二步　将自变量的两个极值分别代入直线回归方程，计算出其对应的依变量 $y_{极大}$ 和 $y_{极小}$ 的估测值。

第三步　建立直角坐标系。以自变量为横坐标轴，依变量为纵坐标轴。

第四步　在直角坐标系内描出($x_{极大}$，$y_{极大}$)和($x_{极小}$，$y_{极小}$)两点，然后用线段连接，即得回归直线。

绘制回归直线应注意以下两个问题：

一是绘制回归直线时，必须注意回归方程的定义域。对于直线方程 $\hat{y}=a+bx$，在确定自变量定义域时应依据建立该直线方程原始记录资料，其取值范围为原始记录最小值到最大值。如果需要向外延伸，则必须有新的试验证明。因此，所谓的回归直线，实际上是包括两个端点的一条线段，在绘制时，不可以任意延长。

二是回归直线必须通过点($\overline{x}$，$\overline{y}$)，利用这个特点，我们可以验证绘制的回归直线是否正确。

【任务实施】

1. 设定变量

在回归分析中，因为两个变量所处的主从地位不同，所以不能像相关分析时那样任意设定变量，要将处于主要地位，决定地位的变量设为自变量，而将处于从属地位的变量设为依变量。如果对相关变量进行回归分析，常将容易观测的变量设为自变量，而将不易观测的变量设为依变量。由题意分析，设四川白鹅雏鹅重为自变量 x，其 70 日龄重为依变量 y。

2. 设定回归方程

设四川白鹅 70 日龄重对雏鹅重的回归方程为：$\hat{y}=a+b_{yx}x$

3. 列回归系数计算表

因为原始资料的数值较大，将自变量 x 减去一个常数 100，依变量减去一个常数 2 720，即 $x'=x-100$，$y'=y-2\ 720$，见表 5-8。

表 5-8　四川白鹅 70 日龄重对雏鹅重回归系数计算表　　g

编号	雏鹅重 (x)	70 日龄重 (y)	x' $x-100$	y' $y-2\ 720$	$x'y'$	x'^2	y'^2
1	80	2 350	−20	−370	7 400	400	136 900
2	86	2 400	−14	−320	4 480	196	102 400
3	98	2 720	−2	0	0	4	0
4	90	2 500	−10	−220	2 200	100	48 400
5	120	3 150	20	430	8 600	400	184 900
6	102	2 680	2	−40	−80	4	1 600
7	95	2 630	−5	−90	450	25	8 100
8	83	2 400	−17	−320	5 440	289	102 400
9	113	3 080	13	360	4 680	169	129 600
10	105	2 920	5	200	1 000	25	40 000
11	110	2 960	10	240	2 400	100	57 600
12	100	2 860	0	140	0	0	19 600
合计	1 182	32 650	−18	10	36 570	1 712	831 500
平均数	98.50	2 720.83					

4. 计算回归系数，建立回归方程

每个观测值都减去一个常数，因此计算得出的 SS，SP_{xy} 均不变，故计算出的回归系数不需还原。

$$b_{yx}=b_{y'x'}=\frac{\sum x'y'-\frac{\sum x'\sum y'}{n}}{\sum x'^2-\frac{\left(\sum x'\right)^2}{n}}=\frac{36\ 570-\frac{(-18)\times 10}{12}}{1\ 712-\frac{(-18)^2}{12}}=\frac{36\ 585}{1\ 685}\approx 21.712\ 2$$

$a=\overline{y}-b\overline{x}=2\ 720.83-21.712\ 2\times 98.50=582.18$

所以四川白鹅 70 日龄重(y)对雏鹅重(x)的回归方程为：

$\hat{y}=582.18+21.712\ 2x$

该方程表示了四川白鹅的 70 日龄重对雏鹅重的回归关系。根据回归系数的意义可知，雏鹅重在 80～120 g 范围内，每增减 1 g，其 70 日龄重就在 582.18 g 的基础上平均增减 21.712 2 g。

5. 回归系数显著性检验

回归关系显著性检验——*F* 检验

由第四步得知：四川白鹅 70 日龄重(y)对雏鹅重(x)的回归方程为：

$\hat{y}=582.18+21.712\ 2x$，$\sum y'^2=831\ 500$，$\sum y'=10$，$SS_x=1\ 685$。

无效假设 H_0：四川白鹅 70 日龄重(y)与雏鹅重(x)不存在线性回归关系。

备择假设 H_A：四川白鹅 70 日龄重(y)与雏鹅重(x)存在线性回归关系。

四川白鹅 70 日龄重(y)对雏鹅重(x)的回归关系中，总的变异由回归因素与离回归因素构成。其各项平方和的计算如下：

$$SS_y = SS_{y'} = \sum y'^2 - \frac{\left(\sum y'\right)^2}{n} = 831\ 500 - \frac{10^2}{12} = 831\ 491.667$$

$$df_y = n - 1 = 12 - 1 = 11$$

$$SS_R = b^2 SS_x = 21.712\ 2^2 \times 1\ 685 = 794\ 342.075$$

$$df_R = 1$$

$$SS_e = SS_y - SS_R = 831\ 491.667 - 794\ 342.075 = 37\ 149.592$$

$$df_e = df_y - df_R = 11 - 1 = 10$$

$$S_R^2 = \frac{SS_R}{df_R} = \frac{794\ 342.075}{1} = 794\ 342.075$$

$$S_e^2 = \frac{SS_e}{df_e} = \frac{37\ 149.592}{10} = 3\ 714.959$$

$$F = \frac{S_R^2}{S_e^2} = \frac{794\ 342.075}{3\ 714.959} = 213.823$$

列方差分析表，见表 5-9。

表 5-9　四川白鹅 70 日龄重对雏鹅重回归关系方差分析表

变异原因	SS	df	S^2	F
回归	794 342.075	1	794 342.075	213.823**
离回归	37 149.592	10	3 714.959	
总变异	831 491.667	11		

根据 $df_R=1$ 和 $df_e=10$ 查 F 值表得，$F_{0.01(1,10)}=10.04$。$F>F_{0.01(1,10)}$，$P<0.01$，差异极显著，故四川白鹅 70 日龄重(y)对雏鹅重(x)存在极显著直线回归关系。

回归系数的显著性检验——t 检验

由前面计算得知：$SS_e=37\ 149.592$，$SS_x=1\ 685$，$b=21.712\ 2$。

(1)提出无效假设，$H_0:\beta=0$，$H_A:\beta\neq0$。

(2)计算 t 值。

$$S_b = \sqrt{\frac{SS_e}{(n-2)SS_x}} = \sqrt{\frac{37\ 149.592}{(12-2)\times\left[1\ 712-\frac{(-18)^2}{12}\right]}} = \sqrt{\frac{37\ 149.592}{10\times1\ 685}} = 1.485$$

$$t = \frac{b}{S_b} = \frac{21.712\ 2}{1.485} = 14.621$$

$$df = n-2 = 12-2 = 10$$

(3)进行统计推断。根据 $df=10$ 查 t 值表，查出 $t_{(0.01,10)}=3.169$，$|t|>t_{(0.01,10)}$，

$P<0.01$，差异极显著，故四川白鹅 70 日龄重（y）对雏鹅重（x）存在极显著的直线回归关系，其直线回归方程为：$\hat{y}=582.18+21.712\ 2x$。

通过对回归关系和回归系数的显著性检验，得到的检验结果是一致的，统计学上已经证明这两种检验方法是等价的。在实际工作中，可以任选一种使用。

6. 回归直线绘制

（1）查原始资料，找到自变量（x）的最小值和最大值。四川白鹅雏鹅重最小值 $x_1=80$ (g)，最大值 $x_5=120$ (g)。

（2）将自变量的两个极值分别代入直线回归方程，计算出其对应的依变量的估测值。

$\hat{y}_1=582.18+21.712\ 2x_1=582.18+21.712\ 2\times80=2\ 319.156$

$\hat{y}_5=582.18+21.712\ 2x_5=582.18+21.712\ 2\times120=3\ 187.64$

（3）建立直角坐标系。以自变量为横坐标轴，依变量为纵坐标轴。本例以雏鹅重为横坐标轴，每 5 g 作为一个坐标单位，确定到 125 g；以 70 日龄重为纵坐标轴，以 100 g 为一个坐标单位，确定到 3 200 g，见图 5-5。

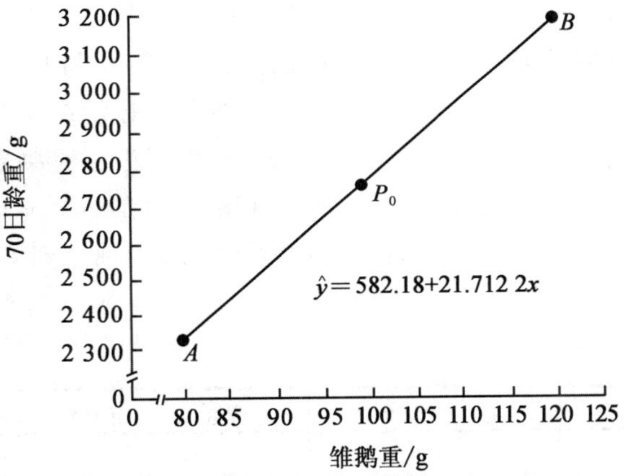

图 5-5　四川白鹅 70 日龄重对雏鹅重的回归直线图

（4）描点并绘制回归直线。先在已经建立的直角坐标系中描出（$x_{极小值}$，$\hat{y}_{极小值}$）和（$x_{极大值}$，$\hat{y}_{极大值}$）两个点，然后用线段将其连接起来，标明回归方程的数学表达式即可。本例在坐标系中分别找到点 A(80，2 319.156) 和点 B(120，3 187.64)，将其用线段连接起来，标明平均数对应的点 $P_0(\overline{x},\overline{y})$ 和回归方程 $\hat{y}=582.185+21.712\ 2x$（图 5-5）。

7. 利用 Excel 软件对该资料进行回归分析

打开分析工具列表的"回归"对话框，Y 值区域输入"B1：B13"，X 值区域输入"A1：A13"，选定标志和置信度，给出输出区域左上角单元格 C1，点击确定，结果见图 5-6。a 和 b 的 t 检验结果均达极显著水平（a：$t=3.95$，$P=0.003$；b：$t=14.62$，$P=447\times10^{-8}$）。回归方程为 $\hat{y}=582.185+21.712\ 2x$，回归直线的决定系数为 0.955 3。

	A	B	C	D	E	F	G	H	I
1	雏鹅重x	70日龄重y	SUMMARY OUTPUT						
2	80	2350							
3	86	2400	回归统计						
4	98	2720	Multiple R	0.9774041					
5	90	2500	R Square	0.95531877					
6	120	3150	Adjusted R Square	0.95085065					
7	102	2680	标准误差	60.9524957					
8	95	2630	观测值	12					
9	83	2400							
10	113	3080	方差分析						
11	105	2920		df	SS	MS	F	Significance F	
12	110	2960	回归分析	1	794339.6	794339.6	213.8076	4.46655E-08	
13	100	2860	残差	10	37152.07	3715.207			
14			总计	11	831491.7				
15									
16				Coefficients	标准误差	t Stat	P-value	Lower 95%	Upper 95%
17			Intercept	582.184965	147.3153	3.951965	0.002722	253.9459662	910.424
18			雏鹅重(x)	21.7121662	1.484881	14.62216	4.47E-08	18.40364597	25.02069

图 5-6　Excel 软件四川白鹅 70 日龄重对雏鹅重的回归分析结果

8. 利用 SPSS 软件对该资料进行回归分析

操作步骤:“分析”→“回归”→“线性”,进入线性回归对话框→将自变量【雏鹅重】选入“自变量”栏;将因变量【四川白鹅 70 日龄重】选入“因变量”栏;其余均为默认选项,点击“确定”,显示结果界面。图 5-7 显示模型摘要、模型的方差分析、回归系数表。模型的决定系数为 0.955。$F=213.808$,$P=0.000$,表明四川白鹅 70 日龄重与雏鹅重之间有显著的直线关系。回归截距 a 和回归系数 b 的 t 检验都达到了极显著水平,回归方程为 $\hat{y}=582.185+21.7122x$。

二维码 5-2
回归分析

模型摘要

模型	R	R 方	调整后 R 方	标准估算的错误
1	.977[a]	.955	.951	60.952

a. 预测变量:(常量), 雏鹅重

ANOVA[a]

模型		平方和	自由度	均方	F	显著性
1	回归	794339.599	1	794339.599	213.808	.000[b]
	残差	37152.067	10	3715.207		
	总计	831491.667	11			

a. 因变量:四川白鹅70日龄重
b. 预测变量:(常量), 雏鹅重

系数[a]

模型		未标准化系数		标准化系数	t	显著性
		B	标准错误	Beta		
1	(常量)	582.185	147.315		3.952	.003
	雏鹅重	21.712	1.485	.977	14.622	.000

a. 因变量:四川白鹅70日龄重

图 5-7　SPSS 软件四川白鹅 70 日龄重对雏鹅重的回归分析结果

【任务拓展】

虽然相关与回归都是研究和分析变量之间关系的方法，但是它们从不同的侧面分析了变量之间的联系，反映了变量间的特征与规律。两种分析方法既有显著的区别，又有内在的联系。在进行相关与回归分析和应用其分析结论时，我们既要利用它们之间的内在联系，又要注意它们之间的区别。

一、相关与回归的区别

1. 相关与回归的含义不同

相关是指变量间存在的非确定性关系，变量间的关系被看作是平等的，不需要区分自变量和依变量。它包括了变量间的平行关系和从属关系。例如绵羊的胸围与体重之间的关系，它们的关系是平等的，没有主从之分；而四川白鹅雏鹅重与 70 日龄重间的关系，则是从属关系。

回归仅是指相关关系中的从属关系。回归关系的变量间的作用是有方向，是单向，变量间的地位有主从关系。例如四川白鹅雏鹅重与 70 日龄重间的关系，雏鹅体重大小是其 70 日龄时体重大小的重要决定因素之一，而四川白鹅 70 日龄重就不能影响雏鹅重。

2. 相关与回归的分析目的及其方法不同

相关分析是通过对相关系数的计算研究变量间相互关系的性质及其密切程度。例如对绵羊的胸围与体重进行相关分析得到相关系数 $r=0.847\ 5^{**}>0.66$，所以绵羊的胸围与体重两变量间存在直线相关关系，且是强正相关。

回归分析是研究变量间的数量关系。将变量间关系用数学表达式描述，进而借助一个变量的数值估测另一个变量的数值，并且常通过作图法，直观地描述变量间的数量关系。例如对四川白鹅雏鹅重与 70 日龄重间的回归分析，我们通过回归分析建立了 70 日龄重(y)对雏鹅重(x)的直线回归方程 $\hat{y}=582.18+21.712\ 2x$，用该方程可以估测一定体重的四川白鹅雏鹅在其生长到 70 日龄时的体重，通过该方程也可绘制出四川白鹅 70 日龄重对雏鹅重的回归直线，直观地描述这两个变量间的数量关系。

3. 相关系数与回归系数的意义不同

相关系数 r 表示两个变量之间的相互关系，相关系数的绝对值大小表示变量间相关关系的密切程度强弱，其正负符号表示相关的性质。当相关系数为正值时，表示变量间的相关为正相关；当相关系数为负值时，表示变量间的相关为负相关。相关系数的取值范围是闭区间$[-1,1]$，当 $|r|=1$，变量间为完全相关。相关系数是个相对数，没有单位。

回归系数 b 表示变量间的数量关系，即回归系数表示当自变量(x)数量变化一个单位时，依变量平均变化的数量。回归系数还表示回归直线的倾斜方向。当 $b>0$ 时，回归直线是斜向上的；当 $b<0$ 时，回归直线是斜向下的；当 $b=0$ 时，直线与 x 轴平行。对于平行关系的两个变量，两个方向的回归系数的意义不同。例如：b_{yx} 代表变量 y 对变量 x 的回归系数，b_{xy} 代表变量 x 对变量 y 的回归系数，$b_{yx}\neq b_{xy}$，所以，在进行回归分析中一定要标明哪个变量对哪个变量的回归，回归系数是有单位的。

二、相关与回归的联系

1. 回归系数与两个变量标准差比值的乘积等于相关系数

$$r=b_{yx}\cdot\frac{S_x}{S_y} \tag{5-13}$$

$$r=b_{xy}\cdot\frac{S_y}{S_x} \tag{5-14}$$

证明如下：

$$b_{yx}\cdot\frac{S_x}{S_y}=\frac{SP_{xy}}{(\sqrt{SS_x})^2}\cdot\frac{\sqrt{\frac{SS_x}{n-1}}}{\sqrt{\frac{SS_y}{n-1}}}=\frac{SP_{xy}}{\sqrt{SS_xSS_y}}=r$$

同理可证：

$$b_{xy}\cdot\frac{S_y}{S_x}=r$$

2. 对于具有平行关系的两个变量，相关系数是两个反向回归系数的几何平均数

$$r=\sqrt{b_{yx}\cdot b_{xy}} \tag{5-15}$$

证明如下：

$$r=\frac{SP_{xy}}{\sqrt{SS_xSS_y}}=\sqrt{\frac{(SP_{xy})^2}{SS_x\cdot SS_y}}=\sqrt{\frac{SP_{xy}}{SS_x}\cdot\frac{SP_{xy}}{SS_y}}=\sqrt{b_{yx}\cdot b_{xy}}$$

3. 相关系数与回归系数的显著性检验结果是一致的

相关系数显著，回归系数一定显著(证明从略)，我们可以利用附表10(r 及 R 的显著数值表)，检验直线关系是否存在，不必进行回归系数和回归关系检验。

三、相关与回归的应用及注意事项

1. 相关与回归的应用

(1)进行间接估测。在生产实践中许多性状的指标非常重要，但又难以测量，需要用与其相关密切又容易测量的一些性状的指标来进行间接估测。例如：猪的瘦肉率在生产和育种中是非常重要的指标，而测量猪的瘦肉率必须进行精细的胴体分割才能测得，不但测量难度大，而且被测个体已被处死，如果是优秀个体，则其遗传基础将无法在群体中充分发挥。因此，在生产和育种上可以用与瘦肉率相关的其他性状指标，建立直线回归方程，对猪的瘦肉率进行间接估测。

(2)计算校正系数。在畜牧生产中为了家畜饲养管理的方便，常对不同日龄仔畜进行同期断奶。在进行断奶重比较时又必须将仔畜的体重校正到同一日龄，因此需要先根据仔畜

体重对日龄的直线回归方程计算校正系数，再用断奶日龄的实测体重与校正系数的乘积将实测体重校正到标准断奶日龄体重。

例如：羔羊体重(y)对日龄(x)的直线回归方程为 $\hat{y}=9.99+0.161x$，羔羊的标准断奶日龄为 120 日龄，在进行同期断奶时有一只 110 日龄的羔羊其实测体重为 27.5 kg，将其体重校正为标准断奶日龄(120 日龄)体重的方法如下：

第一步　计算校正系数。

$$某日龄的校正系数=\frac{标准断奶日龄体重估测值\ \hat{y}}{实际断奶日龄体重估测值\ \hat{y}}$$

$$\hat{y}_{(120)}=9.99+0.161\times120=29.31$$

$$\hat{y}_{(110)}=9.99+0.161\times110=27.70$$

$$110\ 日龄羔羊的校正系数=\frac{\hat{y}_{(120)}}{\hat{y}_{(110)}}=\frac{29.31}{27.70}=1.058$$

第二步　将 110 日龄体重校正到标准断奶日龄(120 日龄)体重。

$$\begin{aligned}标准断乳日龄体重&=110\ 日龄实测体重\times110\ 日龄羔羊的校正系数\\&=27.5\times1.058=29.1\ (\mathrm{kg})\end{aligned}$$

(3)进行资料补遗。在生产、科研和调查中经常遇到动物死亡、数据漏记等问题而导致资料缺失，这时可以应用变量间的相关与回归关系，估算出缺失的数据，补充到资料中，以方便资料的统计分析。

2.应用相关与回归的注意事项

(1)应用相关与回归要与专业知识相结合。直线相关与回归分析毕竟是处理变量间关系的数学方法，在将这些方法应用于畜牧生产与科研时要充分考虑到家畜本身生物学特性，必须与相应的专业知识相结合，并且还要到生产实践中去检验。

(2)在进行相关回归分析时，除分析变量外，其余变量尽量保持一致。自然界各种事物间是相互联系和相互制约的，一个变量的变化通常会受到许多变量的影响，因此，在研究变量间关系时，要求其余变量应尽量保持在同一水平，否则相关与回归分析可能会导致完全虚假的结果。例如研究人的身高和胸围之间的关系，如果体重固定，身高越高的人，胸围越小，但当体重在变化时，其结果也就会变化。

(3)样本容量要尽可能大。在进行直线相关与回归分析时，两个变量的观测值应尽可能多一些(观测值一般至少有 6 对以上)，这样可提高分析的精确性。同时变量 x 的取值范围要尽可能大一些，这样才容易发现两个变量间的变化关系。

(4)注意变量的取值范围，外推要谨慎。直线相关与回归分析一般是对一定取值范围内的两个变量间关系进行描述，超出这个范围，变量间关系类型可能会发生改变，所以回归预测必须限制在自变量 x 的取值范围以内，外推要谨慎，以免得出错误的结果。

【任务评价】

任务评价内容与考核得分

评价环节	评价内容	分值	得分
任务相关知识	掌握直线回归方程 $\hat{y}=a+bx$ 中各个符号的统计含义	5	
	掌握回归系数的概念及其计算方法	5	
	学会计算回归系数并检验其显著性	5	
任务实施	熟悉回归方程的建立步骤	10	
	对给定资料1，会建立回归方程，计算回归系数并检验其显著性	40	
计算机统计分析	采用 Excel 软件数据分析对给定资料1计算回归系数，建立直线回归方程，并对回归关系进行显著性检验	15	
	采用 SPSS 软件数据分析对给定资料1计算回归系数，建立直线回归方程，并对回归关系进行显著性检验	15	
任务拓展	正确理解相关与回归的区别，相关与回归的联系；应用相关与回归知识在解决生产、科研实际工作中注意的事项	5	
总体评价		100	

资料1

给马注射不同剂量的50% $NaHCO_3$，测定注射前后马的血清中 CO_2-CP 含量差值结果如下表，试以注射前后马的血清中 CO_2-CP 含量为自变量，以50% $NaHCO_3$ 的注射剂量为依变量进行回归分析，并对回归关系和回归系数进行显著性检验。（答案：回归方程 $\hat{y}=159.7667+102.4986x$；回归关系检验 $P<0.01$，差异极显著；回归系数检验 $P<0.01$，差异极显著）

注射不同剂量的50% $NaHCO_3$，前后马的血清中 CO_2-CP 含量差值结果

项目	马编号									
	1	2	3	4	5	6	7	8	9	10
注射剂量/mL	500	500	1 000	1 000	1 500	1 500	2 000	2 000	2 000	2 000
CO_2-CP 差值/%	4.5	3.4	8.4	7.8	16.8	12.9	16.8	14.6	19.6	16.2

任务三　曲线相关与回归

在生产实践中，常遇到两个变量之间不是直线相关与回归关系，而是曲线关系，如育肥猪日增重与日龄的关系，奶牛日泌乳量与泌乳天数的关系，细菌数量增长与培养时间的关系，等等。在解决这些问题时，用直线相关与回归的分析方法显然是不行的，必须用曲线回归分析的方法。曲线回归分析是将两个变量的实际观测值绘制成散点图，根据散点的分布趋势，配合已知的函数曲线，从而确定两个变量的数量关系。

【任务描述】

某防治站重复治疗钩虫病的次数与复查阳性率资料见表 5-10，试对其进行相关与回归分析。

表 5-10　重复治疗钩虫病的次数与复查阳性率

重复治疗次数/次	1	2	3	4	5	6	7	8
阳性率/%	63.9	36.0	17.1	10.5	7.3	4.5	2.8	1.7

【任务相关知识】

一、曲线相关与回归分析的基本步骤

1. 确定两个变量的函数类型

在进行曲线相关与回归分析时，首先要确定两个变量之间存在什么类型的函数关系。确定两个变量的函数类型有两种方法。

第一种方法是绘图法，将两个变量的实际测量值在坐标纸上绘制成散点图，然后仔细观察散点图最接近哪种已知函数曲线形状。在生产实践中，常见的能直线化的函数及其函数曲线见图 5-8 至图 5-12。

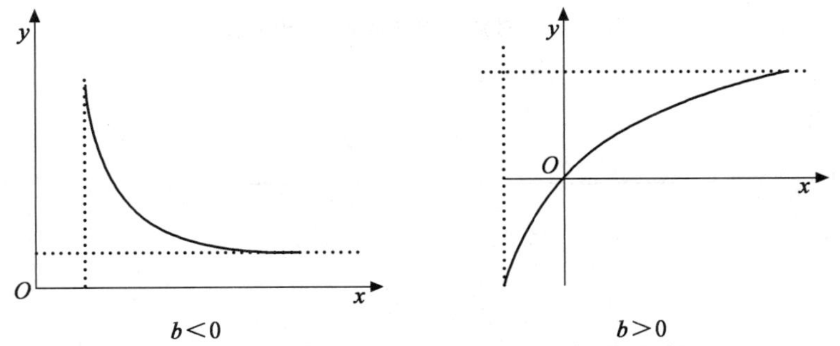

图 5-8　双曲线 $1/y=a+b/x$

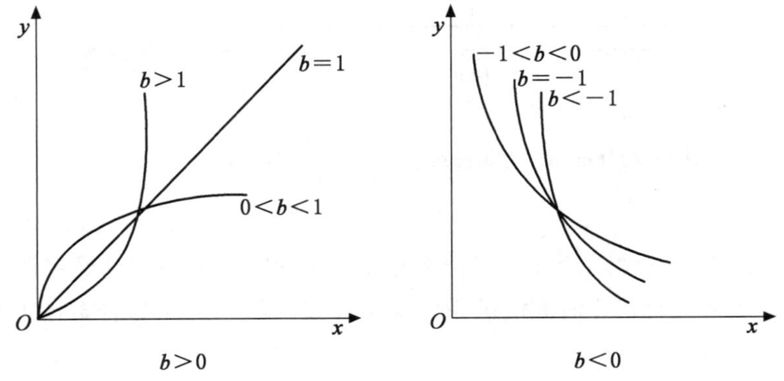

图 5-9　幂函数曲线 $y=ax^b\ (a>0)$

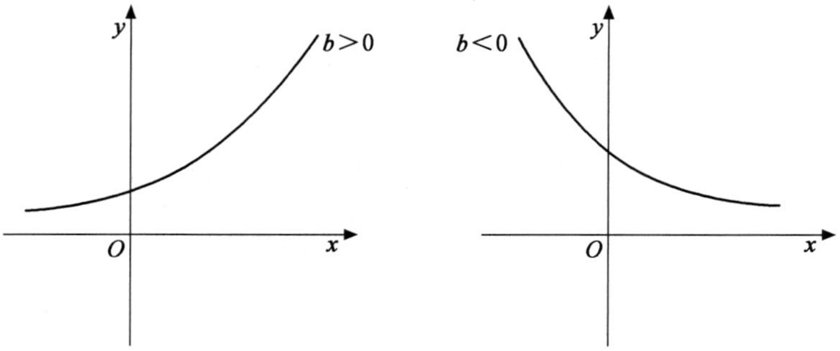

图 5-10 指数函数曲线 $y=ae^{bx}\ (a>0)$

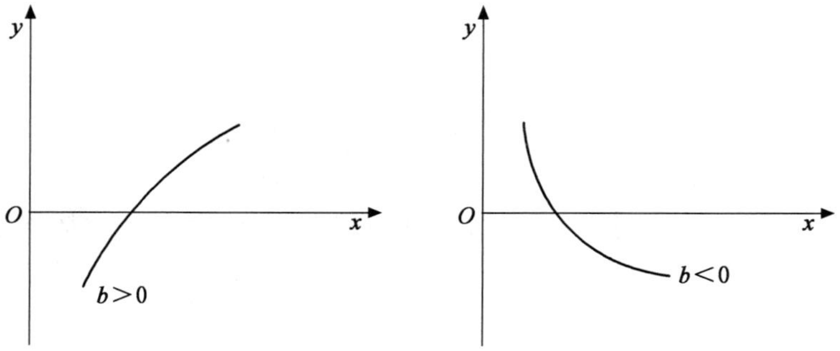

图 5-11 对数函数曲线 $y=a+b\lg x$

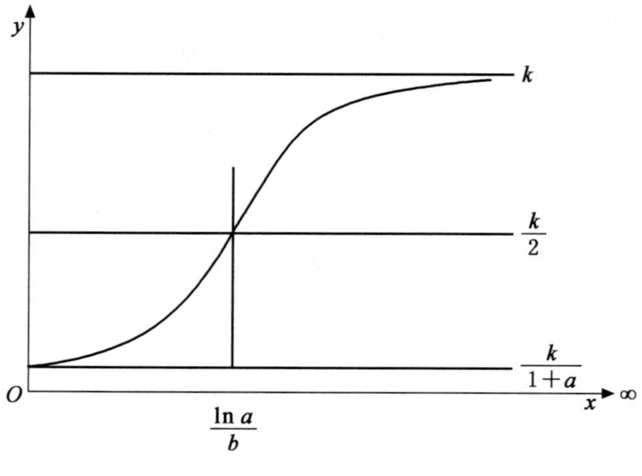

图 5-12 Logistic 生长曲线 $y=\dfrac{k}{1+ae^{-bx}}\ (k>0, a>0, b>0)$

第二种方法是根据数学理论知识结合本专业特点和前人试验结论确定两个变量的函数类型。如细菌数量增长与培养时间的关系已知是指数函数 $y=ae^{bx}$，仔畜体重与日龄的关系是生长曲线 $y=\dfrac{k}{1+ae^{-bx}}$ 等。

在配合函数曲线时注意下面几个问题：

(1)要仔细观察散点分布趋势，看散点与哪种函数曲线最接近，选择最接近的函数曲线。

(2)在选择函数曲线时，一定要选择能直线化的函数曲线。

(3)在给函数曲线设定函数表达式时，要充分考虑到直线化后的直线方程以及直线方程还原成曲线方程的方便，同时也要使计算尽可能简便，不能只考虑曲线方程的简便。否则将无法建立直线化后的直线方程。例如，将幂函数简单地设定为 $y=x^b$，则将其两边取对数为：$\lg y=b\lg x$，在设直线方程时就缺常数项 a，无法建立直线方程。如果将幂函数设定为 $y=ax^b$，则两边取对数得 $\lg y=\lg a+b\lg x$（或 $\ln y=\ln a+\ln x$）就能够建立直线方程了。

2. 将曲线直线化

将选定的函数做合理的数学变形，重新设定变量，通过新的变量把曲线方程转化为直线回归方程的形式。将曲线直线化的方法有两种。

第一种方法是直接引入新的变量。例如：对数函数曲线方程：$y=a+b\lg x$，令 $x'=\lg x$，则 $\hat{y}'=a+bx'$。

第二种方法是经过一定的数学变换后，再引入新变量。例如指数函数 $y=ae^{bx}$ 直线化的方法是：将等式两端同时取自然对数，$\ln y=\ln a+bx$ 令 $\hat{y}'=\ln y$ 和 $a'=\ln a$ 则 $\hat{y}'=a'+bx$。

3. 对曲线直线化后的变量进行相关与回归分析

将曲线直线化以后，用直线相关与回归分析的方法对新方程进行相关与回归分析。

4. 将变量还原，建立曲线回归方程

根据变量转化时的数学关系式和直线回归方程，再将其还原为曲线回归方程。

二、曲线配合的拟合度测定

根据实际观测值的散点分布趋势配合的曲线与实测值吻合的程度称为拟合度，它反映了曲线上的点与实际观测点的误差大小。拟合度越高，曲线上的点与实际观测值误差越小，反之，误差就越大。拟合度越高说明我们给实际观测值配合的曲线越好。

前面讨论过，离回归平方和 $\sum(y-\hat{y})^2$ 反映了回归以外因素引起的变异大小。离回归平方和 $\sum(y-\hat{y})^2$ 与总平方和 $\sum(y-\bar{y})^2$ 的比值越小，说明估测值与实际观测值越接近，曲线配合得越好，反之曲线配合得就差。令：

$$R^2=1-\frac{\sum(y-\hat{y})^2}{\sum(y-\bar{y})^2} \tag{5-16}$$

式中：R^2 被称为相关指数，它表示了曲线的拟合度的高低，R^2 越接近 1，离回归平方和 $\sum(y-\hat{y})^2$ 与总平方和 $\sum(y-\bar{y})^2$ 的比值就越小，曲线的拟合度也就越高。

【任务实施】

第一步　设定变量。设重复治疗次数为 x，复查阳性率为 y。

第二步　在坐标纸上做出治疗次数(x)与复查阳性率(y)散点图，见图 5-13。

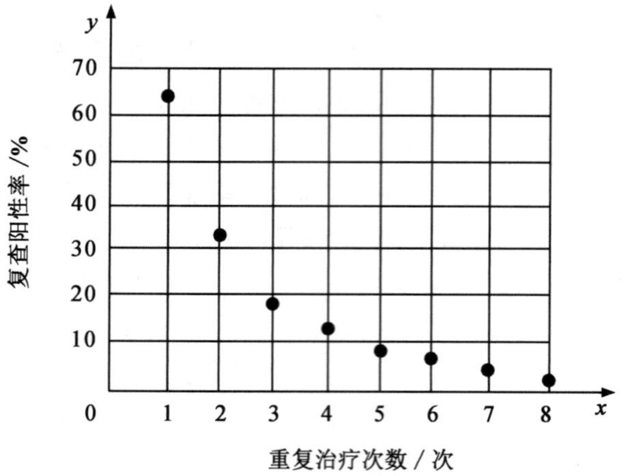

图 5-13 重复治疗钩虫病次数(x)与复查阳性率(y)散点图

第三步 观察散点图中散点分布趋势,给散点图配合函数曲线。观察图 5-13,其呈指数函数曲线,所以给其配合指数函数方程。按照上述配合曲线要求,设复查阳性率(y)对重复治疗钩虫病次数(x)的曲线回归方程为:$\hat{y}=10^{a+bx}$。

第四步 曲线方程直线化。将方程两端同时取常用对数得:$\lg\hat{y}=a+bx$,令 $\hat{y}'=\lg\hat{y}$,则直线化后的方程为:$\hat{y}'=a+bx$。

第五步 列相关与回归计算表(表 5-11)。

表 5-11 复查阳性率(y)对重复治疗钩虫病次数(x)相关与回归系数计算表

重复治疗次数(x)/次	复查阳性率(y)/%	$y'=\lg y$	x^2	y'^2	xy'
1	63.9	1.805 50	1	3.259 83	1.805 50
2	36.0	1.556 30	4	2.422 07	3.112 60
3	17.1	1.233 00	9	1.520 29	3.699 00
4	10.5	1.021 19	16	1.042 83	4.084 76
5	7.3	0.863 32	25	0.745 32	4.316 60
6	4.5	0.653 21	36	0.426 68	3.919 26
7	2.8	0.447 16	49	0.199 95	3.130 12
8	1.7	0.230 45	64	0.053 11	1.843 60
合计	143.8	7.810 13	204	9.670 08	25.911 44

第六步 计算直线相关系数,建立直线回归方程。

计算直线相关系数。

$$r=\frac{\sum xy'-\frac{\sum x\sum y'}{n}}{\sqrt{\left[\sum x^2-\frac{\left(\sum x\right)^2}{n}\right]\left[\sum y'^2-\frac{\left(\sum y'\right)^2}{n}\right]}}$$

$$=\frac{25.911\ 44-\frac{36\times 7.810\ 13}{8}}{\sqrt{\left(204-\frac{36^2}{8}\right)\left(9.670\ 08-\frac{7.810\ 13^2}{8}\right)}}$$

$$=\frac{-9.234\ 15}{\sqrt{42\times 2.045\ 31}}$$

$$\approx -0.996\ 3$$

根据自由度 $df=n-2=8-2=6$ 查附表 10(r 及 R 的显著数值表)得:$r_{(0.01,6)}=0.834$,$|r|>r_{(0.01,6)}$,$P<0.01$,差异极显著。复查阳性率(y)的常用对数($\lg y$)与重复治疗钩虫病次数(x)之间存在较强的负直线相关。

建立复查阳性率(y)的常用对数($\lg y$)对重复治疗钩虫病次数(x)的直线回归方程。

设复查阳性率(y)的常用对数($\lg y$)对重复治疗钩虫病次数(x)的直线回归方程为:

$$\hat{y}'=a+bx$$

$$b=\frac{SP_{xy'}}{SS_x}=\frac{25.911\ 44-\frac{36\times 7.810\ 13}{8}}{204-\frac{36^2}{8}}=\frac{-9.234\ 15}{42}\approx -0.219\ 86$$

$$a=\bar{y}'-b\bar{x}=7.810\ 13\div 8-(-0.219\ 86)\times 36\div 8=1.965\ 64$$

复查阳性率(y)的常用对数($\lg y$)对重复治疗钩虫病次数(x)的直线回归方程为:

$$\hat{y}'=1.965\ 64-0.219\ 86x$$

第七步　将直线回归方程还原为曲线方程,并绘制该曲线。将直线回归方程两端同时取反对数得:$\hat{y}=10^{1.965\ 4-0.219\ 86x}$,这就是我们建立的复查阳性率($y$)对重复治疗钩虫病次数($x$)的曲线回归方程。将重复治疗钩虫病次数($x$)实际观测值代入曲线方程计算出对应的复查阳性率估测值($\hat{y}$),见表 5-12。

表 5-12　重复治疗钩虫病的次数与复查阳性率估测值

重复治疗次数(x)/次	1	2	3	4	5	6	7	8
阳性率估测值($\hat{y}$)/%	55.69	33.55	20.22	12.12	7.35	4.43	2.67	1.61

在坐标纸上找到相应的点,用平滑的曲线连接起来。这条曲线就是复查阳性率(y)对重复治疗钩虫病次数(x)的回归曲线,见图 5-14。

第八步　曲线配合的拟合度测定。

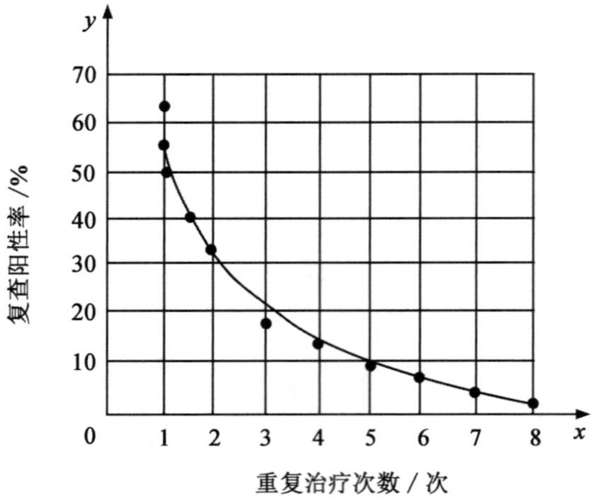

图 5-14　复查阳性率(y)对重复治疗钩虫病次数(x)的回归曲线

1.列相关指数计算表(表 5-13)

表 5-13　复查阳性率(y)对重复治疗钩虫病次数(x)相关指数计算表

重复治疗次数(x)/次	阳性率(y)/%	y^2	$\hat{y}$	$y-\hat{y}$	$(y-\hat{y})^2$
1	63.9	4 083.21	55.69	8.21	67.404 0
2	36.0	1 296.00	33.55	2.45	6.002 5
3	17.1	292.41	20.22	−3.12	9.734 4
4	10.5	110.25	12.12	−1.62	2.624 4
5	7.3	53.29	7.35	−0.05	0.002 5
6	4.5	20.25	4.43	0.07	0.004 9
7	2.8	7.84	2.67	0.13	0.016 9
8	1.7	2.89	1.61	0.09	0.008 1
合计	143.8	5 866.14	—	—	85.797 7

2.计算相关指数

$$R^2=1-\frac{\sum(y-\hat{y})^2}{\sum(y-\bar{y})^2}=1-\frac{85.797\,7}{5\,866.14-\dfrac{143.8^2}{8}}=1-\frac{85.797\,7}{3\,281.335}=0.974$$

3.测定结论

因为相关指数 $R^2=0.974$,非常接近 1,所以配合的曲线 $\hat{y}=10^{1.965\,4-0.219\,86x}$ 与实际观测值的拟合度非常高。

在实际工作中,常遇到实际观测值的散点图的分布趋势不是很明显像一种曲线形状,可能与两种或两种以上曲线形状相似。在遇到这样问题时,应配合几条曲线,然后测定各个曲线的拟合度,选择相关指数最接近 1 的一条曲线。

【任务评价】

任务评价内容与考核得分

评价环节	评 价 内 容	分值	得分
任务相关知识	了解曲线相关与回归的基本概念	25	
	了解曲线相关与回归分析的基本步骤	25	
	了解曲线配合的拟合度测定方法	25	
任务实施	了解曲线回归方程的建立步骤	25	
总体评价		100	

项目六
试验设计

知识目标

1. 了解生物类科学试验的目的和作用。
2. 熟悉常用生物类试验设计的类型。

技能目标

1. 能正确应用试验设计方法进行生物类科学试验的具体设计。
2. 熟练掌握四种最常用生物类试验资料的统计分析方法。
3. 理解样本容量估计的基础内容和基本应用。

在生物类科学试验或相关的调查中，通过对一些现象的观察和相关的试验，将获得一系列数据，最终用数据及相关的分析来反映这些现象的变化规律而得出结论。为使所获得的数据能准确、客观、全面地反映事物的真实规律，在进行试验或调查之前，对整个试验或调查过程应做一个全面安排，这个安排就是统计学意义上的试验设计。试验设计是试验过程的依据，也是试验数据处理的前提，更是提高科研成果质量的重要保证。或者说，试验设计是生物类试验与调查工作中不可缺少的重要环节，而合理的、科学的试验设计能促使试验或调查达到事半功倍的效果。

本项目将介绍常用生物类试验设计方法及其数据分析等有关内容。

任务一　完全随机设计

【任务描述】

现有同品种、同性别、同年龄、体重相近的健康仔猪 20 头，试用完全随机的方法将其分为甲、乙 2 组。

【任务相关知识】

一、试验设计的意义

试验设计，广义理解是指在科研工作未进行前，对整个试验研究课题的设计，也就是对整个试验计划的拟定。而狭义的理解是指试验单位（如动物试验的畜、禽）的选取、重复数目的确定及试验单位的分组。生物统计中的试验设计主要指狭义的试验设计。

试验研究工作通常可分为三个阶段：第一阶段是收集资料并拟定出一个合理的设计方案；第二阶段是实施这个设计方案；第三阶段是对试验结果（也即对所得数据）进行分析并做出结论。结论的正确与否，主要取决于所得数据是否可靠、全面。

试验设计就是为准确收集数据提供最佳方案，它是整个试验的基础，好比是建造高楼大厦的“地基”，它是科学性与严谨性的“见证”，是生物类科研工作的“灵魂”，也是科学研究工作成败的关键环节，决定着能否从试验中得出有价值的结论。

一个周密而完善的试验设计，要合理地安排各种试验因素，严格地控制试验误差，从而用尽可能少的人力、物力和时间，最大限度地获得丰富而可靠的信息，并能明确回答所提出的问题。反之，如果试验设计存在缺陷，就可能造成浪费，而且所得数据资料将缺乏正确性，不能为我们提出的问题提供合理的答案，或者因得到的数据代表性不强，精确度不高，不能辨别重要差异，达不到用样本推断总体的目的，导致整个试验的失败，进而造成生产损失。

这就要求研究者对试验设计要给予充分的重视，必须对试验进行精心设计，通过设计做到控制风险和减小试验误差，并估计出试验误差。也就是说，要控制好影响试验结果的非试验因素，从而最大限度地突出试验的处理效应。

二、生物类试验的任务与要求

（一）任务

概括地讲，生物类试验的任务就是研究、揭示和掌握动物生长发育规律以及这些规律与饲养管理、环境条件等的关系，通过科学试验可培育新品种、创造新的技术措施，从而广泛地应用于生产实践，起到指导生产的作用。

具体地讲，生物类生物试验的基本任务是：

（1）认识生物生长发育与遗传和内外环境的关系及规律，推动生物科学发展。

（2）鉴定不同品种、饲料、药物及饲养技术和动物医学防治技术在特定条件下的效果或不同杂交组合对某种环境、饲料的反应等。

（3）验证科研成果和生产经验，以便正确地进行推广，从而快速提高畜产品的数量和质量。

（4）解决生物生产中存在的相关问题，改进畜牧生产和兽医防治技术，提高生产效率和经济效益。

（二）要求

多数情况下，生物试验对象是动物，且除小部分可在严格控制的试验条件下进行外，大部分是要在试验条件难以严格控制的外界环境中进行的。因此，生物试验的结果除有试验处理的作用外，还要受到许多其他非试验因素的影响，如实验动物本身存在的差异，这种差异是试验中误差的重要来源，因为在试验中很难选择到品种、性别、年龄、体重和遗传性几乎完全相同的实验动物进行分组试验，尤其是单胎动物。另外，饲养条件、试验时间及试验人员的技术操作、试验指标测定、环境条件等很难做到完全一致。由于这些问题的存在，为了保证试验的质量，尽可能地控制非试验因素的干扰，从而提高试验的可靠程度，使试验结果在生产实际中真正发挥作用，在进行试验时，就必须符合以下三个要求：

1. 试验的正确性

生物试验的正确性是指试验结果的可靠性有多大，其具体含义包括准确性、精确性和合理性三个方面。

试验的准确性，是指观测值与真值的接近程度，说明观察值对于真值的代表性。

试验的精确性，是指同一试验重复观察值彼此间的接近程度，说明了观察值间的变异程度，可用试验中误差的大小来衡量。准确性和精确性一般难以估计，只有在进行试验的过程中，严格执行各项试验要求，将非试验因素的干扰控制在最低水平，才能提高试验的准确性和精确性。

试验的合理性，是指根据试验结果所得出的结论与试验要求解决的问题要相适应。例如，利用人工乳进行犊牛早期断奶试验时，配制人工乳的原料要切合当地实际，且具有促进犊牛瘤胃发育的作用，配成的人工乳价格也应低于牛乳价格。如果人工乳配制不符合上述要求，那么，就可以认为该试验是不合理的。

2. 试验的代表性

试验的代表性有两个方面的含义。一是实验动物本身要具有代表性，也就是说参试动物要能代表其所在的总体，并且要有足够的数量。例如，在进行品种的比较试验中，不能选择性状特殊的个体，而且根据个体均匀程度，在保证试验结果具有一定可靠性的条件下，确定适当的动物头数。二是试验条件要有代表性，它是指试验条件应能代表将来准备采用这种试验结果的地区的自然条件和生产条件，如气候、饲料、饲养管理水平及设备等，这对今后推广试验结果具有重要的意义。在考虑条件的代表性时，还要用发展的眼光看试验条件的代表性，使试验结果既能符合当前的需要，而又不落后于生产发展的要求。

3. 试验的重演性

重演性是指在相同条件下，重复进行相同试验能得到相同或基本相同的结果。换言之，试验结论能经得起实践的考验。试验的目的在于能在生产实践中推广试验结果，如果一个品种、一种饲料或一个新的技术措施在试验中表现出了良好的效果，但在具体生产上却表现不出来，那么试验就失去了意义。生物试验的对象大多是动物，往往受到复杂的自然条件的影响，要使试验具有重演性，必须严格选择供试畜禽，控制好试验过程中各个环节，在有条件的情况下，进行多年或多点试验，保证试验结果的正确性，这样的试验才有较好的重演性。

三、生物试验的类型

生物类试验通常分为调查研究和科学试验两类。

1. 调查研究

调查研究是对已有的事实通过各种方式进行了解，然后用统计方法对所得数据进行分析，从而找出其中的规律。调查研究可分为全面调查和抽样调查两种，全面调查就是对总体的每一个个体逐一调查，其涉及的范围广、时间长、工作量大，因而需耗费大量的人力、物力和时间。

抽样调查是指在全体调查对象中，通过某种方法抽取部分的有代表性的对象做调查，通过对样本的统计分析来推断总体。在进行抽样调查时，必须详细列出调查提纲，明确调查目的、调查要求、调查项目及调查范围等。同时，为便于以后进行统计分析，还需要选择好抽样方法，确定好样本容量。

2. 科学试验

生物类科学试验是通过一定数量的有代表性的实验动物，在一定的试验条件下进行的带有探索性的研究工作，如畜牧方面的品种对比试验、饲养试验、育肥试验、测定繁殖力及杂交组合试验，兽医方面的免疫试验、药物试验、驱虫试验等。

科学试验按其研究的因素多少可分为单因素试验和多因素试验两种。

单因素试验是指一次试验只研究一个试验因素的若干处理对试验指标的影响的试验。优点是设计简单，目的明确，试验结果容易统计分析，便于阐明所研究因素的简单效应，在探索试验因素的最适宜水平时，最好采用单因素试验。

多因素试验是指在一次试验中同时研究两个或两个以上因素在不同水平条件下对试验指标影响的试验。其优点是不仅能比较出各因素的单独效应，而且还能进一步分析出各因素之间的交互作用，可充分利用试验信息，使试验较全面而完整地反映出事物的规律。但试验时并非因素越多越好，因素数越多，试验就越庞大，非试验因素越难控制，试验结果的分析也越复杂，一般以不超过三个因素为好。

按试验期的长短，试验可分一年试验和多年试验。一般根据不同需要和可能，试验只进行一年的称一年试验，重复或连续进行几年的称多年试验。此外，试验还可根据试验点的多少分为单点试验和多点试验，试验只在一个地点进行的称单点试验，相同试验同时在几个点进行的称多点试验。多点试验可消除单点试验的局限性，能及早肯定试验成果的适用范围，提高试验的代表性和正确性，有利于加速其成果推广。

四、试验计划的拟定

试验开始前，必须详细地拟定出一份科学、全面的试验计划，确定试验目的、要求及整个试验的进程，以便使该项研究工作能够顺利开展，从而保证试验能有条不紊地顺利进行。一个完整的试验计划，应包括以下几个方面的内容：

1. 试验课题与试验目的

试验课题的选择是整个研究工作的第一步，研究者要依据当前生产中存在的问题或相关部门指定科研项目提出的研究任务等确定研究的试验课题，并且要明确研究的最终目的，即预期效果。

2. 试验研究依据及内容

课题确定后，要收集有关资料，包括类似课题在国内外的研究现状、试验规模、发展趋势等，以便阐明本课题的研究价值和现实意义，提出本试验研究的可行性和必要性，为试验提出理论依据，并详细说明项目具体的研究内容和重点解决的问题。

3. 试验方案及试验设计方法

试验方案主要包括研究的因素、水平的确定及安排等，是全部试验工作的核心部分，在试验中具有承上启下的重要作用。

方案确定后，结合试验条件选择合适的试验设计方法，是完全随机设计还是随机区组设计等。

4. 确定实验动物的数量及要求

实验动物选择正确与否，直接关系到试验实施的难易程度、试验结果的正确性以及别人对试验新颖性和创新性的评价，因此要根据试验观察的目的和试验方案的要求，明确规定采用什么样的试验对象以及试验对象中的每个试验单位必须具备的条件与要求，以保证受试对象的一致性，并根据特定的设计类型估计出较为合适的实验动物数量，数量过多或过少都不合适。

5. 拟定观察项目和记录表格

为了收集分析结果需要的各个方面资料，要根据研究目的和任务，选择对说明试验结论最有意义，并具有一定特异性、灵敏性、客观性的观察项目。必要的项目不可遗漏，数据资料应当完整无缺；而无关紧要的项目就不必设立，以免耗费人力物力，拖延整个试验的时间，尔后，要按照观察项目之间的逻辑关系与顺序，编制成便于填写和统计的记录表格，以便随时记录试验过程中获得的数据资料。同一项目的度量衡单位必须统一符号，应有明确的定义。

6. 拟定对资料整理分析的预案

试验结束后，对各阶段所取得的资料要进行整理与分析，要根据试验设计方法和试验的要求与目的，明确试验结果应采用的统计分析方法。也就是对将获得的数据资料准备如何进行整理？要计算哪些统计量？用什么统计分析方法？事先必须有个初步的设想。例如：对计数资料，是计算率还是百分比？若是计算率，分子是什么？分母是什么？各组同一项目的某个率或百分比如何进行比较？又如对计量资料，是计算算术平均数、几何平均数还是中位数？同一项目各均数间应采用什么方法做比较？切忌试验设计时不认真考虑，试验过后拿数字去找统计方法。

7. 试验所需条件

包括整个试验所需的仪器设备、饲料、药品及经费等，都要提前计划并保证，以免中途更换影响试验结果。

8. 研究人员分工

一般分为主持人（主研人）、参加人等。在有条件的情况下，应以职称、学历较高，组织管理能力强，专业实践经验丰富的人员担任主持人或主研人。

9. 试验的时间、地点及工作人员

为了使整个试验条件相对稳定，减少非试验因素对试验结果的影响，对试验时间、地点要合理安排，工作人员要求固定，并参加一定培训。同时，对饲喂方式、称重时间、称重方法等都要有明确的规定，以保证试验正常进行。

10. 试验成果鉴定与撰写学术论文

这是整个研究工作的最后阶段，凡属行政部门管理的课题应及时召开鉴定会议，由同行专家做出评价。个人选择课题可以撰写学术论文发表自己的研究成果，根据试验结果做出理论分析。

以上是试验计划的基本内容，不同的课题可酌情变动，必要时，还可写入整个试验过程的具体要求等。

五、试验方案的拟定

试验方案是指试验中根据试验目的和要求而拟定的进行比较的一组试验处理的总称。试验方案是整个试验的主体，它的正确与否，是试验成败的关键，须周密考虑、慎重拟定。起草试验方案时，要考虑确定研究哪些因素，每个因素设多少水平，确定怎样的水平距离，对因素和水平如何配置，怎样处理误差以及采用何种方法检验均数间的差异等。方案既要包括试验所要比较的全部处理，正确选择处理水平，又要防止试验过于复杂庞大，造成分析困难。否则，试验将得不出应有的效果。

为拟定一个正确合理并切实可行的试验方案，应考虑以下几个问题：

1. 确定试验单位

所谓试验单位，是指在试验中能够施以不同处理的最小试验单位。试验一般有群饲和单饲两种，群饲时一群只能作为一个试验单位，因为在同一群内不能施以不同处理，单饲时则一头可为一个试验单位。

试验时要按照试验的任务、要求、目的和具体情况，考虑采用单饲还是群饲。小家畜的试验多为群饲，群饲时，对试验指标的测定还是以个体为单位。

2. 根据研究目的合理确定试验因素

试验研究的目的不同，对试验的要求也不同，所有影响试验指标的条件都称为影响因素。影响因素有客观与主观，主要与次要因素之分。我们把研究者希望通过试验设计，科学地考察其作用大小的影响因素称为试验因素(如药物的种类、剂量、浓度、作用时间等)；对评价试验因素作用大小有一定干扰性且研究者并不想考察的因素称为非试验因素(如动物的窝别、体重等)；其他未加控制的许多因素的综合作用统称为试验误差。选择试验因素时，在影响试验指标的诸多因素中，首先应挑选对试验指标影响较大的关键因素进行研究，找到规律后，再进行其他因素的研究。如研究某种微量元素对家畜生长的影响，在不了解该微量元素有无促生长作用或有无毒副作用的情况下，我们应先将微量元素作为主要试验因素，而把喂量、畜种等放在次要地位。这样就应先进行喂和不喂该微量元素的单因素试验，当明确了对家畜生长有促进作用的结论后，再研究不同喂量对不同畜种的效果，这就需要设计一个两因素多水平的试验方案。

若在整个试验过程中影响试验指标的因素很多，就必须结合专业知识，对众多的因素做全面分析，必要时做一些预试验，筛选试验因素并确定取哪些水平较合适，以便选用合适的试验设计方法妥善安排这些因素。应该注意，一个试验中研究的因素不宜过多，否则，处理数太多，试验干扰因素难以控制。总的来说，根据试验任务和目的，凡是能用简单方案的试验，绝不用复杂方案，而在必须利用复杂方案时，要注意尽量简略。

3.因素的处理水平要恰当

设计试验时，应按照不同课题的研究目的、因素的特点和被试畜禽的反应能力来确定各因素水平，要力求明确、差别适当，以使处理间的效应容易表现出来。

水平的数目要恰当，水平间的差异也要合理，水平间距离过大过小均不利于反映处理间效应。水平选取的过于密集，试验次数就会增多，许多相邻的水平对结果的影响十分接近，不仅不利于研究目的的实现，而且将会浪费人力、物力和时间；反之，若水平间距过大，又容易漏掉一些好的信息使该因素的不同水平对结果的影响规律不能真实地反映出来，容易得出错误的结论。比如添加剂、抗生素、微量元素等，实验动物对这些物质反应敏感，对试验指标影响较大。因此，水平间距离不宜过大；而能量、蛋白质等则需要有较大差异才能反映出效果，所以水平距离可适当大些，有利于分析。在缺乏经验的前提下，应进行必要的预试验或借助他人的经验，选取较为合适的若干个水平，千万不能不顾客观条件而盲目选取。

4.试验方案必须包括所要比较的全部处理及可供共同比较的对照

通常，一个试验可分为试验组和对照组。试验组是接受试验处理的对象组；对照组也称控制组，对试验假设而言，是不接受试验处理的对象组，生物试验目的就是通过比较来鉴别处理效应大小、好坏等。为了达到这一目的，就需要试验方案除包括各项处理的比较外，还必须设置可供共同比较的对照组。任何试验都不能缺少对照组，否则，就显示不出试验的处理效果。

对照组和试验组除了要比较的项目外，其他条件都应完全一致，故试验组与对照组两者之差异，则可认定为是来自试验处理的效果，这样的试验结果是可信的。

对照的种类有很多，可根据研究目的加以选择。按对照的内容和形式上的不同，通常有以下对照类型：

(1)空白对照，即在空白的条件下进行观察对照。例如，进行添加微量元素的饲养试验，添加微量元素为处理，不添加微量元素为对照，这样的对照为空白对照。这种方法简单易行，空白对照能明白地对比和衬托出试验组的变化和结果，增强了说服力。

(2)相互对照，即各处理间相互比较。例如，进行几种微量元素添加量的比较试验，各个处理可互为对照，不必再设对照。相互对照较好的平衡和抵消了无关变量的影响，使试验结果更具有说服力。

(3)标准对照，即以现有的标准指标或常规方法作为对照。例如诊断某种疾病所做的某些生理指标测定，则可以用正常值为标准进行比较。又如为了比较某新药的疗效，往往以当前社会上被公认的、疗效比较好且比较稳定的同类药物作为标准对照。

(4)试验对照，即在一定试验要求下特地为本试验而设置的对照。当某些处理本身夹杂着重要的非处理因素时，还需设立仅含该非处理因素的试验组为试验对照组。例如猪的杂交组合试验，可先用各杂交组合与亲本对照，当肯定了杂交组合优于亲本后，可相互比较，以找到最优杂交组合。

(5)自身对照,即处理与对照均在同一实验动物上进行。处理前的实验动物状况为对照组,处理后的实验动物变化则为试验组。例如病畜用药前与用药后生理指标的比较,自身对照方法简便,主要是看试验处理前后现象变化的差异。

5. 试验处理要遵循唯一差异原则

唯一差异是指在进行处理比较时,除了试验处理因素不同外,其他条件应该尽量一致或相同,否则就失去了可比性。如果试验的处理因素是饲料,要比较不同饲料对鸡产蛋量的影响,根据研究目的,试验处理间的差异只能是饲喂的饲料不同,而其他条件(如鸡品种、年龄、体重及其他管理条件等)则应一致。只有这样,才能真正比较出不同饲料对其产蛋量的效果;如果试验的处理因素是药物的用量,那么药物的成分、含量、出厂批号等必须保持不变;如果试验的处理因素是手术,那么就不能开始时不熟练,而应该在试验之前使熟练程度稳定一致。

6. 有些试验要设置预试期

预试期就是在正式试验开始前根据试验设计进行的过渡试验,为正式试验做好准备工作。其主要目的是:

(1)使实验动物有一个适应环境的过程,对不合适的动物进行调整和淘汰。

(2)观察实验动物的健康,并做好去势、驱虫和防疫等准备工作。

(3)训练试验工作人员,使之熟练掌握操作方法和程序。

(4)检验设计是否合理,如实验动物质量、分组情况等,发现问题及时纠正。

(5)测定不同处理动物的初始指标,并检验处理间的指标是否存在差异,以便调整。

预试期间供试动物数量一般应多于正式试验所需的数量,以便于调整。预试期的长短,可视实验动物的具体情况及试验处理等而定,一般以 10～20 d 为宜。

六、试验设计的原则

试验设计的目的就是正确估计试验处理效应和控制试验误差,而统计推断又是以“差和误差之比”为基础的,所以,一个合理的试验设计不但能降低误差,而且还能估计误差,以便进行正确的比较鉴别,做出合乎客观实际的推断。

为此,费歇尔于 1935 年在其《试验设计方法》一书中提出了试验设计应遵循的三个基本原则:重复、随机化和局部控制。经验证明,在生物类统计试验中,有针对性地准确把握统计研究设计的“三原则”,无疑是确保其设计方案科学严谨的根本措施,也是任何试验都应当高度注意和严格遵循的。

1. 重复

重复是指同一处理实施在两个或两个以上的试验单位。统计学中,用统计量估计参数,重复试验是保证试验结果可靠的一个基本方法,是试验设计的一个最基本原则。试验要求一定的重复数,其目的是使均数逼真,并稳定标准差,只有这样,来自样本的统计量才能代表总体的参数,统计推断才具有可靠的前提。设置重复的主要作用有两个:

估计试验误差　试验误差的估计是通过同一处理内的变异而测定的。如果不设置重复,每个处理实施在一个试验单位,只能得到一个观测值,看不出差异,就无从估计试验误差。只有当同一处理实施两个或两个以上的重复，才能得到两个或两个以上的观测值，同一处理内这些观测值之间的差异，就可认为是试验误差所造成，用统计方法可将这些误差从处理差异中分离出去，并计算出试验误差的大小，使试验得出可靠结论。

降低试验误差 若没有重复，每个处理只实施在一个试验单位，就有可能因这个试验单位本身的好坏左右试验结果，缺乏代表性，降低试验精确性。如果处理内设多次重复，那么，处理内各重复间试畜的好坏可相互抵消而降低试验误差。同时，由标准误差的计算公式 $S_{\bar{x}}=\frac{S}{\sqrt{n}}$ 可以看出，误差的大小与重复数的平方根成反比，同一试验若重复数越多，试验误差越小，但在具体试验中也不是重复数越多越好，太多或太少都不利于揭示事物间的差别，重复数太多，实验动物的初始条件不易控，不一定能降低试验误差。为此，应该在保证试验结果具有一定可靠性的条件下，确定最低的重复数，以便节约人力和经费。

至于一个试验，重复数应为多少及如何设置重复，应根据以下几个方面来考虑：

(1)考虑实验动物个体间差异。若差异小，重复数可少些，差异大，重复数应增多。

(2)考虑试验条件。一方面看试验条件的变化情况，条件变化大、重复数应多一些；另一方面考虑试验条件的可能性，就是说条件是否允许多设重复。

(3)考虑试验要求的精确度。精确度要求越高，重复数应越多，以降低随机误差的影响。

(4)以试验单位为单元设置重复。一个试验单位作为一个重复，不能将群饲动物的一个试验单位内的多个个体看成是重复。

(5)最好设置各处理重复数相等。这样，试验误差要小于总处理数相等而各处理数不相等的试验。

2. 随机化

随机化是指在试验过程中对试验单位的抽样、分组、实施处理及其试验顺序等都必须遵守随机原则，以避免人为主观因素的影响。如果违背随机原则，将给试验结果带来偏差。

例如在动物营养学研究中，有人以实验动物体重增加情况作为饲料营养价值高低的标志。但动物体重的增加还与动物性别、健康状况、食量大小等因素有密切关系。如果在试验研究之前，试验者希望某组获得较理想的结果，于是将那些雄性的、健康状况最佳的、食量最大的动物都分到该组，这就有意夸大了组间差别，必然造成试验结果虚假和不稳定。为了避免此类偏差，随机化就是一个重要手段。

还有一个原因，就是只有合乎随机原则的资料才能正确应用数理统计上的各种分析方法，因为数理统计各种理论公式都是建立在随机化原则基础之上的。那些事先加入主观因素，以致不同程度失真的资料，统计方法是不能弥补其先天不足的，得出的结论也必然是错误的。

在具体试验中，随机化体现在以下两方面：一方面，用随机方法来确定每个试验单位接受哪种处理。也就是说，在试验分组时不掺杂任何人为的主观因素，使每个试验单位都有相同的机会进入各试验组或对照组中。另一方面，如果一个试验中试验条件的安排、试验指标测定的排列顺序等可能影响试验结果时，均应采用随机化的方法。

随机化是在试验中排除非试验因素干扰的重要手段，其目的是降低和排除系统误差，或将系统误差转化为随机误差，从而获得一个真正的、无偏的处理差异估计值。

随机化的基本方法有随机数字表、计算器随机数字法和抽签法等，研究者可视具体情况而定。

3. 局部控制

局部控制是指在试验过程中，采取各种技术措施，控制和减少非试验因素对试验结果的影响，使试验误差降低到最小。

生物试验中，当试验环境或试验单位差异较大时，只根据重复和随机化两原则进行设计，不能将试验环境或试验单位差异所引起的变异从试验误差中分离出去，因而试验误差大，试验精确性低。为解决这一问题，试验时经常采用局部控制的办法。局部控制可以从以下几个方面来考虑：

(1)实验动物的初始条件要尽量一致，最好选用同品种、同性别、年龄相同、体重相近的实验动物。

(2)实验动物除处理之外施加的其他条件都要尽量一致，同一处理组的个体，应给予完全相同的条件，诸如圈舍、卫生和饲养管理水平等。

(3)严格控制各种干扰因素，如饲料的突然更换、疾病侵袭及小气候环境的变化等，必须及时地控制和设法排除。

上述试验设计的三条基本原则，按重复、随机化、局部控制的顺序，分别称为第一、第二和第三原则，是试验设计中必须遵循的原则。它们之间的关系是：重复和随机化共同作用可无偏估计误差，进行正确的统计推断；重复和局部控制共同作用可降低试验误差，进而提高试验精确度，它们之间的关系如图 6-1 所示。

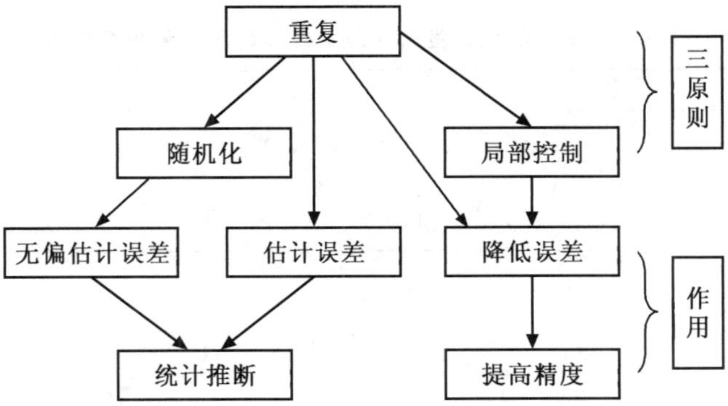

图 6-1　试验设计三原则间的关系

七、完全随机试验设计

依据生物类科学试验设计的原则和目的，特别是按照试验中我们所关心主要因素的作用与数量，一般将各类生物科学试验设计分为单因素试验设计和多因素试验设计两大类。其中，常见的单因素试验设计方法有完全随机设计、配对设计、随机单位组设计等，而多因素试验设计方法则大多用正交设计。

完全随机设计是根据试验对象的处理个数，将所有试验单位完全随机地分配到各个处理(组)中,使每个试验单位都有相同的机会接受某一处理,而不受试验人员主观倾向的影响。该设计各组样本试验单位数可以相等,也可以不等,但相等时效率更高。

在生物类试验中,当试验对象的个体间差异不大,或其他试验条件有不可控制的微小差异时,都可采用完全随机的试验设计。这种设计方法可使影响试验结果的非处理因素在各处理组基本相同,从而使这些因素的作用相互抵消,达到突出反映某种试验因素或某种处理效果的目的。

完全随机设计的实质就是将试验对象随机分组。常用的方法有随机数字表、抽签和抓阄等多种形式,其中最好的方法是使用随机数字表,它比抽签、抓阄等方法更能实现随机化,而且用起来更为方便,因此,本任务所有随机分组均以随机数字表法为例讲述。除此之外,目前,大多数的电子计算器也都具有产生随机数字的功能。

【任务实施】

1. 实验动物编号

先将仔猪依次编为 1～20 号。

2. 找随机数字

从随机数字表中随机确定一个读取随机数字的起点和方向(上、下、左、右),连续抄下 20 个随机数字,分别代表 20 头仔猪。本任务假定从附表 1 随机数字表(Ⅱ)第 5 列第 1 个数字 67 起,自上而下抄 20 个数字。

3. 实验动物分组

按预先规定,如果随机数字为奇数其所对应的仔猪分到甲组,偶数(0 也作为偶数)则分到乙组。分组结果见表 6-1。

表 6-1 完全随机试验设计两个处理比较的分组结果表

项目	仔猪编号																			
	1	2	3	4	5	6	7	8	9	10	11	12	13	14	15	16	17	18	19	20
随机数字	67	54	46	69	26	69	82	89	15	87	46	59	22	40	66	35	84	57	54	30
组别	甲	乙	乙	甲	乙	甲	乙	甲	甲	甲	乙	甲	乙	乙	乙	甲	乙	甲	乙	乙

随机分组结果:

甲组 1 4 6 8 9 10 12 16 18

乙组 2 3 5 7 11 13 14 15 17 19 20

4. 分组调整

对分配不均的组别进行调整,使各组仔猪头数相同。上述结果分到甲组的只有 9 头仔猪,分到乙组的却有 11 头仔猪。因此乙组要调整一头仔猪到甲组去。调整仔猪组别,仍要用随机方法来决定。在前面 20 个随机数字后再接着向下抄录 1 个随机数字(21),用 11(调整时乙组的仔猪头数)除之,得余数为 10,则把分配于乙组的第 10 头仔猪(19 号)调整到甲组。调整后甲、乙两组仔猪编号为:

甲组 1 4 6 8 9 10 12 16 18 19

乙组 2 3 5 7 11 13 14 15 17 20

【任务拓展】

一、多个处理比较的分组

现有同品种、同性别、同年龄的健康仔猪 18 头，欲进行三种饲料效果的对比试验，试用完全随机的方法将其分成甲、乙、丙三组。

1. 实验动物编号

先将仔猪依次编为 1～18 号。

2. 找随机数字

从随机数字表中随机确定一个读取随机数字的起点和方向(上、下、左、右)，连续抄下 18 个随机数字，分别代表 18 头仔猪。假定从附表 1 随机数字表（Ⅰ）第 27 行第 1 列数字 11 开始，自上而下抄下 18 个数字。

3. 实验动物分组

用 3(处理数)去除各随机数字，若余数为 1，将其所对应的仔猪归为甲组；余数为 2 归为乙组；余数为 3 归为丙组。分组结果见表 6-2。

表 6-2　完全随机试验设计多个处理比较的分组结果表

项目	仔猪编号																	
	1	2	3	4	5	6	7	8	9	10	11	12	13	14	15	16	17	18
随机数字	11	35	38	31	66	14	68	20	64	05	07	68	26	14	17	90	41	60
余数	2	2	2	1	3	2	2	2	1	2	1	2	2	2	2	3	2	3
组别	乙	乙	乙	甲	丙	乙	乙	乙	甲	乙	甲	乙	乙	乙	乙	丙	乙	丙

随机分组结果为：

甲组　4　9　11

乙组　1　2　3　6　7　8　10　12　13　14　15　17

丙组　5　16　18

4. 分组调整

对分配不均的组别进行调整，使各组仔猪头数相同。上述分组结果是归入甲组仔猪有 3 头，乙组有 12 头，丙组有 3 头，为使各组仔猪头数相等，应将乙组分别调整 3 头给甲组和丙组。调整时依然采用随机的方法，在前面 18 个随机数字后再接着抄下 6 个随机数字：91，34，85，09，88，00，分别除以 12，11，10，9，8，7，余数分别为 7，1，5，9，8，7，则把分配于乙组的 10 号、1 号、8 号调整到甲组，17 号、15 号、14 号调整到丙组。

调整后，甲、乙、丙三组仔猪编号为：

甲组　1　4　8　9　10　11

乙组　2　3　6　7　12　13

丙组　5　14　15　16　17　18

以上是用完全随机的方法将试验对象分为两组或三组，若想将试验对象分为更多的组，方法相同。

二、完全随机试验设计试验结果的统计分析

对于完全随机试验结果的统计分析，由于试验处理数不同，统计分析方法也不同。大多数情况下，当处理数为 2 时，采用非配对设计的 t 检验法。当处理数大于 2 时，采用单因素试验方差分析法。

三、主要优缺点及应用注意事项

1. 主要优点

(1)试验设计的本身比较简单、灵活，处理数和重复数都不受限制，各处理重复数可以相等也可以不等，可充分应用于所有生物试验，尤其适用于每次试验条件、不同个体实验动物差异较小时的试验。

(2)相关数据的统计分析方法简单，无论所获得的资料重复数是否相同，都可采用 t 检验法或方差分析法进行统计分析，且试验误差自由度大于处理数和重复数相等的其他设计。

(3)如果在试验过程中有试验对象缺失，信息的损失小于其他设计。

2. 主要缺点

因为没有实施局部控制，部分试验材料的系统误差都计入试验误差之内，因而有时试验误差偏高，精确度较低。

3. 应用注意事项

在试验条件、试验环境、试验对象之间的个体差异较大时，不宜采用此种设计方法。

【任务评价】

任务评价内容与考核得分

评价环节	评价内容	分值	得分
任务相关知识	了解试验设计的目的与作用	5	
	掌握生物试验的任务和要求	5	
	了解生物试验的类型	5	
	了解试验计划书的内容	5	
	掌握拟定试验方案注意事项	10	
	掌握试验设计三原则及其作用	10	
	理解完全随机试验设计方法的具体原理	10	
任务实施	准确说出两个处理比较的完全随机试验设计具体方法步骤	10	
	按要求完成资料 1、资料 2 实验动物的分组	20	
任务拓展	能够进行多个处理比较的分组	10	
	了解完全随机试验设计试验结果的统计分析方法	5	
	掌握完全随机设计的主要优缺点以及应用注意事项	5	
总体评价		100	
资料 1	现有同类型的成年牛 16 头，请用完全随机的方法将其分为甲、乙两组		
资料 2	现有同年龄、同品种、同性别的健康动物 24 头，如进行三种饲料饲喂效果的对比试验，试用完全随机的方法将其分成甲、乙、丙三组		

任务二 配对设计

【任务描述】

用配对设计法设计一个重复数为8的猪饲养对比试验。

【任务相关知识】

一、配对设计概念

配对设计是指先将生物试验的对象按配对条件两两配成对子，然后用随机的方法将每一对内的两个试验对象随机地分到两组接受两个试验处理。一对就是一次重复。配对设计一般以主要的非试验因素作为配对条件（如年龄、性别、体重、环境条件等因素），而不以试验因素作为配对条件。配对的主要原则是配成对的两个个体的初始条件尽量一致，而不同对间个体允许存在差异。根据这样的要求，设计时最好选择体重相近的同胎同性别动物或年龄、体重相近的同性别半同胞兄弟姐妹组成对子。再按随机化原则把每对中的受试对象分别分配到试验组和对照组，或不同处理组。

二、配对设计方法

首先，按配对要求选择好实验动物，分别配好对子并编号，每一对两头实验动物标以明显的识别标记；其次，再用随机数字表将每个对子中的两头实验动物分成两组；最后，将分好的两组再用随机的方法分配处理。采用配对设计时，在整个试验过程中，试验者必须始终能辨认属于同一对子的是哪两头动物。因此，对实验动物识别标记是非常重要的，否则就失去配对设计的意义了。

【任务实施】

1. 实验动物编号

首先在若干窝仔猪中选择性别相同、体重相近的8对仔猪，并将各对及同对两头仔猪分别编号和标记。

2. 找随机数字

从随机数字表的任意位置开始，依一定方向抄下8个数字，依次排在配对号下，本任务假定由附表1随机数字表（Ⅱ）第1行第4列数字73开始向右依次抄写8个数字。

3. 实验动物分组

凡随机数字为奇数者，该对子中的第一头动物分入甲组，而同对子中的另一头动物则归入乙组；凡随机数字为偶数者，该对子中的第一头动物分入乙组，而同对子中的另一头动物则归入甲组。本任务分组结果见表 6-3。

表 6-3　配对设计分组结果表

项目	配对编号															
	1		2		3		4		5		6		7		8	
仔猪编号	Ⅰ	Ⅱ	Ⅰ	Ⅱ	Ⅰ	Ⅱ	Ⅰ	Ⅱ	Ⅰ	Ⅱ	Ⅰ	Ⅱ	Ⅰ	Ⅱ	Ⅰ	Ⅱ
随机数字	73		86		36		96		47		36		61		46	
组别	甲	乙	乙	甲	乙	甲	乙	甲	甲	乙	乙	甲	甲	乙	乙	甲

4. 处理分配

最后可采用抽签或抓阄的方式将分好的两组动物随机确定所接受的处理。

【任务拓展】

一、配对试验结果的统计分析

配对设计试验结果可采用配对设计的 t 检验法进行统计分析。

二、主要优缺点和应用注意事项

1. 主要优点

(1)设计轻松，统计分析简单，配对设计应用了局部控制的原则，通过配对降低了干扰因素对试验指标的影响。

(2)由于同一对子内两个个体间的试验条件十分相近，不同对子间的差异又可通过统计处理予以消除，所以比较有效地控制了试验误差，提高了试验的精确性。

2. 主要缺点

(1)此法只适用于两个处理的试验，因此有相当明显的局限性。

(2)由于受配对条件的限制，有时难以将受试动物配成对子，所以损失部分受试动物的信息。

3. 应用注意事项

自身前后配对设计主要适用于短期的试验，需要时间较长的试验不宜用此种设计。其原因是随着时间的延长，试验可能会混入一些干扰因素，从而使处理前后失去可比性。另外，疫苗及抗生素等药物试验不能采用自身前后配对设计。对于自身配对，若两种处理施加于受试对象的顺序效应会混杂在试验效应中，可采用交叉设计。

【任务评价】

任务评价内容与考核得分

评价环节	评价内容	分值	得分
任务相关知识	了解配对设计法的概念和作用	10	
	熟悉配对设计的原理	20	
	准确说明对“配对条件”作用的认识和理解	10	
	明确“试验对象识别标记”的主要作用	10	
任务实施	按要求完成资料 1、资料 2 的试验设计	20	
任务拓展	了解配对试验结果的统计分析	10	
	掌握配对设计的主要优缺点和应用注意事项	20	
总体评价		100	
资料 1	用配对设计法设计一个重复数为 7 的猪饲养对比试验		
资料 2	用配对设计法设计一个重复数为 10 的羊饲养对比试验		

任务三 随机单位组设计

【任务描述】

欲比较四种不同饲料(A_1,A_2,A_3,A_4)对仔猪增重影响的差异，试用随机单位组设计将24 头试验仔猪分组。

【任务相关知识】

随机单位组设计配制本质上是配对设计的进一步扩展。根据局部控制原理，当试验的处理在三个或三个以上时，将每个对子扩大成一组，也即将条件近似一致的试验单位尽可能归为一组，每一组内所包含的试验单位数等于处理数，这个组在动物试验上称为单位组，然后将单位组内的试验单位随机地分配到各处理组，这种设计方法叫随机单位组设计。

随机单位组设计资料和 t 检验中的成对资料相类似，不同之处是成对资料只两个组，而随机单位组设计有三个或更多的组，因而要比较的均数多于两个时就应选用该设计，它是比完全随机设计更精细的一种设计方法。这样设计的资料做方差分析的检验效能较高。随机单位组设计也称为随机区组设计，其区组一词来源于作物的田间试验，由于在同一块试验地中的不同区域存在土壤肥力、水分、光照等方面的差异，它们对试验指标可能产生较大影响，根据这些差异将试验地划分为若干小区，每个小区内的试验单元接受不同的处理，故称这种设计方法为随机区组设计。引入动物试验中，则称为随机单位组设计。

推广到生物类试验而言，随机单位组设计的总体要求是：

(1)单位组内的各个试验单位的条件要尽量一致，不同单位组间的试验单位可以有差异。

(2)单位组内的试验单位数等于处理数(当单位组内的试验单位数小于处理数时，称为不完全单位组设计)。

(3)每一处理在一个单位组只出现一次,同一单位组内采用随机的方法分配各种处理。

(4)在不同单位组与不同处理之间不存在交互作用。

例如设计一个有三个处理、七次重复的试验,若从七窝仔猪中每窝选择性别相同、体重相似的仔猪三头组成单位组,共七个单位组。每个单位组内各头仔猪随机接受不同处理,且每一处理都有不同窝的仔猪接受,这就是处理数为 3、重复数为 7 的随机单位组设计。

在动物试验中,常用的随机单位组设计有:

(1)以窝作为单位组,因为同窝的个体在遗传上比较一致,哺乳期的环境条件也比较相近,所以以窝组作为单位组可以消除由于个体间遗传差异或由于哺乳期的环境差异对试验指标的影响。这种设计也称为随机窝组设计。

(2)以地域为单位组,以消除不同地域的环境差异的影响,这个地域可以是不同的圈舍、不同的牧场或不同的地区。

(3)以时间为单位组,由于受经费和试验场地的限制,往往不能在同一时间内完成试验,只能分批完成,而不同时间在温度、湿度等方面可能存在差异,以时间为单位组可以消除这种差异的影响。

设计时首先根据单位组要求和试验处理数多少选择参试动物,组成单位组。并按照处理数与试验精确度确定单位组数。因为当试验误差自由度 $df_e>12$ 时,F 值表中的临界 F 值下降较慢,故统计上都以误差自由度不小于 12 为试验精确度的最低要求。

在方差分析中,随机单位组试验设计的误差自由度 $df_e=(k-1)(r-1)$,其中,k 为处理数,r 为单位组数(试验重复数),单位组数的确定方法公式为:

$$r\geqslant\frac{12}{k-1}+1$$

【任务实施】

1.确定单位组

由于随机单位组试验设计要求每一单位组内所包含的试验单位数等于处理数,本任务共有 24 头仔猪,有四个处理(比较四种不同饲料),即每个单位组内要有四头仔猪,所以本任务的单位组数为 24/4=6。将每四头性别相同、体重相近的仔猪组成一个单位组,共得六个单位组。

2.试验仔猪编号

将各单位组仔猪分别按体重大小依次编号排列,这样 1~4 号为第Ⅰ组,5~8 号为第Ⅱ组,… ,21~24 号为第Ⅵ组。

3.找随机数字

从随机数字表中任意位置取随机数字。本任务假定从附表 1 随机数字表(Ⅰ)第 1 行第 10 列数字 61 开始,向下抄写 18 个随机数字,每个单位组内填入三个随机数字、留一个空位。

4.试验仔猪分组

将同一单位组中的三个随机数字依次以 4,3,2 除之,分别写下余数,再按余数确定每头仔猪的组别:如第一单位组中第一个随机数字是 61,除以 4 后余数是 1,在“A_1,A_2,A_3,A_4”中列第 1 位者为“A_1”,故将 1 号仔猪分入 A_1 组;第二个余数是 2,这时在“A_2,A_3,A_4”中列第 2 位者为“A_3”,故将 2 号仔猪分入 A_3 组;第三个余数是 1,这时在“A_2,A_4”中“A_2”列第 1 位,故将 3 号仔猪分入 A_2 组。该单位组内剩下的 4 号仔猪不能随机分配,只能分入 A_4 组。用同样的方法可确定其他单位组仔猪对应的组别，其设计过程见表 6-4。最后的分组结果见表 6-5。

表 6-4　四种饲料对仔猪增重影响试验随机单位组设计表

项目	单位组																							
	Ⅰ				Ⅱ				Ⅲ				Ⅳ				Ⅴ				Ⅵ			
动物编号	1	2	3	4	5	6	7	8	9	10	11	12	13	14	15	16	17	18	19	20	21	22	23	24
随机数字	61	20	07	—	31	22	82	—	88	19	82	—	54	09	99	—	81	97	30	—	26	75	72	—
除数	4	3	2	—	4	3	2	—	4	3	2	—	4	3	2	—	4	3	2	—	4	3	2	—
余数	1	2	1	—	3	1	2	—	4	1	2	—	2	3	1	—	1	1	2	—	2	3	2	—
组别	A_1	A_3	A_2	A_4	A_3	A_1	A_4	A_2	A_4	A_1	A_3	A_2	A_2	A_4	A_1	A_3	A_1	A_2	A_4	A_3	A_2	A_4	A_3	A_1

表 6-5　四种饲料对仔猪增重影响试验随机单位组设计动物分组表

处理	单　位　组					
	Ⅰ	Ⅱ	Ⅲ	Ⅳ	Ⅴ	Ⅵ
A_1	1	6	10	15	17	24
A_2	3	8	12	13	18	21
A_3	2	5	11	16	20	23
A_4	4	7	9	14	19	22

【任务拓展】

一、随机单位组设计试验结果分析

随机单位组设计的试验结果分析采用方差分析法，分析时是把单位组也看作一个因素，然后把单位组因素和试验因素一起当作两因素试验，利用两因素试验无重复观察值的方差分析法进行分析。由于我们比较的是试验因素间的效应，而不考虑单位组间差异，F 检验时可不进行单位组间差异显著性检验。需要说明的是，采用此法分析的前提是假定单位组因素与试验因素不存在交互作用。

对于本任务，实验动物按表 6-5 分组结果进行试验后，各编号仔猪增重结果列于表 6-6，试检验饲料对仔猪增重效果有无显著影响。

表 6-6　四种饲料对仔猪增重影响试验结果

处理(A)	单 位 组(B)						合计 $T_{i.}$	平均数 $\overline{x}_{i.}$
	$B_{Ⅰ}$	$B_{Ⅱ}$	$B_{Ⅲ}$	$B_{Ⅳ}$	$B_{Ⅴ}$	$B_{Ⅵ}$		
A_1	13.3	16.5	16.2	15.5	14.1	12.9	88.5	14.75
A_2	13.0	15	14.2	13	12.6	11.8	79.6	13.27
A_3	14.7	15.8	18.5	14.8	14.6	13.7	92.1	15.35
A_4	14	14.9	17.4	11.8	13.1	11.5	82.7	13.78
合计 $T_{.j}$	55	62.2	66.3	55.1	54.4	49.9	342.9	

检验步骤如下：

1. 计算各项平方和与自由度

矫正数 $C=\dfrac{T^2}{ab}=\dfrac{342.9^2}{4\times6}=4\ 899.18$

总平方和 $SS_T=\sum x_{ij}^2-C=(13.3^2+16.5^2+\cdots+11.5^2)-4\ 899.18=72.25$

处理间平方和 $SS_A=\dfrac{\sum T_{i.}^2}{b}-C=(88.5^2+79.6^2+\cdots+82.7^2)/6-4\ 899.18=15.84$

单位组间平方和 $SS_B=\dfrac{\sum T_{j.}^2}{a}-C=(55^2+62.2^2+\cdots+49.9^2)/4-4\ 899.18=44.55$

误差平方和 $SS_e=SS_T-SS_A-SS_B=11.86$

总自由度 $df_T=ab-1=23$

处理间自由度 $df_A=a-1=3$

单位组间自由度 $df_B=b-1=5$

误差自由度 $df_e=df_T-df_A-df_B=(a-1)(b-1)=15$

2. 列出方差分析表(表 6-7)，进行 F 检验

表 6-7 四种饲料对仔猪增重影响的方差分析表

变异原因	平方和	自由度	均方	F	$F_{0.01}$
处理间(A)	15.84	3	5.28	6.68**	5.42
单位组间(B)	44.55	5	8.91	11.28**	4.56
误差	11.86	15	0.79		
总变异	72.25	23			

$F_A>F_{0.01(3,15)}$，表明饲料对仔猪增重影响极显著，因此，还需要对各不同饲料平均数间差异的显著性进行检验。

$F_B>F_{0.01(3,15)}$，表明单位组对仔猪增重影响极显著，虽然 F 值已达到 0.01 显著水平，因为我们采取的是随机单位组设计，计算单位组间变异是为了将其从误差中分离出来，达到局部控制的目的，所以即使单位组间的变异显著，一般也不做单位组间的多重比较。

3. 饲料间的多重比较(表 6-8)

表 6-8 四种饲料间多重比较表(SSR 法)

饲料	平均数 $\bar{x}_{i.}$	$\bar{x}_{i.}-13.27$	$\bar{x}_{i.}-13.78$	$\bar{x}_{i.}-14.75$
A_3	15.35	2.08**	1.57*	0.6
A_1	14.75	1.48*	0.97	
A_4	13.78	0.51		
A_2	13.27			

均数标准误 $S_{\bar{x}}=\sqrt{\dfrac{MS_e}{b}}=\sqrt{\dfrac{0.79}{6}}=0.363$

由 $df_e=15$，秩次距 $k=2,3,4$，查附表 6 得临界 SSR 值：$SSR_{0.05}$，$SSR_{0.01}$，并与 $S_{\bar{x}}$ 相乘求得 LSR 值，列于表 6-9。

表 6-9　SSR 值和 LSR 值表

df_e	k	$SSR_{0.05}$	$SSR_{0.01}$	$LSR_{0.05}$	$LSR_{0.01}$
	2	3.01	4.17	1.09	1.51
15	3	3.16	4.37	1.15	1.59
	4	3.25	4.50	1.18	1.63

由表 6-8 看出，A_3 与 A_2 之间差异极显著，A_3 与 A_4、A_1 与 A_2 之间差异显著，其余平均数之间差异不显著。说明采用 A_3 饲料仔猪平均增重极显著高于饲料 A_2，且显著高于 A_4；采用 A_1 饲料仔猪平均增重显著高于 A_2。

二、随机单位组设计的主要优缺点及应用注意事项

随机单位组设计是随机排列试验设计中最常用、最基本的设计。它是针对完全随机设计的缺点而提出的，是比完全随机设计更精细的一种设计方法，具有如下主要优缺点及应用注意事项。

1. 主要优点

(1)相对于后面要介绍的其他试验设计，随机单位组设计也比较简单，它对试验的处理数及重复数没有严格限制，容易实施，灵活性较大。

(2)在完全随机设计的基础上增加了局部控制原则，从而将环境均匀性的控制范围从整个试验缩小到一个单位组，单位组间的差异可以通过方差分析使其与误差分离。所以，随机单位组设计既能保持完全随机设计的优点，又能克服完全随机设计可能发生的缺点，能提供无偏的误差估计，有效地减少参试动物个体差异对试验的影响，降低试验误差，提高试验的精确度。

(3)统计分析较简单，如能及时发现某一数据遗缺，可用下式估计：

$$x'_{ij}=\frac{rx'_{.j}+kx'_{i.}-x'_{..}}{(r-1)(k-1)} \tag{6-1}$$

式中：r 为单位组数；k 为处理数；x'_{ij} 为遗缺数据估计值；$x'_{.j}$ 为缺值所属单位组的合计；$x'_{i.}$ 为缺值所属处理的合计；$x'_{..}$ 为除缺值外所有数据合计。

缺值算出后，填入原资料，即可用常规方法进行方差分析。但由于试验本身少了一个试验单元，所以进行方差分析时，总变异项自由度要比常规情况下减少 1，相应的误差项自由度也应比常规情况下少 1。

2. 主要缺点

处理数过多时，各单位组内的试验单位数目也过多，要想选择初始条件一致的实验动物，必将有一些具体的困难。

3. 应用注意事项

(1)根据不同的研究目的,各单位组的选择方式也有不同,但是,都要遵守"单位组间差别越大越好,单位组内差别越小越好"的基本原则。

(2)如单位组因素与试验因素间存在交互作用,则试验误差增大,精确性自然降低。

【任务评价】

任务评价内容与考核得分

评价环节	评价内容	分值	得分
任务相关知识	了解随机单位组设计的概念和作用	10	
	熟悉随机单位组设计的原理	10	
	掌握动物试验中,随机单位组设计总的要求	10	
	掌握动物试验中,常用的随机单位组类型	10	
任务实施	按要求完成资料 1、资料 2 试验仔猪的分组	20	
任务扩展	了解随机单位组设计试验结果分析方法	20	
	了解随机单位组设计的主要优缺点及应用注意事项	20	
总体评价		100	
资料 1	欲比较三种不同饲料(A_1、A_2、A_3)对仔猪增重影响的差异,试用随机单位组设计将 18 头试验仔猪分组		
资料 2	欲比较四种不同饲料(B_1、B_2、B_3、B_4)对仔猪增重影响的差异,试用随机单位组设计将 28 头试验仔猪分组		

任务四　正交设计

【任务描述】

在利用维生素对肉仔鸡补饲考察其生长发育效果的试验中,考虑硫胺素、核黄素和吡哆醇三个因素,每个因素都有三个水平,试安排一个正交试验方案。

【任务相关知识】

前面所讲的试验设计方法,每次试验只能考察一个因素对试验指标的影响,在生物类研究中,对于单因素或两因素试验,因其因素少,试验的设计、实施与分析都比较简单。但在实际工作中,常常需要同时考察三个甚至三个以上的试验因素,若进行全面试验,则试验的规模将很大,往往因试验条件的限制而难以实施。

一般来说,单因素试验的效率低于多因素试验,也即要达到同样的检验功效,单因素试验需要的试验单位数更多。另外,单因素试验既不能分析因素之间的交互作用,又不能找出最优的水平组合。因此,如果因素之间存在交互作用就必须进行多因素试验。既能分析主效应又能分析交互作用的试验设计叫析因试验设计。

一个完整的析因试验,对所有的水平组合(即处理)都要安排试验,这样随着试验因素和水平数目的增加，水平组合数将急剧增加。例如，最简单的析因试验是两因素二水平试验，则有 $2^2=4$ 个水平组合；若是五因素五水平试验，则有 $5^5=3\ 125$ 个水平组合。

为了同时考察较多的因子，而又不扩大试验规模，最好的方法是采用正交试验设计，它是利用一套数学工作者已经制定出来的规格化的正交表，安排与分析多因素试验的科学方法，也是一种高效率、快速、经济的试验设计方法。例如，要做一个三因素三水平的试验，按全面试验要求，须进行 $3^3=27$ 种组合的试验。若按正交设计法的原理安排试验，只需做 9 次或 18 次试验，明显地减少了工作量。因而正交试验设计在很多领域的研究中已经得到广泛应用。

一、正交设计的概念

正交设计是从试验的全部水平组合中，挑选部分具备“均匀分散，齐整可比”特点的代表性水平组合进行试验，通过对这部分试验结果的分析了解全面试验的情况，找出最优的水平组合。

正交设计的基本特点是：用部分试验来代替全面试验，通过对部分试验结果的分析，了解全面试验的情况。正因为正交试验是用部分试验来代替全面试验，它不可能像全面试验那样对各因素效应和交互作用进行逐个分析，当交互作用存在时，有可能出现交互作用的混杂。虽然正交设计有上述不足，但它能通过部分试验找到最优水平组合，因而在生产中应用较广泛。

二、正交表及其特性

1. 正交表

由于正交设计安排试验和分析试验结果都要用正交表，我们先简要介绍正交表。表 6-10 是一张正交表，记为 $L_8(2^7)$，其中“L”代表正交表；L 右下角的数字“8”表示有 8 行，用这张正交表安排试验包含 8 个处理(水平组合)；括号内的底数“2”表示因素的水平数，表示正交表内每列内都排有 1、2 两种数字叫水平号，代表各因素不同水平的位置；括号内 2 的指数“7”表示有 7 列，用这张正交表最多可以安排 7 个因素。再如 $L_9(3^4)$，它表示用这张正交表进行试验设计，最多可以安排 4 个因素，每个因素要有 3 个水平，共需做 9 个水平组合，即 9 个处理。

表 6-10　$L_8(2^7)$ 正交表

试验号	列号						
	1	2	3	4	5	6	7
1	1	1	1	1	1	1	1
2	1	1	1	2	2	2	2
3	1	2	2	1	1	2	2
4	1	2	2	2	2	1	1
5	2	1	2	1	2	1	2
6	2	1	2	2	1	2	1
7	2	2	1	1	2	2	1
8	2	2	1	2	1	1	2

常用的正交表已由数学工作者制定出来，供进行正交设计时选用。二水平正交表有 $L_4(2^3)$，$L_{16}(2^{15})$；三水平正交表有 $L_9(3^4)$，$L_{27}(2^{13})$…详见附表 11。

2. 正交表的特性

任何一张正交表都有如下两个特性：

(1)任一列中，不同数字出现的次数相等。例如，$L_8(2^7)$中不同数字只有 1 和 2，它们各出现 4 次；$L_9(3^4)$中不同数字有 1，2 和 3，它们各出现 3 次。

(2)任两列中，同一横行所组成的数字对出现的次数相等。例如，$L_8(2^7)$中(1，1)，(1，2)，(2，1)，(2，2)各出现两次；$L_9(3^4)$中(1，1)，(1，2)，(1，3)，(2，1)，(2，2)，(2，3)，(3，1)，(3，2)，(3，3)各出现一次，即每个因素的一个水平与另一因素的各个水平互碰次数相等，表明任意两列各个数字之间的搭配是均匀的。

根据以上两个特性，就保证了每个因素的每个水平与另一个因素各水平各碰一次，这就是正交表的正交性。因此，我们用正交表安排的试验就具有均衡分散和整齐可比的特点。

所谓均衡分散，是指用正交表挑选出来的各因素水平组合在全部水平组合中的分布是均匀的，所以代表性强，能较好地反映全面情况。我们用最简单的正交表 $L_4(2^3)$来说明这个问题。这是个安排三因素二水平试验的正交表，如果要做全面试验，则有 $2^3=8$ 次，其全部水平组合见表 6-11。

表 6-11　2^3 试验的 8 个水平组合

$A_1B_1C_1$①	$A_1B_1C_2$	$A_1B_2C_1$	$A_1B_2C_2$②
$A_2B_1C_1$	$A_2B_1C_2$③	$A_2B_2C_1$④	$A_2B_2C_2$

表中用①②③④标记的四个水平组合就是用 $L_4(2^3)$表选出的试验组合。如果用立体图(图 6-2)来表示这四个水平组合在空间的分布，能更清楚地看出它们在全部组合中的分布特点。

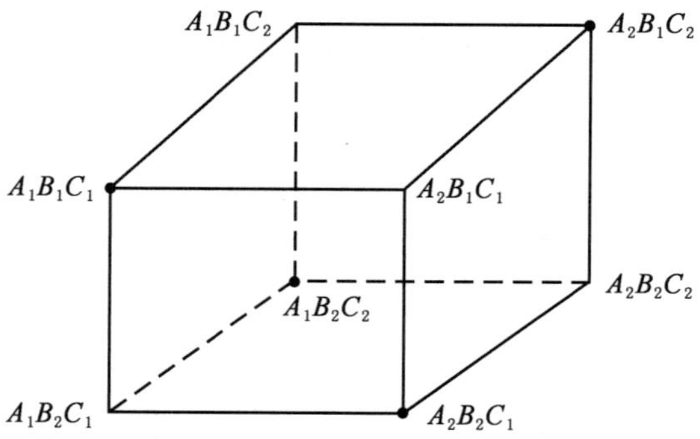

图 6-2　$L_4(2^3)$正交表的四个水平组合的均衡分散立体图

在图 6-2 中，左右两个面分别代表 A 因子的两个水平 A_1 和 A_2，上下两个面分别代表 B 因子的两个水平 B_1 和 B_2，前后两个面分别代表 C 因子的两个水平 C_1 和 C_2。六个面共有八个交点，每个交点三个面，这八个交点就代表全部试验的八个水平组合，其中四个用黑点表示的就是用 $L_4(2^3)$ 表选出的试验组合。它们均匀分散在各平面与直线上，每个面都有两个黑点，每条线上有一个黑点，无一例外。所以，这四个代表组合并不是随意选出来的，而是根据正交表的正交性确定的。

所谓整齐可比性是指在试验中，按每个因子的各水平分组后，各组之间具有明显的可比性。如上例，将两组水平组合的情况进行比较，以 A 因子为例，分别在 A_1 和 A_2 条件下的水平组合见表 6-12。

表 6-12　A 因子在 A_1 和 A_2 条件下的水平组合

A_1	B_1C_1	A_2	B_1C_2
	B_2C_2		B_2C_1

在这两组水平组合中，虽然 B、C 的搭配方式各不相同，但它们都取了所有水平 (B_1, B_2, C_1, C_2)。从总体看，B、C 都处于同等地位，区别仅在于 A 的水平不同。因此，按 A 因子的两个水平分组后，这两个水平就具有明显的可比性。对于 B，C 两因子来说，情况完全一致。

通俗地说，每个因素的每个水平与另一个因素各水平各相碰一次，这就是正交性。

3. 正交表的类别

各列中出现的最大数字相同的正交表称为相同水平正交表，如 $L_4(2^3)$，$L_8(2^7)$，$L_{12}(2^{11})$等各列中最大数字为 2，称为两水平正交表；$L_9(3^4)$，$L_{27}(3^{13})$等各列中最大数字为 3，称为三水平正交表。各列中出现的最大数字不完全相同的正交表称为混合水平正交表，如 $L_8(4\times2^4)$表中有一列最大数字为 4，有 4 列最大数字为 2，也就是说该表可以安排一个四水平因素和 4 个二水平因素，再如 $L_{16}(4^4\times2^3)$，$L_{16}(4\times12^{12})$等都是混合水平正交表。

三、正交设计方法

正交设计一般有以下几个步骤：

1. 确定因素和水平

一般地，不论是工业类试验还是生物类试验，影响试验结果的因素很多，我们不可能把所有影响因素通过一次试验都予以研究，只能根据以往的经验，挑选和确定若干对试验指标影响最大、有较大经济意义而了解又不够清楚的因素来研究。同时还应根据实际经验和专业知识，定出各因素适宜的水平，列出因素水平表。

2. 选用合适的正交表

确定了因素及其水平后，根据因素、水平及需要考察的交互作用的多少来选择合适的正交表。选用正交表的原则是：既要能安排下试验的全部因素，又要使部分水平组合数(处理数)尽可能地少。一般情况下，试验因素的水平数应恰好等于正交表的水平数；因素的个数(包括交互作用)应小于正交表的列数；各因素及交互作用的自由度之和要小于所选正交表的总自由度，以便估计试验误差。若各因素及交互作用的自由度之和等于所选正交表总自由度，则可采用有重复正交试验来估计试验误差。

3. 表头设计

正交表选好后，就可以进行表头设计。所谓表头设计，就是把挑选出的因素和要考察的交互作用分别排入正交表的表头适当的列上。在不考察交互作用时，各因素可随机安排在各列上；若考察交互作用，就应按该正交表的交互作用列表安排各因素与交互作用。

4. 列出试验方案

把正交表中安排各因素的每列（不包含欲考察的交互作用列）中的每个数字依次换成该因素的实际水平，至于哪些实验动物被安排在几号试验，应完全按随机的办法配置。必须指出，正交设计时，如不设置重复，就必须留出空列，因总自由度等于各因素自由度之和，而无误差自由度，误差就无法计算，不能进行方差分析。

【任务实施】

1. 确定因素水平，列出因素水平表（表 6-13）

表 6-13　肉仔鸡补饲维生素试验因素水平表　mg/kg

水平	因素		
	硫胺素（*A*）	核黄素（*B*）	吡哆醇（*C*）
1	3.0	3.0	4.0
2	4.0	5.0	6.0
3	5.0	7.0	8.0

2. 选正交表

此例有 3 个因素，每个因素有 3 个水平，若不考察交互作用，则各因素自由度之和为因素数个数×（水平数－1）＝3×（3－1）＝6，小于 $L_9(3^4)$ 总自由度 9－1＝8，故可以选用 $L_9(3^4)$；若要考察交互作用，则应选用 $L_{27}(3^{13})$，此时所安排的试验方案实际上是全面试验方案。

3. 设计表头

此例不考察交互作用，可将硫胺素（*A*）、核黄素（*B*）和吡哆醇（*C*）依次安排在 $L_9(3^4)$ 的第 1、2、3 列上，第 4 列为空列，见表 6-14。

表 6-14　表头设计

列号	1	2	3	4
因素	*A*	*B*	*C*	空

4. 制订试验方案

将表头因素各列的水平号换成具体水平即可，见表 6-15。

表 6-15　肉仔鸡补饲维生素试验方案表

试验号	因素		
	A	B	C
	1	2	3
1	1(3.0)	1(3.0)	1(4.0)
2	1(3.0)	2(5.0)	2(6.0)
3	1(3.0)	3(7.0)	3(8.0)
4	2(4.0)	1(3.0)	2(6.0)
5	2(4.0)	2(5.0)	3(8.0)
6	2(4.0)	3(7.0)	1(4.0)
7	3(5.0)	1(3.0)	3(8.0)
8	3(5.0)	2(5.0)	1(4.0)
9	3(5.0)	3(7.0)	2(6.0)

【任务拓展】

一、正交试验结果的统计分析

根据各号试验处理是单独观测值还是有重复观测值，正交试验可分为无重复观测值正交试验和有重复观测值正交试验两种。

(一)无重复观测值正交试验结果的方差分析

对本任务，用 $L_9(3^4)$ 安排试验方案后，各号试验只进行一次，试验结果（增重）列于表 6-16，试对其进行方差分析。

表 6-16　肉仔鸡补饲维生素正交试验结果计算表

试验号	因素				增重/g
	A (1)	B (2)	C (3)	空列	
1	1	1	1		178 (x_1)
2	1	2	2		193 (x_2)
3	1	3	3		182 (x_3)
4	2	1	2		180 (x_4)
5	2	2	3		197 (x_5)
6	2	3	1		184 (x_6)
7	3	1	3		200 (x_7)
8	3	2	1		195 (x_8)
9	3	3	2		206 (x_9)
T_1	553	558	557		1 715 (T)
T_2	561	585	579		
T_3	601	572	579		
$\bar{x}_1$	184.333 3	186.000 0	185.666 7		
$\bar{x}_2$	187.000 0	195.000 0	193.000 0		
$\bar{x}_3$	200.333 3	190.666 7	193.000 0		

该次试验的 9 个观测值总变异由 A 因素、B 因素、C 因素及误差变异四部分组成，因而进行方差分析时平方和与自由度的划分式为：

$$SS_T = SS_A + SS_B + SS_C + SS_e$$
$$df_T = df_A + df_B + df_C + df_e$$

用 n 表示试验(处理)号数；a,b,c 表示 A,B,C 因素各水平重复数；k_a,k_b,k_c 表示 A，B,C 因素的水平数。本任务中，$n=9$，$a=b=c=3$，$k_a=k_b=k_c=3$。表 6-16 中 T_i 为各因素同一水平试验指标(增重)之和。

A 因素第 1 水平：$T_1=x_1+x_2+x_3=178+193+182=553$

A 因素第 2 水平：$T_2=x_4+x_5+x_6=180+197+184=561$

A 因素第 3 水平：$T_3=x_7+x_8+x_9=200+195+206=601$

同理，可求得 B、C 因素各水平试验指标之和。

$\overline{x}$ 为各因素同一水平试验指标的平均数。如 A 因素第 1 水平 $\overline{x}_1=553/3=184.333\ 3$，$A$ 因素第 2 水平 $\overline{x}_2=561/3=187.000\ 0$，$A$ 因素第 3 水平 $\overline{x}_3=601/3=200.333\ 3$。同理，可求得 B、C 因素各水平试验指标的平均数。

1. 计算各项平方和与自由度

矫正数 $C=\dfrac{T^2}{n}=1\ 715^2/9=326\ 802.777\ 8$

总平方和 $SS_T=\sum x^2-C=178^2+193^2+\cdots+206^2-326\ 802.777\ 8=780.222\ 2$

A 因素平方和 $SS_A=\dfrac{\sum T_A^2}{a}-C=\dfrac{553^2+561^2+601^2}{3}-326\ 802.777\ 8=440.888\ 9$

B 因素平方和 $SS_B=\dfrac{\sum T_B^2}{b}-C=\dfrac{558^2+585^2+572^2}{3}-326\ 802.777\ 8=121.555\ 5$

C 因素平方和 $SS_C=\dfrac{\sum T_C^2}{c}-C=\dfrac{557^2+579^2+579^2}{3}-326\ 802.777\ 8=107.555\ 5$

误差平方和 $SS_e=SS_T-SS_A-SS_B-SS_C$

$=780.222\ 2-440.888\ 9-121.555\ 5-107.555\ 5=110.222\ 3$

总自由度 $df_T=n-1=9-1=8$

A 因素自由度 $df_A=k_a-1=3-1=2$

B 因素自由度 $df_B=k_b-1=3-1=2$

C 因素自由度 $df_C=k_c-1=3-1=2$

误差自由度 $df_e=df_T-df_A-df_B-df_C=8-2-2-2=2$

2. 列方差分析表(表 6-17)，进行 F 检验

表 6-17 肉仔鸡补饲维生素正交试验结果方差分析表

变异来源	SS	df	MS	F	$F_{0.05(2,2)}$
硫胺素(A)	440.888 9	2	220.444 5	4.00^{ns}	19.00
核黄素(B)	121.555 5	2	60.777 8	1.103^{ns}	
吡哆醇(C)	107.555 5	2	53.777 8	0.976	
误差	110.222 3	2	55.111 2		
总变异	780.222 2	8			

F 检验结果表明，三个因素对增重的影响都不显著。究其原因可能是本任务试验误差大且误差自由度小（仅为 2），使检验的灵敏度低，从而掩盖了考察因素的显著性。由于各因素对增重影响都不显著，不必再进行各因素水平间的多重比较。

上述无重复正交试验结果的方差分析，其误差是由“空列”来估计的。“空列”实际上是被未考察的交互作用所占据，这种误差既包含试验误差，也包含交互作用，称为模型误差。若交互作用不存在，用模型误差估计试验误差是可行的；若因素间存在交互作用，则模型误差会夸大试验误差，有可能掩盖考察因素的显著性。这时，试验误差应通过重复试验值来估计。所以，进行正交试验最好能有二次以上的重复。正交试验的重复，可采用完全随机或随机单位组设计。

（二）有重复观测值正交试验结果的方差分析

假定本任务试验重复了两次，且重复采用随机单位组设计，试验结果列于表 6-18。试对其进行方差分析。

用 n 表示试验（处理）号数，r 表示试验处理的重复数。a,b,c,k_a,k_b,k_c 的意义同上。此例 $n=9,r=2,a=b=c=3,k_a=k_b=k_c=3$。

表 6-18　有重复观测值正交试验结果计算表

试验号	因素				增重/g		
	A (1)	B (2)	C (3)	空 (4)	单位组Ⅰ	单位组Ⅱ	T_t
1	1	1	1	1	178	182	360
2	1	2	2	2	193	189	382
3	1	3	3	3	182	177	359
4	2	1	2	3	180	183	363
5	2	2	3	1	197	202	399
6	2	3	1	2	184	191	375
7	3	1	3	2	200	194	394
8	3	2	1	3	195	179	374
9	3	3	2	1	206	195	401
T_1	1 101	1 117	1 109	1 160	1 715	1 692	3 407(T)
T_2	1 137	1 155	1 146	1 151			
T_3	1 169	1 135	1 152	1 096			
$\bar{x}_1$	183.50	186.17	184.83	193.33			
$\bar{x}_2$	189.50	192.50	191.00	191.83			
$\bar{x}_3$	194.83	189.17	192.00	182.67			

对于采用随机单位组设计且有重复观察值的正交试验，总变异可以划分为处理间、单位组间和误差三部分，而处理间变异可进一步划分为 A 因素、B 因素、C 因素与模型误差变异四部分。此时，平方和与自由度的划分式为：

$$SS_{\mathrm{T}}=SS_t+SS_r+SS_{e_2}$$
$$df_{\mathrm{T}}=df_t+df_r+df_{e_2}$$

$$SS_t = SS_A + SS_B + SS_C + SS_{e_1}$$
$$df_t = df_A + df_B + df_C + df_{e_1}$$

于是有
$$SS_T = SS_A + SS_B + SS_C + SS_r + SS_{e_1} + SS_{e_2}$$
$$df_T = df_A + df_B + df_C + df_r + df_{e_1} + df_{e_2}$$

式中：SS_r 为单位组间平方和；SS_{e_1} 为模型误差平方和；SS_{e_2} 为试验误差平方和；SS_t 为处理间平方和；df_r，df_{e_1}，df_{e_2}，df_t 为相应自由度。注意，对于重复采用完全随机设计的正交试验，没有 SS_r，df_r 项。

1.计算各项平方和与自由度

矫正数 $C = \frac{T^2}{nr} = \frac{3\ 407^2}{18} = 644\ 869.388\ 9$

总平方和 $SS_T = \sum x^2 - C = 178^2 + 193^2 + \cdots + 195^2 - 644\ 869.388\ 9 = 1\ 363.611\ 1$

单位组间平方和 $SS_r = \frac{\sum T_r^2}{n} - C = \frac{1\ 715^2 + 1\ 692^2}{9} - 644\ 869.388\ 9 = 29.388\ 9$

处理间平方和 $SS_t = \frac{\sum T_t^2}{r} - C = \frac{360^2 + 382^2 + \cdots + 401^2}{2} - 644\ 869.388\ 9 = 1\ 087.111\ 1$

A 因素平方和 $SS_A = \frac{\sum T_A^2}{ar} - C = \frac{1\ 101^2 + 1\ 137^2 + 1\ 169^2}{6} - 644\ 869.388\ 9 = 385.777\ 8$

B 因素平方和 $SS_B = \frac{\sum T_B^2}{br} - C = \frac{1\ 117^2 + 1\ 155^2 + 1\ 135^2}{6} - 644\ 869.388\ 9 = 120.444\ 4$

C 因素平方和 $SS_C = \frac{\sum T_C^2}{cr} - C = \frac{1\ 109^2 + 1\ 146^2 + 1\ 152^2}{6} - 644\ 869.388\ 9 = 180.777\ 8$

模型误差平方和 $SS_{e_1} = SS_t - SS_A - SS_B - SS_C$
$= 1\ 087.111\ 1 - 385.777\ 8 - 120.444\ 4 - 180.777\ 8 = 400.111\ 1$

试验误差平方和 $SS_{e_2} = SS_T - SS_r - SS_t = 1\ 363.611\ 1 - 29.388\ 9 - 1\ 087.111\ 1$
$= 247.111\ 1$

总自由度 $df_T = rn - 1 = 2 \times 9 - 1 = 17$

单位组自由度 $df_r = r - 1 = 2 - 1 = 1$

处理自由度 $df_t = n - 1 = 9 - 1 = 8$

A 因素自由度 $df_A = a - 1 = 3 - 1 = 2$

B 因素自由度 $df_B = b - 1 = 3 - 1 = 2$

C 因素自由度 $df_C = c - 1 = 3 - 1 = 2$

模型误差自由度 $df_{e_1} = df_t - df_A - df_B - df_C = 8 - 2 - 2 - 2 = 2$

试验误差自由度 $df_{e_2} = df_T - df_r - df_t = 17 - 1 - 8 = 8$

2.列出方差分析表(表 6-19)，进行 F 检验

表 6-19 有重复观测值正交试验结果方差分析表

变异来源	SS	df	MS	F	$F_{0.05(2,10)}$	$F_{0.01(2,10)}$
A	385.777 8	2	192.888 9	2.98	4.10	7.56
B	120.444 4	2	60.222 2	0.93	4.10	7.56
C	180.777 8	2	90.388 9	1.40	4.10	7.56
单位组	29.388 9	1	29.388 9	0.45	4.10	7.56
模型误差(e_1)	400.111 1	2	200.055 6			
试验误差(e_2)	247.111 1	8	30.888 9			
合并误差	647.222 2	10	64.700 0			
总变异	1 363.611 1	17				

F 检验结果表明:三个因素对肉仔鸡增重作用均不显著;两个单位组间差异也不显著。

二、正交设计方法的主要优缺点

1. 正交设计方法的主要优点

正交设计方法能够在因素变化范围内均衡抽样,使每次试验都具有较强的代表性,由于正交表具备均衡分散的特点,保证了全面试验的某些要求,这些试验往往能够较好或更好地达到试验的目的。

2. 正交设计方法的主要缺点

一是过程较长,二是计算量较大。

三、正交设计方法注意事项

重复试验(此试验的样品不完全相同)和重复取样(此试验的样品完全相同)在概念上和数据处理时都是有区别的,使用时须慎重。

【任务评价】

任务评价内容与考核得分

<table>
<tr><th>评价环节</th><th>评价内容</th><th>分值</th><th>得分</th></tr>
<tr><td rowspan="2">任务相关知识</td><td>了解正交设计的概念</td><td>10</td><td></td></tr>
<tr><td>掌握正交表的概念、特性和特点</td><td>20</td><td></td></tr>
<tr><td>任务实施</td><td>掌握正交设计的方法步骤,完成资料 1 的设计方案</td><td>40</td><td></td></tr>
<tr><td>任务扩展</td><td>掌握正交设计试验结果的统计分析方法</td><td>30</td><td></td></tr>
<tr><td>总体评价</td><td></td><td>100</td><td></td></tr>
<tr><td>资料 1</td><td colspan="3">在利用一种新饲料对肉牛生长发育效果进行试验时,需要考虑 A、B、C 三个因素,每个因素都有两个水平,试安排一个正交试验方案
<table>
<tr><th rowspan="2">水 平</th><th colspan="3">因 素</th></tr>
<tr><th>A</th><th>B</th><th>C</th></tr>
<tr><td>1</td><td>3.1</td><td>3.2</td><td>4.5</td></tr>
<tr><td>2</td><td>5.2</td><td>7.1</td><td>8.0</td></tr>
</table></td></tr>
</table>

任务五　样本容量的估计

【任务描述】

进行鲁西黄母牛体高调查时，已测得鲁西黄母牛的体高的标准差 $S=4.16$ cm，今欲以95%的置信度使调查所得的样本平均数与总体平均数的允许误差不超过0.5 cm，问需要抽取多少头黄牛组成样本才合适？

【任务相关知识】

在生物类研究中，如果我们要求调查研究或试验结果精确性高，则样本容量就要大，并且越大越好。但若样本太大，所花费的人力、物力和时间就越大，特别是一些难以恢复原状的各类破坏性试验，如畜牧试验中猪、牛、羊等动物的屠宰试验等，其成本就会相当高。所以，在实际的调查与试验研究中，从成本控制的角度讲，样本容量越小越好，但样本太小又必然会导致影响试验的精确性。所以，需要我们认真地研究在一次调查或试验中如何确定最佳样本容量的问题。

在多数情况下，确定样本容量的关键是解决以下问题：

第一，要求什么样的精度？即我们希望估计值与真值接近到什么程度？换句话说，我们想构造多宽的区间？

第二，对于我们的置信区间来说，想要多大的置信度？即我们想要多大的可靠度？

在生物类科学试验中，常见的样本容量估计问题大体可分为四类，在上述任务描述中提到的，属于平均数抽样调查的样本容量估计。

目前，对各类调查研究所需的样本容量，还没有一个统一的精确估计方法。根据以往研究，一般要求样本容量占抽样总体的5%为最小量，对变异较小的群体，则可低于5%。因为调查所需要的样本容量与调查要求的准确性高低及所研究对象的变异度大小有关，所以，我们需要提出能够接受的允许误差，并初步了解调查指标变异程度的大小。

调查结果的精确度，与抽样误差的大小有关，抽样误差的大小一般可用标准误的大小来衡量，样本容量越大，抽样误差越小。但调查者所关心的是在能容许的范围内（即要求的精确度），样本容量应为多大。样本平均数虽然提供了总体平均数的估计值，但却没有考虑随机误差的影响。合理的推断应该是在一定的概率保证下，指出总体平均数的可能范围，即应该有一个不超过一定概率的允许误差。

由总体平均数的置信区间可知，若我们要求的概率为95%，所允许的误差（用 d 表示）为：

$$d=t_{0.05}S_{\bar{x}}=\frac{t_{0.05}\times S}{\sqrt{n}} \tag{6-2}$$

在相应的误差范围内，样本容量 n 应为：

$$n=\frac{t_{\alpha}^{2}\times S^{2}}{d^{2}} \tag{6-3}$$

式中：n 为样本容量；t_{α} 为自由度 $n-1$、两尾概率为 α 的临界 t 值；S 为标准差，由经验或小型调查估得；d 为允许误差（$\overline{x}-\mu$），可根据调查要求的准确性确定。

在首次计算时，可先用 $df=\infty$ 时，t_{α} 值代入（当置信度为95%时，$t_{\alpha}=t_{0.05}=1.96$；置信度为99%时，$t_{\alpha}=t_{0.01}=2.58$），若算得 $n<30$，再用 $df=n-1$ 的 t_{α} 代入计算，直到 n 稳定为止。

【任务实施】

已知：$S=4.16$，$d=0.5$，$1-\alpha=0.95$，先取 $t_{0.05}=1.96$，代入公式(6-3)得：

$n=1.96^{2}\times 4.16^{2}/0.5^{2}=265.92\approx 266$（头）

即对鲁西黄母牛体高进行调查时，至少需要调查266头，才能以95%的置信度，使调查所得样本平均数与总平均数相差不超过0.5 cm。

【任务拓展】

一、百分数抽样调查的样本容量估计

如果我们调查的目的是对服从二项分布的总体百分数做出估计，由于样本百分率标准误为 $S_{P}=\sqrt{\frac{pq}{n}}$，所以 $d=t_{\alpha}\times S_{P}=t_{\alpha}\times\sqrt{\frac{pq}{n}}$，据此可得出样本容量的计算公式：

$$n=\frac{t_{\alpha}^{2}\times pq}{d^{2}} \tag{6-4}$$

式中：n 为样本容量；p 为总体的百分数；$q=1-p$；d 为允许误差，可由经验得出。

总体百分数如果事先未知，可先从总体中调查一个样本估计，或令 $p=0.5$ 进行估算。

例6-1　欲了解某地区猪瘟感染率，已知通常的感染率约为60%，若规定允许误差为4%，取置信度 $1-\alpha=0.95$，问至少需要调查多少头猪？

解：已知 $p=0.6$，$q=1-p=0.4$，$d=0.04$，$t_{\alpha}=1.96$，代入公式(6-4)得：

$n=1.96^{2}\times 0.6\times 0.4/0.04^{2}\approx 576$（头）

即至少需要调查576头猪，才能符合要求。

二、几种比较试验样本容量的估计

（一）非配对试验两样本容量的估计

对于随机分为两组的试验，若 $n_{1}=n_{2}$，且 $\sigma_{1}=\sigma_{2}$，则有：

双尾检验

$$n=\frac{2(t_{\alpha}+t_{2\beta})^{2}S^{2}}{\overline{d}^{2}} \tag{6-5a}$$

单尾检验
$$n=\frac{2(t_{2\alpha}+t_{2\beta})^2S^2}{\bar{d}^2} \tag{6-5b}$$

式中：n 为每组实验动物头数，即重复数；t_α、$t_{2\alpha}$ 和 $t_{2\beta}$ 分别为 $df=2(n-1)$，两尾概率为 α、2α 和 2β 的临界 t 值；S 为标准差，根据以往的试验或经验估计；$\bar{d}=\bar{x}_1-\bar{x}_2$ 为预期达到差异显著的平均数差值；$1-\alpha$ 为置信度。

首次计算时，以 $df=\infty$ 时的临界 t 值代入计算，若算出的 $n\leqslant15$，则再以 $df=2(n-1)$ 的 t 值代入重新计算，直到 n 稳定为止。

例 6-2 比较两个饲料配方对犊牛增重的影响，采用非配对设计（双尾检验），希望以95%的置信度，检验功效 $1-\beta=0.9$，在平均数差值达到 9.6 kg 时，测出差异显著性。根据以往经验 $S=8$ kg，问每组至少需要多少头试验犊牛才能满足要求？

解：将 $t_{0.05(\infty)}=1.96$，$t_{2\beta(\infty)}=t_{0.20(\infty)}=1.282$，$S=8$，$\bar{d}=\bar{x}_1-\bar{x}_2=9.6$，代入公式(6-5a)得：

$$n=\frac{2\times(1.96+1.282)^2\times8^2}{9.6^2}=14.6\approx15(\text{头})$$

以 $n=15$，$df=2\times(15-1)=28$ 的 $t_{0.05}=2.048$，$t_{0.20}=1.313$ 代入公式(6-5a)得：

$$n=\frac{2\times(2.048+1.313)^2\times8^2}{9.6^2}=15.6\approx16(\text{头})$$

再以 $n=16$，$df=2\times(16-1)=30$ 的 $t_{0.05}=2.042$，$t_{0.20}=1.310$ 代入公式(6-5a)得：

$$n=\frac{2\times(2.042+1.310)^2\times8^2}{9.6^2}=15.6\approx16(\text{头})$$

n 已稳定在 16，即本次试验两组均至少需 16 头试验犊牛才能满足要求。

(二)配对试验样本容量的估计

由配对设计 t 检验样本容量的计算公式为：

双尾检验
$$n=\frac{(t_\alpha+t_{2\beta})^2S_d^2}{\bar{d}^2} \tag{6-6a}$$

单尾检验
$$n=\frac{(t_{2\alpha}+t_{2\beta})^2S_d^2}{\bar{d}^2} \tag{6-6b}$$

式中：n 为试验所需动物对子数，即重复数；S_d 为各对子差值的标准差，根据以往的试验或经验估计；t_α，$t_{2\alpha}$ 和 $t_{2\beta}$ 分别为 $df=n-1$，两尾概率为 α，2α 和 2β 的临界 t 值；$\bar{d}$ 为要求预期达到差异显著的平均数差值($\bar{x}_1-\bar{x}_2$)；$1-\alpha$ 为置信度。

首次计算时，以 $df=\infty$ 的临界 t 值代入计算，若 $n\leqslant15$，则以 $df=n-1$ 的临界 t 值代入重新计算，直到 n 值稳定为止。

例 6-3 比较两个饲料配方对猪增重的影响，采用配对设计（双尾检验），希望以 95%的置信度，检验功效 $1-\beta=0.9$，在平均数差值达到 3 kg 时，测出差异显著性。根据以往经验 $S_d=2.5$ kg，问需要多少对试验猪才能满足要求？

解：将 $t_{0.05(\infty)}=1.96$，$t_{2\beta(\infty)}=t_{0.20(\infty)}=1.282$，$S_d=2.5$，$\bar{d}=3$ 代入公式(6-6a)得：

$$n=\frac{(1.96+1.282)^2\times2.5^2}{3^2}=7.3\approx7(对)$$

因为 $n<15$，再以 $df=7-1=6$ 时，$t_{0.05}=2.447$，$t_{0.20}=1.440$ 代入公式(6-6a)得：

$$n=\frac{(2.447+1.440)^2\times2.5^2}{3^2}=10.49\approx10(对)$$

再以 $n=10$，$df=10-1=9$ 时，$t_{0.05}=2.262$，$t_{0.20}=1.383$ 代入公式(6-6a)得：

$$n=\frac{(2.262+1.383)^2\times2.5^2}{3^2}=9.2\approx9(对)$$

再以 $n=9$，$df=9-1=8$ 时，$t_{0.05}=2.306$，$t_{0.20}=1.397$ 代入公式(6-6a)得：

$$n=\frac{(2.306+1.397)^2\times2.5^2}{3^2}=9.5\approx10(对)$$

n 已稳定为 9 或 10，故该配对试验至少需 9 对试验猪才能满足试验要求。

(三)百分率比较试验中样本容量的估计

设两样本容量相等：$n_1=n_2=n$，n 的计算公式可由两个样本百分数差异显著性检验的 t 检验公式推得：

双尾检验　$$n=\frac{2(t_\alpha+t_{2\beta})^2\bar{p}(1-\bar{p})}{\delta^2}\tag{6-7a}$$

单尾检验　$$n=\frac{2(t_{2\alpha}+t_{2\beta})^2\bar{p}(1-\bar{p})}{\delta^2}\tag{6-7b}$$

式中：n 为每组试验的动物头数；$\bar{p}$ 为合并百分数，由样本百分数计算，求得 $\bar{q}=1-\bar{p}$；δ 为预期达到差异显著的百分数差值；t_α、$t_{2\alpha}$ 和 $t_{2\beta}$ 分别为 $df=\infty$，两尾概率为 α、2α 和 2β 的临界 t 值，双尾 $t_{0.05}=1.96$，双尾 $t_{0.20}=1.282$；$1-\alpha$ 为置信度。

例 6-4　用两种菌苗对仔猪白痢进行免疫，甲菌苗有效率为 $p_1=32\div60=53.3\%$，乙菌苗有效率为 $p_2=38\div60=63.3\%$，今欲以 95%的置信度，检验功效 $1-\beta=0.9$，在样本的百分数差值达到 10%时检验出两种菌苗免疫效果有显著差异(双尾检验)，问试验时每组至少需接种多少头仔猪？

解：已知 $p_1=53.3\%$，$p_2=63.3\%$，$\delta=0.1$，$1-\beta=0.9$，则两个样本百分数的合并百分数为：

$$\bar{p}=\frac{32+38}{60+60}=0.583$$

$$\bar{q}=1-\bar{p}=0.417$$

将 $t_{0.20}=1.282$，$t_{0.05}=1.96$，$\bar{p}=0.583$，$\bar{q}=0.417$，$\delta=0.1$ 代入公式(6-7a)得：

$$n=\frac{2\times(1.96+1.282)^2\times0.583\times0.417}{0.10^2}=511(头)$$

即在正式接种试验时，每组至少需接种 511 头仔猪才能满足试验要求。

(四)多组比较试验中样本容量的估计

当试验处理数 $k\geqslant3$ 时，各处理重复数可按误差自由度 $df_e\geqslant12$ 的原则来估计。因为当

df_e 超过 12 时，F 表中的 F 值减少的幅度已很小了。

1. 完全随机设计

由 $df_e = k(n-1) \geqslant 12$，得重复数的估算公式为：

$$n \geqslant \frac{12}{k} + 1 \tag{6-8}$$

由公式(6-8)可知，若 $k=3$，则 $n \geqslant 5$；$k=4$，则 $n \geqslant 4$；…但当处理数 $k>6$ 时，重复数仍应不少于 3。

2. 随机单位组设计

以 $df_e = (k-1)(n-1) \geqslant 12$，得重复数的估算公式为：

$$n \geqslant \frac{12}{k-1} + 1 \tag{6-9}$$

由公式(6-9)可知，若 $k=3$，则 $n \geqslant 7$；$k=4$，则 $n \geqslant 5$；…但当处理数 $k>7$ 时，重复数仍应不少于 3。

另外需要注意的是，在配对试验、非配对试验和多组比较试验中，同一处理的不同重复意味着同一处理在不同的试验单位实施。若试验以个体为试验单位，则同一处理的不同重复是指同一处理实施在不同个体上；若以群体为一个试验单位，则同一处理的不同重复是指同一处理实施在不同群体上，若每个处理只在一个群体上实施，不管此群动物的实际数量到底有多少，实际上相当于只实施在一个试验单位上，只能获得一个观测值，无法估计试验误差。

【任务评价】

任务评价与考核得分

评价环节	评 价 内 容	分值	得分
任务相关知识	确定样本容量的意义和作用	10	
	估计样本容量的一般思路	10	
任务实施	完成资料 1、资料 2、资料 3 样本容量的估计	30	
任务扩展	会进行百分数抽样调查样本容量的估计	15	
	会进行非配对试验两样本容量的估计	15	
	会进行多组比较试验中样本容量的估计	15	
	影响样本容量的主要因素	5	
总体评价		100	
资料 1	调查某奶牛场犊牛性别比例，如要符合母犊占 50%，而有 95%的把握使误差不超过 5%，需要调查多少头犊牛比较合适？		
资料 2	假设在某地区进行仔猪断奶重的初步调查，已经测得其 $S=2.89$ kg，现在要制订一个调查方案，要求试验结论有 95%可靠性，在均数间差值 0.5 kg 内测出差异显著，需要调查多少头断奶仔猪比较适宜？		
资料 3	欲了解某地区鸡新城疫感染率，已知道通常感染率约 45%，若规定允许误差为 4%，取置信度 $1-\alpha=0.95$，即误差不超过 5%，问至少需要调查多少只鸡？		

生物统计实验指导

实验课是实践性教学，是本课程教学的重要组成部分，学时占总课时的1/3左右。它是巩固和检查理论授课效果，培养学生解决实际问题能力、发现学生潜在能力的有效手段。长期教学实践证明：实验课能激发学生的学习热情，巩固和拓展理论课学习的知识。它给学生表现能力的机会，也为教师直接提供反馈信息。

实验指导以必须掌握的基本内容为主，兼顾学生提高能力的锻炼和考查，以及加强教学的实践性。它比逐项完成教材上的任务评价有更强的系统性和深化作用。

实验指导共有五次实验，每次实验都提供有不同的资料，教学时可按专业特点进行选做。指导书对每个实验的目的、内容和要求都做了详细说明，每个学生必须按规定完成。

实验课要求每位学生都应该做到：

1. 实验课前预习实验指导，并复习有关的讲课内容。
2. 独立完成实验内容，不得“合作”，更不得抄袭别人的计算结果。
3. 学会利用各种工具提高实验效率。
4. 实验结束及时上交实验报告书。

实验一　*t* 检验

一、实验目的

1. 理解显著性检验的意义，掌握显著性检验的基本步骤。
2. 掌握 t 检验的检验方法及应用条件。
3. 理解单侧检验和双侧检验的选用和显著标准。
4. 学会对总体参数进行点估计和区间估计。

二、实验资料

1. 行业标准规定，每袋面粉规格为50.0 kg。随机抽测10袋面粉，重量(kg)分别为49.8，

50.5,50.2,49.1,50.4,49.7,51.0,49.6,50.6,50.3,问该批面粉是否达标?

2.随机抽测 8 头大白猪和 7 头哈白猪经产母猪的平均初生重(kg),资料如下:

大白猪 1.28,1.25,1.25,1.31,1.24,1.26,1.28,1.17

哈白猪 1.13,1.09,1.14,1.20,1.26,1.17,1.19

试检验两个品种经产母猪的初生重有无显著差异。

3.对 60 日龄雄鼠 11 只做 X 线照射试验,测定照射前后之体重见表 1,判断照射前后体重差异是否显著。

表 1 60 日龄雄鼠 X 线照射前后体重 g

项目	鼠号										
	1	2	3	4	5	6	7	8	9	10	11
照射前	25.7	24.4	21.1	25.2	26.4	23.8	21.5	22.9	23.1	25.1	29.5
照射后	22.5	23.2	20.6	23.4	25.4	20.4	20.6	21.9	22.6	23.5	24.3

4.规定育雏成活率高于 95%为合格,1 000 只鸡苗经过育雏有 25 只死亡,问育雏期管理是否达标?

5.为测定某一种新疫苗对鸡的免疫效果,将 200 只鸡分成两组,处理组 140 只(注射新疫苗),对照组 60 只(不注射疫苗)。结果处理组发病 60 只,未发病 80 只,对照组发病 40 只,未发病 20 只,试问此新疫苗有无免疫效果?

6.测定 10 头杜洛克猪的背膘厚(mm)为:13.01,14.08,13.69,13.10,14.52,13.22,12.49,12.00,12.80,13.68,试对杜洛克猪背膘厚的总体均数进行点估计和区间估计。

三、实验内容

1.用资料 1 完成单个均数差异显著性检验,判断该批面粉是否达标?

2.用资料 2 完成非配对资料两个样本平均数的显著性检验,检验两个品种经产母猪的初生重有无显著差异。

3.用资料 3 完成配对资料两个样本平均数的显著性检验,判断 X 线照射前后体重差异是否显著。

4.用资料 4 完成单个样本百分数与总体百分数的显著性检验,判断育雏期管理是否达标?

5.用资料 5 完成两个样本百分数差异的显著性检验,推断新疫苗有无免疫效果。

6.用资料 6 完成总体均数的点估计和区间估计,对杜洛克猪背膘厚的总体均数进行点估计和区间估计。

四、实验报告书的要求

1.在实验报告书中写明实验题目、目的要求和实验内容。

2.原始数据不必抄写,如有配对试验资料,应该列出各对数据的差值。

3.如果用计算器的统计计算功能计算 $\overline{x}$ 和 S,要求将 n、$\overline{x}$ 和 S 的数值清楚写出。

4. 显著性检验过程中，无效假设与统计推断不可缺少，并且要根据统计推断检验结果说明试验结果。

实验二 方差分析

一、实验目的

1. 了解方差分析的意义与基本思路。
2. 学会单因素与两因素方差分析的检验方法，并能正确应用。

二、实验资料

1. 某猪场选用28头仔猪，随机分为4组，每组7头。28头仔猪分别单圈饲养，用4种饲料进行饲养试验，仔猪在试验期的增重列于表2。试检验4种不同饲料饲养效果间有无显著性差异？

表2 仔猪试验期增重 kg

饲料号	增重(x)						
A_1	34.5	35.1	33.8	40.3	42.5	24.6	16.8
A_2	27.5	33.5	31.6	34.7	41.0	27.6	22.4
A_3	20.2	24.8	20.6	22.3	16.5	20.4	25.5
A_4	28.2	11.9	23.4	20.9	24.9	14.6	13.5

2. 五个不同品种猪的育肥试验，后期30天增重见表3，试比较各品种间增重有无差异。

表3 5个品种猪30天增重 kg

品种	增 重					
B_1	21.5	19.5	20.0	22.0	18.0	20.0
B_2	16.0	18.5	17.0	15.5	20.0	16.0
B_3	19.0	17.5	20.0	18.0	17.0	
B_4	21.0	18.5	19.0	20.0		
B_5	15.5	18.0	17.0	16.0		

3. 四窝不同品系的未成年大白鼠，每窝3头，随机地分别注射不同剂量的雌激素，然后在同样条件下试验，称得它们的子宫重量，并将其换算为每100 g体重子宫重量mg列于表4，试进行方差分析。

表 4 各品系大白鼠注射不同剂量雌激素后的每 100 g 体重子宫重量 mg

品系(A)	雌激素注射剂量(B)		
	0.2	0.4	0.8
1	106	116	145
2	42	68	115
3	70	111	133
4	42	63	87

4.为了研究饲料中钙、磷含量对仔猪生长发育的影响,分别将钙(A)、磷(B)在饲料中的含量分为4个水平进行交叉分组试验。选用品种、性别、日龄相同,初始体重基本一致的仔猪48头,随机分成16组,每组3头,经两个月试验,仔猪增重结果列于表5,试分析钙、磷对仔猪生长发育的影响。

表 5 饲喂不同钙、磷含量(%)饲料的试验仔猪增重结果 kg

饲料中钙(A)含量(%)	饲料中磷(B)含量(%)			
	B_1(0.8)	B_2(0.6)	B_3(0.4)	B_4(0.2)
A_1(1.0)	22.0	30.0	32.4	30.5
	26.5	27.5	26.5	27.0
	24.4	26.0	27.0	25.1
A_2(0.8)	23.5	33.2	38.0	26.5
	25.8	28.5	35.5	24.0
	27.0	30.1	33.0	25.0
A_3(0.6)	30.5	36.5	28.0	20.5
	26.8	34.0	30.5	22.5
	25.5	33.5	24.6	19.5
A_4(0.4)	34.5	29.0	27.5	18.5
	31.4	27.5	26.3	20.0
	29.3	28.0	28.5	19.0

三、实验内容

1.用资料1完成单因素重复数相等试验结果的方差分析,并通过多重比较找出最好的饲料。

2.用资料2完成单因素重复数不相等试验结果的方差分析,并通过多重比较找出最好的品种。

3.用资料3完成两因素无重复试验结果的方差分析。

4.用资料4完成两因素有重复试验结果的方差分析。

四、实验报告书的要求

1. 实验报告书上写明实验题目、目的要求、方法步骤；进行 F 检验和多重比较时，要列出相应的表格。

2. 无论用常规法或用电子计算器计算平方和，都要写出计算公式与过程。计算的中间结果保留 3～4 位小数，最终结果保留 2 位小数。

实验三　χ^2 检验

一、实验目的

1. 掌握 χ^2 检验的基本方法。

2. 认识“连续性矫正”的重要性。

3. 区分适合性检验或独立性检验、成对数据或成组数据，掌握各种理论次数的计算方法。

二、实验资料

1. 某种动物两对性状杂交试验的子二代 743 头中，四种表型 $A\_B\_$；A_bb；$aaB\_$；$aabb$ 分别为：388∶153∶131∶71。

2. 调查大家畜采用两种方法进行配种，即单次配种和两次配种。单次配种共 180 头，受胎 110 头；两次配种共 140 头，受胎 125 头。

3. 现有 40 份血样，把每份样品分别用血清试管法和血清凹板法诊断猪囊虫病的感染情况，观察结果列于表 6，试检验两种诊断法的阳性率是否有差异？

表 6　两种诊断法诊断猪囊虫病的结果

血清试管法	血清凹板法		合计
	+	−	
+	24(a)	2(b)	26
−	6(c)	8(d)	14
合计	30	10	40

4. 用显微镜检查某样品内细菌的个数，观察若干个小方格，记取每格中细菌的个数，得到的结果见表 7。

表 7　某样品内细菌个数显微镜检查结果

每格细菌数	0	1	2	3	4	5	6	7	8	9	合计
实际格数	5	19	26	26	21	13	5	1	1	1	118

三、实验内容

1.用资料 1 完成下列检验。

(1)试验结果是否符合 9∶3∶3∶1 的理论比例?

(2)若试验结果不符合 9∶3∶3∶1 的理论比例,用统计分析的方法帮助查找原因。

2.用资料 2 完成下列内容。

(1)用 χ^2 检验法检验两种配种方法的受胎率有无显著差别。

(2)用 t 检验法检验两种配种方法的受胎率有无显著差别。

(3)观察两种方法的检验结果是否相同?说明 χ^2 检验与 t 检验的联系与区别。

3.用资料 3 完成下列内容。

(1)判断这是什么类型试验的结果。

(2)分别计算 χ^2 和 χ_c^2 值,认识连续性矫正的重要性。

4.用资料 4 完成下列检验。

(1)据文献报告,每格中出现细菌个数为稀有事件,其概率分布符合泊松分布。计算泊松分布的概率公式为:

$$P(x)=\frac{\lambda^x}{x!}e^{-\lambda}(\lambda>0)$$

其中 λ 并不知道,可用样本均数去近似的代替它。有了 λ 就可以计算 $x=0,1,2,\cdots$ 时的概率,各组概率乘以总格数(118)即得各组的理论格数,其结果见表 8。

表 8　检验细菌个数服从泊松分布计算表

项目	细菌数(x)										合计
	0	1	2	3	4	5	6	7	8	9	
实际格数(O)	5	19	26	26	21	13	5	1	1	1	118
理论格数(E)	6	17.8	26.6	26.4	19.7	11.8	5.9	2.5	0.9	0.4	118
概率(P)	0.051	0.151	0.225	0.224	0.167	0.100	0.050	0.021	0.008	0.003	1

(2)检验每格出现细菌数的概率分布是否符合泊松公布。

(3)本例是否需要做连续性矫正?为什么?如需矫正,你采用的是什么矫正方法?

四、实验报告书的要求

1.报告书中写明实验题目、目的要求,画好必需的表格。

2.各项计算要列出计算表。

3.回答问题要抓住要点,准确完善。

4.进行泊松分布检验时,计算值的小数位应该在 3 位或更多些。

实验四　直线相关与直线回归

一、实验目的

1. 学会相关系数的计算方法及相关系数的显著性检验，并练习用相关系数说明两变量之间的相互关系。

2. 掌握建立直线回归方程的方法，并能够利用建立的回归方程进行估测。

3. 能够绘制回归直线。

二、实验资料

1. 某猪场测量 22 头后备母猪的胸围(cm)与体重(kg)资料见表 9。

表 9　22 头后备母猪的胸围与体重资料

项目	后备母猪序号																			
	1	2	3	4	5	6	7	8	9	10	11	14	15	16	17	18	19	20	21	22
胸围/cm	35	35	35	33	32	33	36	33	36	35	34	36	38	35	32	38	37	35	35	34
体重/kg	33	30	29	28	30	27	34	31	31	30	28	36	43	31	25	38	33	34	32	30

2. 某研究组测定羊抗人血清 IgG 含量(μg/μL)与沉淀圈直径(mm)的常用对数值见表 10。

表 10　羊抗人血清 IgG 含量与沉淀圈直径的常用对数值

羊抗人血清 IgG 对数/(μg/μL)	0.653 2	0.740 4	0.812 9	0.929 4	1.060 7	1.130 3
沉淀圈直径对数/mm	0.193 1	0.494 2	0.795 9	1.096 9	1.397 9	1.699 0

三、实验内容

1. 利用表 9 资料完成下列实验。

(1)假设后备母猪的胸围与体重间呈直线相关，计算其相关系数。

(2)进行相关系数的显著性检验，并用相关系数说明后备母猪的胸围与体重间的相关关系。

(3)如果后备母猪的胸围与体重间存在显著相关，建立后备母猪的胸围与体重间的回归方程，并说明回归系数的实际意义。

(4)当后备母猪的胸围为 25 cm 和 35 cm 时，能否用建立的回归方程估测后备母猪的体重，若能，请估测。

(5)在坐标系内绘制回归直线。

2. 利用表10资料完成下列实验。

(1)设羊抗人血清IgG含量($\mu g/\mu L$)常用对数值与沉淀圈直径(mm)的常用对数值间呈直线相关,计算其相关系数。

(2)进行相关系数的显著性检验,并用相关系数说明羊抗人血清IgG含量($\mu g/\mu L$)常用对数值与沉淀圈直径(mm)的常用对数值间的相关关系。

(3)如果羊抗人血清IgG含量($\mu g/\mu L$)常用对数值与沉淀圈直径(mm)的常用对数值间存在显著相关,建立羊抗人血清IgG含量($\mu g/\mu L$)常用对数值对沉淀圈直径(mm)的常用对数值间的回归方程,并说明回归系数的实际意义。

(4)当羊抗人血清IgG含量($\mu g/\mu L$)常用对数值为0.634 2($\mu g/\mu L$)和1.234 5($\mu g/\mu L$)时,能否用建立的回归方程估测沉淀圈直径(mm)的常用对数值,若能,请估测。

(5)在坐标系内绘制回归直线。

四、实验报告书的要求

1. 实验报告书中写明实验题目、目的要求、实验材料编号(不必写原始材料)。
2. 实验报告书中必须写清计算步骤,绘制计算表,计算过程中保留4位小数,所有表格必须写明表号和表题。
3. 所有图表的绘制都必须规范。

实验五 试验设计

一、实验目的

掌握完全随机试验设计、随机单位组试验设计和正交设计的应用条件和设计方法。

二、实验资料

1. 现需要进行新配方饲料(试验组)与现用饲料(对照组)对生长猪的饲养效果的对比试验。现有初始条件一致的仔猪20头,设计两组单位数相等的非配对试验。
2. 为了比较4种不同类型的饲料对仔猪的增重效果,从5窝母猪中每窝选出性别相同,体重相近的仔猪4头,共20头进行试验。
3. 在鲫鱼饲养中,为了研究微量元素的作用,欲进行Ca,P,Zn三种微量元素的三种饲养水平对鲫鱼鱼种生长发育效果的饲养试验,在不考虑交互作用的情况下,试用正交设计方法设计试验方案。

三、实验内容

1. 依据资料1,根据实验资料要求,选择适宜的试验设计方法并写出试验设计步骤。
2. 依据资料2,根据实验资料要求,选择适宜的试验设计方法并写出试验设计步骤。

3. 依据资料 3，根据实验资料要求，选择适宜的试验设计方法并写出试验设计步骤。

四、实验报告书的要求

1. 写明实验目的和要求。
2. 写明试验设计方法选择的理论依据。
3. 拟定详细的试验方案。

附　　表

附表 1　随机数字表

(1)随机数字表(Ⅰ)

编号	1	2	3	4	5	6	7	8	9	10	11	12	13	14	15	16	17	18	19	20	21	22	23	24	25
1	03	47	43	73	86	36	96	47	36	61	46	98	63	71	62	33	26	16	80	45	60	11	14	10	95
2	97	74	24	67	62	42	81	14	57	20	42	53	32	37	32	27	07	36	07	51	24	51	79	89	73
3	16	76	62	27	66	56	50	26	71	07	32	90	79	78	53	13	55	38	58	59	88	97	54	14	10
4	12	56	85	99	26	96	96	68	27	31	05	03	72	93	15	57	12	10	14	21	88	26	49	81	76
5	55	59	56	35	64	38	54	82	46	22	31	62	43	09	90	06	18	44	32	53	23	83	01	30	30
6	16	22	77	94	39	49	54	43	54	82	17	37	93	23	78	87	35	20	96	43	84	26	34	91	64
7	84	42	17	53	31	57	24	55	06	88	77	04	74	47	67	21	76	33	50	25	83	92	12	06	76
8	63	01	63	78	59	16	95	55	67	19	98	10	50	71	75	12	86	73	58	07	44	39	52	38	79
9	33	21	12	34	29	78	64	56	07	82	52	42	07	44	38	15	51	00	13	42	99	66	02	79	54
10	57	60	86	32	44	09	47	27	96	54	49	17	49	09	62	90	52	84	77	27	08	02	73	43	28
11	18	18	07	92	46	44	17	16	58	09	79	83	86	19	62	06	76	50	03	10	55	23	64	05	05
12	26	62	38	97	75	84	16	07	44	99	83	11	46	32	24	20	14	85	88	45	10	93	72	88	71
13	23	42	40	64	74	82	97	77	77	81	07	45	32	14	08	32	98	94	07	72	93	85	79	10	75
14	52	36	28	19	95	50	92	26	11	97	00	56	76	31	38	80	22	02	53	53	86	60	42	04	53
15	37	85	94	35	12	83	39	50	08	30	42	34	07	96	88	54	42	06	87	98	35	85	29	48	39
16	70	29	17	12	13	40	33	20	38	26	13	89	51	03	74	17	76	37	13	04	07	74	21	19	30
17	56	62	18	37	35	96	83	50	87	75	97	12	25	93	47	70	33	24	03	54	97	77	46	44	80
18	99	49	57	22	77	88	42	95	45	72	16	64	36	16	00	04	43	18	66	79	94	77	24	21	90
19	16	08	15	04	72	33	27	14	34	09	45	59	34	68	49	12	72	07	34	45	99	27	72	95	14
20	31	16	93	32	43	50	27	89	87	19	20	15	37	00	49	52	85	66	60	44	38	68	88	11	80
21	68	34	30	13	70	55	74	30	77	40	44	22	78	84	26	04	33	46	09	52	68	07	97	06	57
22	74	57	25	65	76	59	29	97	68	60	71	91	38	67	54	13	58	18	24	76	15	54	55	95	52

续随机数字表(Ⅰ)

编号	1	2	3	4	5	6	7	8	9	10	11	12	13	14	15	16	17	18	19	20	21	22	23	24	25
23	27	42	37	86	53	48	55	90	65	72	96	57	69	36	10	96	46	92	42	45	97	60	49	04	91
24	00	39	68	29	61	66	37	32	20	30	77	84	57	03	29	10	45	65	04	26	11	04	96	67	24
25	29	94	98	94	24	68	49	69	10	82	53	75	91	93	30	34	25	20	57	27	40	48	73	51	92
26	16	90	82	66	59	83	62	64	11	12	67	19	00	71	74	60	47	21	29	68	02	02	37	03	31
27	11	27	94	75	06	06	09	19	74	66	02	94	37	34	02	76	70	90	30	86	38	45	94	30	38
28	35	24	10	16	20	33	32	51	26	38	79	78	45	04	91	16	92	53	56	16	02	75	50	95	98
29	38	23	16	86	38	42	38	97	01	50	87	75	66	81	41	40	01	74	91	62	48	51	84	08	32
30	31	96	25	91	47	96	44	33	49	13	34	86	82	53	91	00	52	43	48	85	27	55	26	89	62
31	66	67	40	67	14	64	05	71	95	86	11	05	65	09	68	76	83	20	37	90	57	16	00	11	66
32	14	90	84	45	11	75	73	88	05	90	52	27	41	14	86	22	98	12	22	08	07	52	74	95	80
33	68	05	51	18	00	33	96	02	75	19	07	60	62	93	55	59	33	82	43	90	49	37	38	44	59
34	20	46	78	73	90	97	51	40	14	02	04	02	33	31	08	39	54	16	49	36	47	95	93	13	30
35	64	19	58	97	79	15	06	15	93	20	01	90	10	75	06	40	78	73	89	62	02	67	74	17	33
36	05	26	93	70	60	22	35	85	15	13	92	03	51	59	77	59	56	78	06	83	52	91	05	70	74
37	07	97	10	88	23	09	98	42	99	64	61	71	62	99	15	06	51	29	16	93	58	05	77	09	51
38	68	71	86	85	85	54	87	66	47	54	73	32	08	11	12	44	95	92	63	16	29	56	24	29	48
39	26	99	61	65	53	58	37	78	80	70	42	10	50	67	42	32	17	55	85	74	94	44	67	16	94
40	14	65	52	68	75	87	59	36	22	41	26	78	63	06	55	13	08	27	01	50	15	29	39	39	43
41	17	53	77	58	71	71	41	61	50	72	12	41	94	96	26	44	95	27	36	99	02	96	74	30	83
42	90	26	59	21	19	23	52	23	33	12	96	93	02	18	39	07	02	18	36	07	25	99	32	70	23
43	41	23	52	55	99	31	04	49	69	96	10	47	48	45	88	13	41	43	89	20	97	17	14	49	17
44	60	20	50	81	69	31	99	73	68	68	35	81	33	03	76	24	30	12	48	60	18	99	10	72	34
45	91	25	38	05	90	94	58	28	41	36	45	37	59	03	09	90	35	57	29	12	82	62	54	65	60
46	34	50	57	74	37	98	80	33	00	91	09	77	93	19	82	74	94	80	04	04	45	07	31	66	49
47	85	22	04	39	43	73	81	53	94	79	33	62	46	86	28	08	31	54	46	31	53	94	13	38	47
48	09	79	13	77	48	73	82	97	22	21	05	03	27	24	83	72	89	44	05	60	35	80	39	94	88
49	88	75	80	18	14	22	95	75	42	49	39	32	82	22	49	02	48	07	70	37	16	04	61	67	87
50	00	96	23	70	00	39	00	03	06	90	55	85	78	38	36	94	37	30	69	32	90	89	00	76	33

(2)随机数字表(Ⅱ)

编号	1	2	3	4	5	6	7	8	9	10	11	12	13	14	15	16	17	18	19	20	21	22	23	24	25
1	53	74	23	99	67	61	32	28	69	84	94	62	67	86	24	98	33	41	19	95	47	53	53	38	09
2	63	38	06	86	54	99	00	65	26	94	02	82	90	23	07	79	62	67	80	60	75	91	12	81	19
3	35	30	58	21	46	06	72	17	10	94	25	21	31	75	96	49	28	24	00	49	55	65	79	78	07
4	63	43	36	82	69	65	51	18	37	88	61	38	44	12	45	32	92	85	88	65	54	34	81	85	35
5	98	25	37	55	26	01	91	82	81	46	74	71	12	94	97	24	02	71	37	07	03	92	18	66	75
6	02	63	21	17	69	71	50	80	89	56	38	15	70	11	48	43	40	45	86	98	00	83	26	91	03
7	64	55	22	21	82	48	22	28	06	00	61	54	13	43	91	82	78	12	23	29	06	66	24	12	27
8	85	07	26	13	89	01	10	07	82	04	59	63	69	36	03	69	11	15	83	80	13	29	54	19	28
9	58	54	16	24	15	51	54	44	82	00	62	61	65	04	69	38	18	65	18	97	85	72	13	49	21
10	34	85	27	84	87	61	48	64	56	26	90	18	48	13	26	37	70	15	42	57	65	65	80	39	07
11	03	92	18	27	46	57	99	16	96	56	30	33	72	85	22	84	64	38	56	98	99	01	30	98	64
12	62	95	30	27	59	37	75	41	66	48	86	97	80	61	45	23	53	04	01	63	45	76	08	64	27
13	08	45	93	15	22	60	21	75	46	91	98	77	27	85	42	28	88	61	08	84	69	62	03	42	73
14	07	08	55	18	40	45	44	75	13	90	24	94	96	61	02	57	55	66	83	15	73	42	37	11	61
15	01	85	89	95	66	51	10	19	34	88	15	84	97	19	75	12	76	39	43	78	64	63	91	08	25
16	72	84	71	14	35	19	11	58	49	26	50	11	17	17	76	86	31	57	20	18	95	60	78	46	75
17	88	78	28	16	84	13	52	53	94	53	75	45	69	30	96	73	89	65	70	31	99	17	43	48	76
18	45	17	75	65	57	28	40	19	72	12	25	12	74	75	67	60	40	60	81	19	24	62	01	61	16
19	96	76	28	12	54	22	01	11	94	25	71	96	16	16	88	68	64	36	74	45	19	59	60	88	92
20	43	31	67	72	30	24	02	94	08	63	38	32	36	66	02	69	36	38	25	39	48	03	45	15	22
21	50	44	66	44	21	66	06	58	05	62	63	15	54	35	02	42	35	48	96	32	14	52	41	52	48
22	22	66	22	15	86	26	63	75	41	99	58	42	36	72	24	58	37	52	18	51	03	37	18	39	11
23	96	24	40	14	51	23	22	30	88	57	95	67	47	29	83	94	69	40	06	07	18	16	36	78	86
24	31	73	91	61	19	60	20	72	93	48	98	57	07	23	69	65	95	39	69	58	56	80	30	19	44
25	78	60	73	99	84	43	89	94	36	45	56	69	47	07	41	90	22	91	07	12	78	35	34	08	72

续随机数字表(Ⅱ)

编号	1	2	3	4	5	6	7	8	9	10	11	12	13	14	15	16	17	18	19	20	21	22	23	24	25
26	84	37	90	61	56	70	10	23	98	05	85	11	34	76	60	76	48	45	34	60	01	64	18	39	96
27	36	67	10	08	23	98	93	35	08	86	99	29	76	29	81	33	34	91	58	93	63	14	52	32	52
28	07	28	59	07	48	89	64	58	89	75	83	85	62	27	89	30	14	78	56	27	86	63	59	80	02
29	10	15	83	87	60	79	24	31	66	56	21	48	24	06	93	91	98	94	05	49	01	47	59	38	00
30	55	19	68	97	65	03	73	52	16	56	00	53	55	90	27	33	42	29	38	87	22	13	88	83	34
31	53	81	29	13	39	35	01	20	71	34	62	33	74	82	14	53	73	19	09	03	56	54	29	56	93
32	51	86	32	68	92	33	98	74	66	99	40	14	71	94	58	45	94	19	38	81	14	44	99	81	07
33	35	91	70	29	13	80	03	54	07	27	96	94	78	32	66	50	95	52	74	33	13	80	55	62	54
34	37	71	67	95	13	20	02	44	95	94	64	85	04	05	72	01	32	90	76	14	53	89	74	60	41
35	93	66	13	83	27	92	79	64	64	72	28	54	96	53	84	48	14	52	98	94	56	07	93	89	30
36	02	96	08	45	65	13	05	00	41	84	93	07	54	72	59	21	45	57	09	77	19	48	56	27	44
37	49	83	43	48	35	82	88	33	69	96	72	36	04	19	76	47	45	15	18	60	82	11	08	95	97
38	84	60	71	62	46	40	80	81	30	37	34	39	23	05	38	25	15	35	71	30	88	12	57	21	77
39	18	17	30	88	71	44	91	14	88	47	89	23	30	63	15	56	34	20	47	89	99	82	93	24	98
40	79	69	10	61	78	71	32	76	95	62	87	00	22	58	40	92	54	01	75	25	43	11	71	99	31
41	75	93	36	57	83	56	20	14	82	11	74	21	97	90	65	96	41	68	63	86	74	54	13	26	94
42	38	30	92	29	03	06	28	81	39	38	62	25	06	84	63	61	29	08	93	67	04	32	92	08	09
43	51	29	50	10	34	31	57	75	95	80	51	97	02	74	77	76	15	48	49	44	18	55	63	77	09
44	21	31	38	86	24	37	79	81	53	74	73	24	16	10	33	52	83	90	94	76	70	47	14	54	36
45	29	01	23	87	82	58	02	39	37	67	42	10	14	20	92	16	55	23	42	45	54	96	09	11	06
46	95	33	95	22	00	18	74	72	00	18	38	79	58	69	32	81	76	80	26	92	82	80	84	25	39
47	90	84	60	79	80	24	36	59	87	38	82	07	53	89	35	96	35	23	79	18	05	98	80	07	35
48	46	40	62	98	82	54	97	20	56	95	15	74	80	08	32	16	46	70	50	80	67	72	16	42	79
49	20	31	89	03	43	38	46	82	68	72	32	14	82	99	70	80	60	47	18	97	63	49	30	21	30
50	71	59	73	05	50	08	22	23	71	77	91	01	93	20	49	82	96	59	26	94	66	39	67	98	60

附表 2　标准正态分布的累积分布函数表

$$\Phi(u)=\frac{1}{\sqrt{2\pi}}\int_{-\infty}^{u} e^{-\frac{u^2}{2}}\,du\ (u\geqslant 0)$$

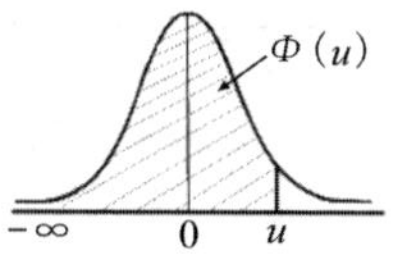

u	0.00	0.01	0.02	0.03	0.04	0.05	0.06	0.07	0.08	0.09	u
0.0	0.5000	0.5040	0.5080	0.5120	0.5160	0.5199	0.5239	0.5279	0.5319	0.5359	0.0
0.1	0.5398	0.5438	0.5478	0.5517	0.5557	0.5596	0.5636	0.5675	0.5714	0.5753	0.1
0.2	0.5793	0.5832	0.5871	0.5910	0.5948	0.5987	0.6026	0.6064	0.6103	0.6141	0.2
0.3	0.6179	0.6217	0.6255	0.6293	0.6331	0.6368	0.6406	0.6443	0.6480	0.6517	0.3
0.4	0.6554	0.6591	0.6628	0.6664	0.6700	0.6736	0.6772	0.6808	0.6844	0.6879	0.4
0.5	0.6915	0.6950	0.6985	0.7019	0.7054	0.7088	0.7123	0.7157	0.7190	0.7224	0.5
0.6	0.7257	0.7291	0.7324	0.7357	0.7389	0.7422	0.7454	0.7486	0.7517	0.7549	0.6
0.7	0.7580	0.7611	0.7642	0.7673	0.7703	0.7734	0.7764	0.7794	0.7823	0.7852	0.7
0.8	0.7881	0.7910	0.7939	0.7967	0.7995	0.8023	0.8051	0.8078	0.8106	0.8133	0.8
0.9	0.8159	0.8186	0.8212	0.8238	0.8264	0.8289	0.8315	0.8340	0.8365	0.8389	0.9
1.0	0.8413	0.8438	0.8461	0.8485	0.8508	0.8531	0.8554	0.8577	0.8599	0.8621	1.0
1.1	0.8643	0.8665	0.8686	0.8708	0.8729	0.8749	0.8770	0.8790	0.8810	0.8830	1.1
1.2	0.8849	0.8869	0.8888	0.8907	0.8925	0.8944	0.8962	0.8980	0.8997	0.90147	1.2
1.3	0.90320	0.90490	0.90658	0.90824	0.90988	0.91149	0.91309	0.91466	0.91621	0.91774	1.3
1.4	0.91924	0.92073	0.92220	0.92364	0.92507	0.92647	0.92785	0.92922	0.93056	0.93189	1.4
1.5	0.93319	0.93448	0.93574	0.93699	0.93822	0.93943	0.94062	0.94179	0.94295	0.94408	1.5
1.6	0.94520	0.94630	0.94738	0.94845	0.94950	0.95053	0.95154	0.95254	0.95352	0.95449	1.6
1.7	0.95543	0.95637	0.95728	0.95818	0.95907	0.95994	0.96080	0.96164	0.96246	0.96327	1.7
1.8	0.96407	0.96485	0.96562	0.96638	0.96712	0.96784	0.96856	0.96926	0.96995	0.97062	1.8
1.9	0.97128	0.97193	0.97257	0.97320	0.97381	0.97441	0.97500	0.97558	0.97615	0.97670	1.9
2.0	0.97725	0.97778	0.97831	0.97882	0.97932	0.97982	0.98030	0.98077	0.98124	0.98169	2.0
2.1	0.98216	0.98257	0.98300	0.98341	0.98382	0.98422	0.98461	0.98500	0.98537	0.98574	2.1
2.2	0.98610	0.98645	0.98679	0.98713	0.98745	0.98778	0.98809	0.98840	0.98870	0.98899	2.2
2.3	0.98928	0.98956	0.98983	$0.9^{2}0097$	$0.9^{2}0358$	$0.9^{2}0613$	$0.9^{2}0863$	$0.9^{2}1106$	$0.9^{2}1344$	$0.9^{2}1576$	2.3
2.4	$0.9^{2}1802$	$0.9^{2}2024$	$0.9^{2}2240$	$0.9^{2}2451$	$0.9^{2}2656$	$0.9^{2}2857$	$0.9^{2}3053$	$0.9^{2}3244$	$0.9^{2}3431$	$0.9^{2}3613$	2.4

续附表 2

u	0.00	0.01	0.02	0.03	0.04	0.05	0.06	0.07	0.08	0.09	u
2.5	$0.9^{2}3790$	$0.9^{2}3963$	$0.9^{2}4132$	$0.9^{2}4297$	$0.9^{2}4457$	$0.9^{2}4614$	$0.9^{2}4766$	$0.9^{2}4915$	$0.9^{2}5060$	$0.9^{2}5201$	2.5
2.6	$0.9^{2}5339$	$0.9^{2}5473$	$0.9^{2}5604$	$0.9^{2}5731$	$0.9^{2}5855$	$0.9^{2}5975$	$0.9^{2}6093$	$0.9^{2}6207$	$0.9^{2}6319$	$0.9^{2}6427$	2.6
2.7	$0.9^{2}6533$	$0.9^{2}6636$	$0.9^{2}6736$	$0.9^{2}6833$	$0.9^{2}6928$	$0.9^{2}7020$	$0.9^{2}7110$	$0.9^{2}7197$	$0.9^{2}7282$	$0.9^{2}7365$	2.7
2.8	$0.9^{2}7445$	$0.9^{2}7523$	$0.9^{2}7599$	$0.9^{2}7673$	$0.9^{2}7744$	$0.9^{2}7814$	$0.9^{2}7882$	$0.9^{2}7948$	$0.9^{2}8012$	$0.9^{2}8074$	2.8
2.9	$0.9^{2}8134$	$0.9^{2}8193$	$0.9^{2}8250$	$0.9^{2}8305$	$0.9^{2}8359$	$0.9^{2}8411$	$0.9^{2}8462$	$0.9^{2}8511$	$0.9^{2}8559$	$0.9^{2}8605$	2.9
3.0	$0.9^{2}8650$	$0.9^{2}8694$	$0.9^{2}8736$	$0.9^{2}8777$	$0.9^{2}8817$	$0.9^{2}8856$	$0.9^{2}8893$	$0.9^{2}8930$	$0.9^{2}8965$	$0.9^{2}8999$	3.0
3.1	$0.9^{3}0324$	$0.9^{3}0646$	$0.9^{3}0957$	$0.9^{3}1260$	$0.9^{3}1553$	$0.9^{3}1836$	$0.9^{3}2112$	$0.9^{3}2378$	$0.9^{3}2636$	$0.9^{3}2886$	3.1
3.2	$0.9^{3}3129$	$0.9^{3}3363$	$0.9^{3}3590$	$0.9^{3}3810$	$0.9^{3}4024$	$0.9^{3}4230$	$0.9^{3}4429$	$0.9^{3}4623$	$0.9^{3}4810$	$0.9^{3}4991$	3.2
3.3	$0.9^{3}5166$	$0.9^{3}5335$	$0.9^{3}5499$	$0.9^{3}5658$	$0.9^{3}5811$	$0.9^{3}5959$	$0.9^{3}6103$	$0.9^{3}6242$	$0.9^{3}6376$	$0.9^{3}6505$	3.3
3.4	$0.9^{3}6631$	$0.9^{3}6752$	$0.9^{3}6869$	$0.9^{3}6982$	$0.9^{3}7091$	$0.9^{3}7197$	$0.9^{3}7299$	$0.9^{3}7398$	$0.9^{3}7493$	$0.9^{3}7585$	3.4
3.5	$0.9^{3}7674$	$0.9^{3}7759$	$0.9^{3}7842$	$0.9^{3}7922$	$0.9^{3}7999$	$0.9^{3}8074$	$0.9^{3}8146$	$0.9^{3}8215$	$0.9^{3}8282$	$0.9^{3}8347$	3.5
3.6	$0.9^{3}8409$	$0.9^{3}8469$	$0.9^{3}8527$	$0.9^{3}8583$	$0.9^{3}8637$	$0.9^{3}8689$	$0.9^{3}8739$	$0.9^{3}8787$	$0.9^{3}8834$	$0.9^{3}8879$	3.6
3.7	$0.9^{3}8922$	$0.9^{3}8964$	$0.9^{4}0039$	$0.9^{4}0426$	$0.9^{4}0799$	$0.9^{4}1158$	$0.9^{4}1504$	$0.9^{4}1838$	$0.9^{4}2159$	$0.9^{4}2468$	3.7
3.8	$0.9^{4}2765$	$0.9^{4}3052$	$0.9^{4}3327$	$0.9^{4}3593$	$0.9^{4}3848$	$0.9^{4}4094$	$0.9^{4}4331$	$0.9^{4}4558$	$0.9^{4}4777$	$0.9^{4}4988$	3.8
3.9	$0.9^{4}5190$	$0.9^{4}5385$	$0.9^{4}5573$	$0.9^{4}5753$	$0.9^{4}5926$	$0.9^{4}6092$	$0.9^{4}6253$	$0.9^{4}6406$	$0.9^{4}6554$	$0.9^{4}6696$	3.9
4.0	$0.9^{4}6833$	$0.9^{4}6964$	$0.9^{4}7090$	$0.9^{4}7211$	$0.9^{4}7327$	$0.9^{4}7439$	$0.9^{4}7546$	$0.9^{4}7649$	$0.9^{4}7748$	$0.9^{4}7843$	4.0
4.1	$0.9^{4}7934$	$0.9^{4}8022$	$0.9^{4}8106$	$0.9^{4}8186$	$0.9^{4}8263$	$0.9^{4}8338$	$0.9^{4}8409$	$0.9^{4}8477$	$0.9^{4}8542$	$0.9^{4}8605$	4.1
4.2	$0.9^{4}8665$	$0.9^{4}8723$	$0.9^{4}8778$	$0.9^{4}8832$	$0.9^{4}8882$	$0.9^{4}8931$	$0.9^{4}8978$	$0.9^{5}0226$	$0.9^{5}0655$	$0.9^{5}1066$	4.2
4.3	$0.9^{5}1460$	$0.9^{5}1837$	$0.9^{5}2199$	$0.9^{5}2545$	$0.9^{5}2876$	$0.9^{5}3193$	$0.9^{5}3497$	$0.9^{5}3788$	$0.9^{5}4066$	$0.9^{5}4332$	4.3
4.4	$0.9^{5}4587$	$0.9^{5}4831$	$0.9^{5}5065$	$0.9^{5}5288$	$0.9^{5}5502$	$0.9^{5}5706$	$0.9^{5}5902$	$0.9^{5}6089$	$0.9^{5}6268$	$0.9^{5}6439$	4.4
4.5	$0.9^{5}6602$	$0.9^{5}6759$	$0.9^{5}6908$	$0.9^{5}7051$	$0.9^{5}7187$	$0.9^{5}7318$	$0.9^{5}7442$	$0.9^{5}7561$	$0.9^{5}7675$	$0.9^{5}7784$	4.5
4.6	$0.9^{5}7888$	$0.9^{5}7987$	$0.9^{5}8081$	$0.9^{5}8172$	$0.9^{5}8258$	$0.9^{5}8340$	$0.9^{5}8419$	$0.9^{5}8494$	$0.9^{5}8566$	$0.9^{5}8634$	4.6
4.7	$0.9^{5}8699$	$0.9^{5}8761$	$0.9^{5}8821$	$0.9^{5}8877$	$0.9^{5}8931$	$0.9^{5}8983$	$0.9^{6}0320$	$0.9^{6}0789$	$0.9^{6}1235$	$0.9^{6}1661$	4.7
4.8	$0.9^{6}2067$	$0.9^{6}2453$	$0.9^{6}2822$	$0.9^{6}3173$	$0.9^{6}3508$	$0.9^{6}3827$	$0.9^{6}4131$	$0.9^{6}4420$	$0.9^{6}4696$	$0.9^{6}4958$	4.8
4.9	$0.9^{6}5208$	$0.9^{6}5446$	$0.9^{6}5673$	$0.9^{6}5889$	$0.9^{6}6094$	$0.9^{6}6289$	$0.9^{6}6475$	$0.9^{6}6652$	$0.9^{6}6821$	$0.9^{6}6981$	4.9

附表 3　标准正态分布的双侧分位数表

$$\alpha = 1 - \frac{1}{\sqrt{2\pi}} \int_{-u_\alpha}^{u_\alpha} e^{-\frac{u^2}{2}} du$$

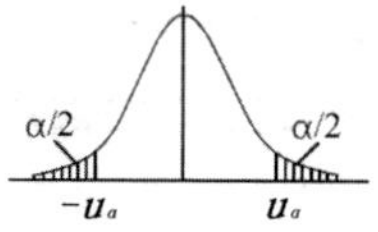

α	0.00	0.01	0.02	0.03	0.04	0.05	0.06	0.07	0.08	0.09	α
0.0	∞	2.575829	2.326348	2.170090	2.053749	1.959964	1.880794	1.811911	1.750686	1.695398	0.0
0.1	1.644854	1.598193	1.554774	1.514102	1.475791	1.439531	0.405072	1.372204	1.340755	1.310579	0.1
0.2	1.281552	1.253565	1.226528	1.200359	1.174987	1.150349	1.126391	1.103063	1.080319	1.058122	0.2
0.3	1.036433	1.015222	0.994458	0.974114	0.954165	0.934589	0.915365	0.896473	0.877896	0.859617	0.3
0.4	0.841621	0.823894	0.806421	0.789192	0.772193	0.755415	0.738847	0.722479	0.706303	0.690309	0.4
0.5	0.674490	0.658838	0.643345	0.628006	0.612813	0.597760	0.582841	0.568051	0.553385	0.538836	0.5
0.6	0.524401	0.510073	0.495850	0.481727	0.467699	0.453762	0.439913	0.426148	0.412463	0.398855	0.6
0.7	0.385320	0.371856	0.358459	0.345125	0.331853	0.318639	0.305481	0.292375	0.279319	0.266311	0.7
0.8	0.253347	0.240426	0.227545	0.214702	0.201893	0.189113	0.176374	0.163658	0.150969	0.138304	0.8
0.9	0.125661	0.113039	0.100434	0.087845	0.075270	0.062707	0.050154	0.037608	0.025069	0.012533	0.9

α	0.001	0.0001	0.00001	0.000001	0.0000001	0.00000001	α
u_α	3.29053	3.89059	4.41717	4.89164	5.32672	5.73073	u_α

附表 4　t 分布的双侧分位数表

$P(|t| > t_{\alpha(df)}) = \alpha$

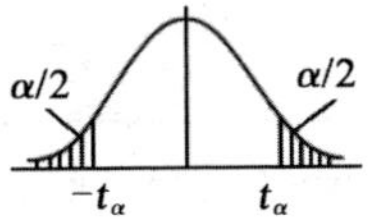

df \ α	0.9	0.8	0.7	0.6	0.5	0.4	0.3	0.2	0.1	0.05	0.02	0.01	0.001	α / df
1	0.158	0.325	0.510	0.727	1.000	1.376	1.963	3.078	6.314	12.706	31.821	63.657	636.619	1
2	0.142	0.289	0.445	0.617	0.816	1.061	1.386	1.886	2.920	4.303	6.965	9.925	31.598	2
3	0.137	0.277	0.424	0.584	0.765	0.978	1.250	1.638	2.353	3.182	4.541	5.841	12.924	3
4	0.134	0.271	0.414	0.569	0.741	0.941	1.190	1.533	2.132	2.776	3.747	4.604	8.610	4
5	0.132	0.267	0.408	0.559	0.727	0.920	1.156	1.476	2.015	2.571	3.365	4.032	6.859	5
6	0.131	0.265	0.404	0.553	0.718	0.906	1.134	1.440	1.943	2.447	3.143	3.707	5.959	6
7	0.130	0.263	0.402	0.549	0.711	0.896	1.119	1.415	1.895	2.365	2.998	3.499	5.405	7
8	0.130	0.262	0.399	0.546	0.706	0.889	1.108	1.397	1.860	2.306	2.896	3.355	5.041	8
9	0.129	0.261	0.398	0.543	0.703	0.883	1.100	1.383	1.833	2.262	2.821	3.250	4.781	9
10	0.129	0.260	0.397	0.542	0.700	0.879	1.093	1.372	1.812	2.228	2.764	3.169	4.587	10
11	0.129	0.260	0.396	0.540	0.697	0.876	1.088	1.363	1.796	2.201	2.718	3.106	4.437	11
12	0.128	0.259	0.395	0.539	0.695	0.873	1.083	1.356	1.782	2.179	2.681	3.055	4.318	12
13	0.128	0.259	0.394	0.538	0.694	0.870	1.079	1.350	1.771	2.160	2.650	3.012	4.221	13
14	0.128	0.258	0.393	0.537	0.692	0.868	1.076	1.345	1.761	2.145	2.624	2.977	4.140	14
15	0.128	0.258	0.393	0.536	0.691	0.866	1.074	1.341	1.753	2.131	2.602	2.947	4.073	15
16	0.128	0.258	0.392	0.535	0.690	0.865	1.071	1.337	1.746	2.120	2.583	2.921	4.015	16
17	0.128	0.257	0.392	0.534	0.689	0.863	1.069	1.333	1.740	2.110	2.567	2.898	3.965	17
18	0.127	0.257	0.392	0.534	0.688	0.862	1.067	1.330	1.734	2.101	2.552	2.878	3.922	18
19	0.127	0.257	0.391	0.533	0.688	0.861	1.066	1.328	1.729	2.093	2.539	2.861	3.883	19
20	0.127	0.257	0.391	0.533	0.687	0.860	1.064	1.325	1.725	2.086	2.528	2.845	3.850	20

续附表 4

α / df	0.9	0.8	0.7	0.6	0.5	0.4	0.3	0.2	0.1	0.05	0.02	0.01	0.001	α / df
21	0.127	0.257	0.391	0.532	0.686	0.859	1.063	1.323	1.721	2.080	2.518	2.831	3.819	21
22	0.127	0.256	0.390	0.532	0.686	0.858	1.061	1.321	1.717	2.074	2.508	2.819	3.792	22
23	0.127	0.256	0.390	0.532	0.685	0.858	1.060	1.319	1.714	2.069	2.500	2.807	3.767	23
24	0.127	0.256	0.390	0.531	0.685	0.857	1.059	1.318	1.711	2.064	2.492	2.797	3.745	24
25	0.127	0.256	0.390	0.531	0.684	0.856	1.058	1.316	1.708	2.060	2.485	2.787	3.725	25
26	0.127	0.256	0.390	0.531	0.684	0.856	1.058	1.315	1.706	2.056	2.479	2.779	3.707	26
27	0.127	0.256	0.389	0.531	0.684	0.855	1.057	1.314	1.703	2.052	2.473	2.771	3.690	27
28	0.127	0.256	0.389	0.530	0.683	0.855	1.056	1.313	1.701	2.048	2.467	2.763	3.674	28
29	0.127	0.256	0.389	0.530	0.683	0.854	1.055	1.311	1.699	2.045	2.462	2.756	3.659	29
30	0.127	0.256	0.389	0.530	0.683	0.854	1.055	1.310	1.697	2.042	2.457	2.750	3.646	30
40	0.126	0.255	0.388	0.529	0.681	0.851	1.050	1.303	1.684	2.021	2.423	2.704	3.551	40
60	0.126	0.254	0.387	0.527	0.679	0.848	1.046	1.296	1.671	2.000	2.390	2.660	3.460	60
120	0.126	0.254	0.386	0.526	0.677	0.845	1.041	1.289	1.658	1.980	2.358	2.617	3.373	120
∞	0.126	0.253	0.385	0.524	0.674	0.842	1.036	1.282	1.645	1.960	2.326	2.576	3.291	∞

附表 5　*F* 分布的上侧分位数表

$P\{F > F_{\alpha(df_1, df_2)}\} = \alpha \quad \alpha = 0.05$

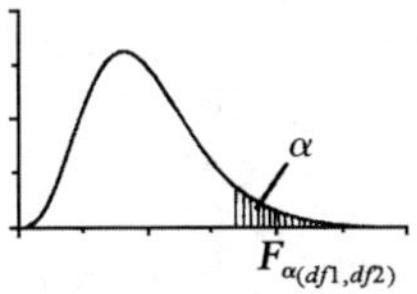

df_2 \ df_1	1	2	3	4	5	6	7	8	9	10	12	15	20	24	30	40	60	120	∞
1	161.4	199.5	215.7	224.6	230.2	234.0	236.8	238.9	240.5	241.9	243.9	245.9	248.0	249.1	250.1	251.1	252.2	253.3	254.3
2	18.51	19.00	19.16	19.25	19.30	19.33	19.35	19.37	19.38	19.40	19.41	19.43	19.45	19.45	19.46	19.47	19.48	19.49	19.50
3	10.13	9.55	9.28	9.12	9.01	8.94	8.89	8.85	8.81	8.79	8.74	8.70	8.66	8.64	8.62	8.59	8.57	8.55	8.53
4	7.71	6.94	6.59	6.39	6.26	6.16	6.09	6.04	6.00	5.96	5.91	5.86	5.80	5.77	5.75	5.72	5.69	5.66	5.63
5	6.61	5.79	5.41	5.19	5.05	4.95	4.88	4.82	4.77	4.74	4.68	4.62	4.56	4.53	4.50	4.46	4.43	4.40	4.36
6	5.99	5.14	4.76	4.53	4.39	4.28	4.21	4.15	4.10	4.06	4.00	3.94	3.87	3.84	3.81	3.77	3.74	3.70	3.67
7	5.59	4.74	4.35	4.12	3.97	3.87	3.79	3.73	4.68	3.64	3.57	3.51	3.44	3.41	3.38	3.34	3.30	3.27	3.23
8	5.32	4.46	4.07	3.84	3.69	3.58	3.50	3.44	3.39	3.35	3.28	3.22	3.15	3.12	3.08	3.04	3.01	2.97	2.93
9	5.12	4.26	3.86	3.63	3.48	3.37	3.29	3.23	3.18	3.14	3.07	3.01	2.94	2.90	2.86	2.83	2.79	2.75	2.71
10	4.96	4.10	3.71	3.48	3.33	3.22	3.14	3.07	3.02	2.98	2.91	2.85	2.77	2.74	2.70	2.66	2.62	2.58	2.54
11	4.84	3.98	3.59	3.36	3.20	3.09	3.01	2.95	2.90	2.85	2.79	2.72	2.65	2.61	2.57	2.53	2.49	2.45	2.40
12	4.75	3.89	3.49	3.26	3.11	3.00	2.91	2.85	2.80	2.75	2.69	2.62	2.54	2.51	2.47	2.43	2.38	2.34	2.30
13	4.67	3.81	3.41	3.18	3.03	2.92	2.83	2.77	2.71	2.67	2.60	2.53	2.46	2.42	2.38	2.34	2.30	2.25	2.21
14	4.60	3.74	3.34	3.11	2.96	2.85	2.76	2.70	2.65	2.60	2.53	2.46	2.39	2.35	2.31	2.27	2.22	2.18	2.13
15	4.54	3.68	3.29	3.06	2.90	2.79	2.71	2.64	2.59	2.54	2.48	2.40	2.33	2.29	2.25	2.20	2.16	2.11	2.07
16	4.49	3.63	3.24	3.01	2.85	2.74	2.66	2.59	2.54	2.49	2.42	2.35	2.28	2.24	2.19	2.15	2.11	2.06	2.01
17	4.45	3.59	3.20	2.96	2.81	2.70	2.61	2.55	2.49	2.45	2.38	2.31	2.23	2.19	2.15	2.10	2.06	2.01	1.96
18	4.41	3.55	3.16	2.93	2.77	2.66	2.58	2.51	2.46	2.41	2.34	2.27	2.19	2.15	2.11	2.06	2.02	1.97	1.92
19	4.38	3.52	3.13	2.90	2.74	2.63	2.54	2.48	2.42	2.38	2.31	2.23	2.16	2.11	2.07	2.03	1.98	1.93	1.88
20	4.35	3.49	3.10	2.87	2.71	2.60	2.51	2.45	2.39	2.35	2.28	2.20	2.12	2.08	2.04	1.99	1.95	1.90	1.84
21	4.32	3.47	3.07	2.84	2.68	2.57	2.49	2.42	2.37	2.32	2.25	2.18	2.10	2.05	2.01	1.96	1.92	1.87	1.81
22	4.30	3.44	3.05	2.82	2.66	2.55	2.46	2.40	2.34	2.30	2.23	2.15	2.07	2.03	1.98	1.94	1.89	1.84	1.78
23	4.28	3.42	3.03	2.80	2.64	2.53	2.44	2.37	2.32	2.27	2.20	2.13	2.05	2.01	1.96	1.91	1.86	1.81	1.76
24	4.26	3.40	3.01	2.78	2.62	2.51	2.42	2.36	2.30	2.25	2.18	2.11	2.03	1.98	1.94	1.89	1.84	1.79	1.73
25	4.24	3.39	2.99	2.76	2.60	2.49	2.40	2.34	2.28	2.24	2.16	2.09	2.01	1.96	1.92	1.87	1.82	1.77	1.71
26	4.23	3.37	2.98	2.74	2.59	2.47	2.39	2.32	2.27	2.22	2.15	2.07	1.99	1.95	1.90	1.85	1.80	1.75	1.69
27	4.21	3.35	2.96	2.73	2.57	2.46	2.37	2.31	2.25	2.20	2.13	2.06	1.97	1.93	1.88	1.84	1.79	1.73	1.67
28	4.20	3.34	2.95	2.71	2.56	2.45	2.36	2.29	2.24	2.19	2.12	2.04	1.96	1.91	1.87	1.82	1.77	1.71	1.65
29	4.18	3.33	2.93	2.70	2.55	2.43	2.35	2.28	2.22	2.18	2.10	2.03	1.94	1.90	1.85	1.81	1.75	1.70	1.64
30	4.17	3.32	2.92	2.69	2.53	2.42	2.33	2.27	2.21	2.16	2.09	2.01	1.93	1.89	1.84	1.79	1.74	1.68	1.62
40	4.08	3.23	2.84	2.61	2.45	2.34	2.25	2.18	2.12	2.08	2.00	1.92	1.84	1.79	1.74	1.69	1.64	1.58	1.51
60	4.00	3.15	2.76	2.53	2.37	2.25	2.17	2.10	2.04	1.99	1.92	1.84	1.75	1.70	1.65	1.59	1.53	1.47	1.39
120	3.92	3.07	2.68	2.45	2.29	2.17	2.09	2.02	1.96	1.91	1.83	1.75	1.66	1.61	1.55	1.50	1.43	1.35	1.25
∞	3.84	3.00	2.60	2.37	2.21	2.10	2.01	1.94	1.88	1.83	1.75	1.67	1.57	1.52	1.46	1.39	1.32	1.22	1.00

续附表 5

$\alpha=0.01$

df_2 \ df_1	1	2	3	4	5	6	7	8	9	10	12	15	20	24	30	40	60	120	∞
1	4 052	4999.5	5 403	5 625	5 764	5 859	5 928	5 982	6 022	6 056	6 106	6 157	6 209	6 235	6 261	6 287	6 313	6 339	6 366
2	98.50	99.00	99.17	99.25	99.30	99.33	99.36	99.37	99.39	99.40	99.42	99.43	99.45	99.46	99.47	99.47	99.48	99.49	99.50
3	34.12	30.82	29.46	28.71	28.24	27.91	27.67	27.49	27.35	27.23	27.05	26.87	26.69	26.60	26.50	26.41	26.32	26.22	26.13
4	21.20	18.00	16.69	15.98	15.52	15.21	14.98	14.80	14.66	14.55	14.37	14.20	14.02	13.93	13.84	13.75	13.65	13.56	13.46
5	16.26	13.27	12.06	11.39	10.97	10.67	10.46	10.29	10.16	10.05	9.89	9.72	9.55	9.47	9.38	9.29	9.20	9.11	9.02
6	13.75	10.92	9.78	9.15	8.75	8.47	8.26	8.10	7.98	7.87	7.72	7.56	7.40	7.31	7.23	7.14	7.06	6.97	6.88
7	12.25	9.55	8.45	7.85	7.46	7.19	6.99	6.84	6.72	6.62	6.47	6.31	6.16	6.07	5.99	5.91	5.82	5.74	5.65
8	11.26	8.65	7.59	7.01	6.63	6.37	6.18	6.03	5.91	5.81	5.67	5.52	5.36	5.28	5.20	5.12	5.03	4.95	4.86
9	10.56	8.02	6.99	6.42	6.06	5.80	5.61	5.47	5.35	5.26	5.11	4.96	4.81	4.73	4.65	4.57	4.48	4.40	4.31
10	10.04	7.56	6.55	5.99	5.64	5.39	5.20	5.06	4.94	4.85	4.71	4.56	4.41	4.33	4.25	4.17	4.08	4.00	3.91
11	9.65	7.21	6.22	5.67	5.32	5.07	4.89	4.74	4.63	4.54	4.40	4.25	4.10	4.02	3.94	3.86	3.78	3.69	3.60
12	9.33	6.93	5.95	5.41	5.06	4.82	4.64	4.50	4.39	4.30	4.16	4.01	3.86	3.78	3.70	3.62	3.54	3.45	3.36
13	9.07	6.70	5.74	5.21	4.86	4.62	4.44	4.30	4.19	4.10	3.96	3.82	3.66	3.59	3.51	3.43	3.34	3.25	3.17
14	8.86	6.51	5.56	5.04	4.69	4.46	4.28	4.14	4.03	3.94	3.80	3.66	3.51	3.43	3.35	3.27	3.18	3.09	3.00
15	8.68	6.36	5.42	4.89	4.56	4.32	4.14	4.00	3.89	3.80	3.67	3.52	3.37	3.29	3.21	3.13	3.05	2.96	2.87
16	8.53	6.23	5.29	4.77	4.44	4.20	4.03	3.89	3.78	3.69	3.55	3.41	3.26	3.18	3.10	3.02	2.93	2.84	2.75
17	8.40	6.11	5.18	4.67	4.34	4.10	3.93	3.79	3.68	3.59	3.46	3.31	3.16	3.08	3.00	2.92	2.83	2.75	2.65
18	8.29	6.01	5.09	4.58	4.25	4.01	3.84	3.71	3.60	3.51	3.37	3.23	3.08	3.00	2.92	2.84	2.75	2.66	2.57
19	8.18	5.93	5.01	4.50	4.17	3.94	3.77	3.63	3.52	3.43	3.30	3.15	3.00	2.92	2.84	2.76	2.67	2.58	2.49
20	8.10	5.85	4.94	4.43	4.10	3.87	3.70	3.56	3.46	3.37	3.23	3.09	2.94	2.86	2.78	2.69	2.61	2.52	2.42
21	8.02	5.78	4.87	4.37	4.04	3.81	3.64	3.51	3.40	3.31	3.17	3.03	2.88	2.80	2.72	2.64	2.55	2.46	2.36
22	7.95	5.72	4.82	4.31	3.99	3.76	3.59	3.45	3.35	3.26	3.12	2.98	2.83	2.75	2.67	2.58	2.50	2.40	2.31
23	7.88	5.66	4.76	4.26	3.94	3.71	3.54	3.41	3.30	3.21	3.07	2.93	2.78	2.70	2.62	2.54	2.45	2.35	2.26
24	7.82	5.61	4.72	4.22	3.90	3.67	3.50	3.36	3.26	3.17	3.03	2.89	2.74	2.66	2.58	2.49	2.40	2.31	2.21
25	7.77	5.57	4.68	4.18	3.85	3.63	3.46	3.32	3.22	3.13	2.99	2.85	2.70	2.62	2.54	2.45	2.36	2.27	2.17
26	7.72	5.53	4.64	4.14	3.82	3.59	3.42	3.29	3.18	3.09	2.96	2.81	2.66	2.58	2.50	2.42	2.33	2.23	2.13
27	7.68	5.49	4.60	4.11	3.78	3.56	3.39	3.26	3.15	3.06	2.93	2.78	2.63	2.55	2.47	2.38	2.29	2.20	2.10
28	7.64	5.45	4.57	4.07	3.75	3.53	3.36	3.23	3.12	3.03	2.90	2.75	2.60	2.52	2.44	2.35	2.26	2.17	2.06
29	7.60	5.42	4.54	4.04	3.73	3.50	3.33	3.20	3.09	3.00	2.87	2.73	2.57	2.49	2.41	2.33	2.23	2.14	2.03
30	7.56	5.39	4.51	4.02	3.70	3.47	3.30	3.17	3.07	2.98	2.84	2.70	2.55	2.47	2.39	2.30	2.21	2.11	2.01
40	7.31	5.18	4.31	3.83	3.51	3.29	3.12	2.99	2.89	2.80	2.66	2.52	2.37	2.29	2.20	2.11	2.02	1.92	1.80
60	7.08	4.93	4.13	3.65	3.34	3.12	2.95	2.82	2.72	2.63	2.50	2.35	2.20	2.12	2.03	1.94	1.84	1.73	1.60
120	6.85	4.79	3.95	3.48	3.17	2.96	2.79	2.66	2.56	2.47	2.34	2.19	2.03	1.95	1.86	1.76	1.66	1.53	1.38
∞	6.63	4.61	3.78	3.32	3.02	2.80	2.64	2.51	2.41	2.32	2.18	2.04	1.88	1.79	1.70	1.59	1.47	1.32	1.00

附表 6 Duncan's 多重极差检验的 5%和 1% *SSR* 值表

自由度 (df)	显著水平 (α)	检验极差的范围(k)													
		2	3	4	5	6	7	8	9	10	12	14	16	18	20
1	0.05	18.00	18.00	18.00	18.00	18.00	18.00	18.00	18.00	18.00	18.00	18.00	18.00	18.00	18.00
	0.01	90.00	90.00	90.00	90.00	90.00	90.00	90.00	90.00	90.00	90.00	90.00	90.00	90.00	90.00
2	0.05	6.09	6.09	6.09	6.09	6.09	6.09	6.09	6.09	6.09	6.09	6.09	6.09	6.09	6.09
	0.01	14.00	14.00	14.00	14.00	14.00	14.00	14.00	14.00	14.00	14.00	14.00	14.00	14.00	14.00
3	0.05	4.50	4.50	4.50	4.50	4.50	4.50	4.50	4.50	4.50	4.50	4.50	4.50	4.50	4.50
	0.01	8.26	8.50	8.60	8.70	8.80	8.90	8.90	9.00	9.00	9.00	9.10	9.20	9.30	9.30
4	0.05	3.93	4.01	4.02	4.02	4.02	4.02	4.02	4.02	4.02	4.02	4.02	4.02	4.02	4.02
	0.01	6.51	6.80	6.90	7.00	7.10	7.10	7.20	7.20	7.30	7.30	7.40	7.40	7.50	7.50
5	0.05	3.64	3.74	3.79	3.83	3.83	3.83	3.83	3.83	3.83	3.83	3.83	3.83	3.83	3.83
	0.01	5.70	5.96	6.11	6.18	6.26	6.33	6.40	6.44	6.50	6.60	6.60	6.70	6.70	6.80
6	0.05	3.46	3.58	3.64	3.68	3.68	3.68	3.68	3.68	3.68	3.68	3.68	3.68	3.68	3.68
	0.01	5.24	5.51	5.65	5.73	5.81	5.88	5.95	6.00	6.00	6.10	6.20	6.20	6.30	6.30
7	0.05	3.35	3.47	3.54	3.58	3.60	3.61	3.61	3.61	3.61	3.61	3.61	3.61	3.61	3.61
	0.01	4.95	5.22	5.37	5.45	5.53	5.61	5.69	5.73	5.80	5.80	5.90	5.90	6.00	6.00
8	0.05	3.26	3.39	3.47	3.52	3.55	3.56	3.56	3.56	3.56	3.56	3.56	3.56	3.56	3.56
	0.01	4.74	5.00	5.14	5.23	5.32	5.40	5.47	5.51	5.50	5.60	5.70	5.70	5.80	5.80
9	0.05	3.20	3.34	3.41	3.47	3.50	3.52	3.52	3.52	3.52	3.52	3.52	3.52	3.52	3.52
	0.01	4.60	4.86	4.99	5.08	5.17	5.25	5.32	5.36	5.40	5.50	5.50	5.60	5.70	5.70
10	0.05	3.15	3.30	3.37	3.43	3.46	3.47	3.47	3.47	3.47	3.47	3.47	3.47	3.47	3.48
	0.01	4.48	4.73	4.88	4.96	5.06	5.13	5.20	5.24	5.28	5.36	5.42	5.48	5.54	5.55
11	0.05	3.11	3.27	3.35	3.39	3.43	3.44	3.45	3.46	3.46	3.46	3.46	3.46	3.47	3.48
	0.01	4.39	4.63	4.77	4.86	4.94	5.01	5.06	5.12	5.15	5.24	5.28	5.34	5.38	5.39
12	0.05	3.08	3.23	3.33	3.36	3.40	3.42	3.44	3.44	3.46	3.46	3.46	3.46	3.47	3.48
	0.01	4.32	4.55	4.68	4.76	4.84	4.92	4.96	5.02	5.07	5.13	5.17	5.22	5.24	5.26
13	0.05	3.06	3.21	3.30	3.35	3.38	3.41	3.42	3.44	3.45	3.45	3.46	3.46	3.47	3.47
	0.01	4.26	4.48	4.62	4.69	4.74	4.84	4.88	4.94	4.98	5.04	5.08	5.13	5.14	5.15
14	0.05	3.03	3.18	3.27	3.33	3.37	3.39	3.41	3.42	3.44	3.45	3.46	3.46	3.47	3.47
	0.01	4.21	4.42	4.55	4.63	4.70	4.78	4.83	4.87	4.91	4.96	5.00	5.04	5.06	5.07

续附表 6

自由度 (df)	显著水平 (α)	检验极差的范围(k)													
		2	3	4	5	6	7	8	9	10	12	14	16	18	20
15	0.05	3.01	3.16	3.25	3.31	3.36	3.38	3.40	3.42	3.43	3.44	3.45	3.46	3.47	3.47
	0.01	4.17	4.37	4.50	4.58	4.64	4.72	4.77	4.81	4.84	4.90	4.94	4.97	4.99	5.00
16	0.05	3.00	3.15	3.23	3.30	3.34	3.37	3.39	3.41	3.43	3.44	3.45	3.46	3.47	3.47
	0.01	4.13	4.34	4.45	4.54	4.60	4.67	4.72	4.76	4.79	4.84	4.88	4.91	4.93	4.94
17	0.05	2.98	3.13	3.22	3.28	3.33	3.36	3.38	3.40	3.42	3.44	3.45	3.46	3.47	3.47
	0.01	4.10	4.30	4.41	4.50	4.56	4.63	4.68	4.72	4.75	4.80	4.83	4.86	4.88	4.89
18	0.05	2.97	3.12	3.21	3.27	3.32	3.35	3.37	3.39	3.41	3.43	3.45	3.46	3.47	3.47
	0.01	4.07	4.27	4.38	4.46	4.53	4.59	4.64	4.68	4.71	4.76	4.79	4.82	4.84	4.85
19	0.05	2.96	3.11	3.19	3.26	3.31	3.35	3.37	3.39	3.41	3.43	3.44	3.46	3.47	3.47
	0.01	4.05	4.24	4.35	4.43	4.50	4.56	4.61	4.64	4.67	4.72	4.76	4.79	4.81	4.82
20	0.05	2.95	3.10	3.18	3.25	3.30	3.34	3.36	3.38	3.40	3.43	3.44	3.46	3.46	3.47
	0.01	4.02	4.22	4.33	4.40	4.47	4.53	4.58	4.61	4.65	4.69	4.73	4.76	4.78	4.79
22	0.05	2.93	3.08	3.17	3.24	3.29	3.32	3.35	3.37	3.39	3.42	3.44	3.45	3.46	3.47
	0.01	3.99	4.17	4.28	4.36	4.42	4.48	4.53	4.57	4.60	4.65	4.68	4.71	4.74	4.75
24	0.05	2.92	3.07	3.15	3.22	3.28	3.31	3.34	3.37	3.38	3.41	3.44	3.45	3.46	3.47
	0.01	3.96	4.14	4.24	4.33	4.39	4.44	4.49	4.53	4.57	4.62	4.64	4.67	4.70	4.72
26	0.05	2.91	3.06	3.14	3.21	3.27	3.30	3.34	3.36	3.38	3.41	3.43	3.45	3.46	3.47
	0.01	3.93	4.11	4.21	4.30	4.36	4.41	4.46	4.50	4.53	4.58	4.62	4.65	4.67	4.69
28	0.05	2.90	3.04	3.13	3.20	3.26	3.30	3.33	3.35	3.37	3.40	3.43	3.45	3.46	3.47
	0.01	3.91	4.08	4.18	4.28	4.34	4.39	4.43	4.47	4.51	4.56	4.60	4.62	4.65	4.67
30	0.05	2.89	3.04	3.12	3.20	3.25	3.29	3.32	3.35	3.37	3.40	3.43	3.44	3.46	3.47
	0.01	3.89	4.06	4.16	4.22	4.32	4.36	4.41	4.45	4.48	4.54	4.58	4.61	4.63	4.65
40	0.05	2.86	3.01	3.10	3.17	3.22	3.27	3.30	3.33	3.35	3.39	3.42	3.44	3.46	3.47
	0.01	3.82	3.99	4.10	4.17	4.24	4.30	4.34	4.37	4.41	4.46	4.51	4.54	4.57	4.59
60	0.05	2.83	2.98	3.08	3.14	3.20	3.24	3.28	3.31	3.33	3.37	3.40	3.43	3.45	3.47
	0.01	3.76	3.92	4.03	4.12	4.17	4.23	4.27	4.31	4.34	4.39	4.44	4.47	4.50	4.53
100	0.05	2.80	2.95	3.05	3.12	3.18	3.22	3.26	3.29	3.32	3.36	3.40	3.42	3.45	3.47
	0.01	3.71	3.86	3.98	4.06	4.11	4.17	4.21	4.25	4.29	4.35	4.38	4.42	4.45	4.48
∞	0.05	2.77	2.92	3.02	3.09	3.15	3.19	3.23	3.26	3.29	3.34	3.38	3.41	3.44	3.47
	0.01	3.64	3.80	3.90	3.98	4.04	4.09	4.14	4.17	4.20	4.26	4.31	4.34	4.38	4.41

附表 7 5% 及 1% q 值表

自由度 (df)	α	k（测验极差的平均数个数）																		
		2	3	4	5	6	7	8	9	10	11	12	13	14	15	16	17	18	19	20
3	0.05	4.50	5.88	6.83	7.51	8.04	8.47	8.85	9.18	9.46	9.72	9.95	10.2	10.4	10.7	10.7	10.6	11.0	11.1	11.2
	0.01	8.26	10.6	12.2	13.3	14.2	15.0	15.6	16.2	16.7	17.1	17.5	17.9	18.2	18.5	18.8	19.1	19.3	19.5	19.8
4	0.05	3.93	5.00	5.76	6.31	6.73	7.06	7.35	7.60	7.83	8.03	8.21	8.37	8.52	8.67	8.79	8.92	9.03	9.14	9.24
	0.01	6.51	8.12	9.17	9.96	10.6	11.1	11.5	11.9	12.3	12.6	12.8	13.1	13.3	13.5	13.7	13.9	14.1	14.2	14.4
5	0.05	3.61	4.54	5.18	5.64	5.99	6.28	6.52	6.74	6.93	7.10	7.25	7.39	7.52	7.64	7.75	7.86	7.95	8.04	8.13
	0.01	5.70	6.97	7.80	8.42	8.91	9.32	9.67	9.97	10.2	10.5	10.7	10.9	11.1	11.2	11.4	11.6	11.7	11.8	11.9
6	0.05	3.46	4.34	4.90	5.31	5.63	5.89	6.12	6.32	6.49	6.65	6.79	6.92	7.04	7.14	7.24	7.34	7.43	7.51	7.59
	0.01	5.24	6.33	7.03	7.56	7.97	8.32	8.61	8.87	9.10	9.30	9.49	9.65	9.81	9.95	10.1	10.2	10.3	10.4	10.5
7	0.05	3.34	4.16	4.68	5.06	5.35	5.59	5.80	5.99	6.15	6.29	6.42	6.54	6.65	6.75	6.84	6.93	7.01	7.08	7.16
	0.01	4.95	5.92	6.54	7.01	7.37	7.68	9.94	8.17	8.37	8.55	8.71	8.86	9.00	9.12	9.24	9.35	9.46	9.55	9.65
8	0.05	3.26	4.04	4.53	4.89	5.17	5.40	5.60	5.77	5.92	6.05	6.18	6.29	6.39	6.48	6.57	6.65	6.73	6.80	6.87
	0.01	4.74	5.63	6.20	6.63	6.96	7.24	7.47	7.68	7.87	8.03	8.18	8.31	8.44	8.55	8.66	8.76	8.85	8.94	9.03
9	0.05	3.20	3.95	4.42	4.76	5.02	5.24	5.43	5.60	5.74	5.87	5.98	6.09	6.19	6.28	6.36	6.44	6.51	6.58	6.65
	0.01	4.60	5.43	5.96	6.35	6.66	6.91	7.13	7.32	7.49	7.65	7.78	7.91	8.03	8.13	8.23	8.32	8.41	8.49	8.57
10	0.05	3.15	3.88	4.33	4.66	4.91	5.12	5.30	5.46	5.60	5.72	5.83	5.93	6.03	6.12	6.20	6.27	6.34	6.41	6.47
	0.01	4.48	5.27	5.77	6.14	6.43	6.67	6.87	7.05	7.21	7.36	7.48	7.60	7.71	7.81	7.91	7.99	8.07	8.15	8.22
11	0.05	3.11	3.82	4.26	4.58	4.82	5.03	5.20	5.35	5.49	5.61	5.71	5.81	5.90	5.98	6.06	6.14	6.20	6.27	6.33
	0.01	4.39	5.14	5.62	5.97	6.25	6.48	6.67	6.84	6.99	7.13	7.25	7.36	7.46	7.56	7.65	7.73	7.81	7.88	7.95
12	0.05	3.08	3.77	4.20	4.51	4.75	4.95	5.12	5.27	5.40	5.51	5.61	5.71	5.80	5.88	5.95	6.02	6.09	6.15	6.21
	0.01	4.32	5.04	5.50	5.84	6.10	6.32	6.51	6.67	6.81	6.94	7.06	7.17	7.26	7.36	7.44	7.52	7.59	7.66	7.73
13	0.05	3.06	3.73	4.15	4.46	4.69	4.88	5.05	5.19	5.32	5.43	5.53	5.63	5.71	5.79	5.86	5.93	6.00	6.06	6.11
	0.01	4.26	4.96	5.40	5.73	5.98	6.19	6.37	6.53	6.67	6.79	6.90	7.01	7.10	7.19	7.27	7.34	7.42	7.48	7.55
14	0.05	3.03	3.70	4.11	4.41	4.64	4.83	4.99	5.13	5.25	5.36	5.46	5.56	5.64	5.72	5.79	5.86	5.92	5.98	6.03
	0.01	4.21	4.89	5.32	5.63	5.88	6.08	6.26	6.41	6.54	6.66	6.77	6.87	6.96	7.05	7.12	7.20	7.27	7.33	7.39

续附表 7

自由度 (df)	α	k(测验极差的平均数个数)																		
		2	3	4	5	6	7	8	9	10	11	12	13	14	15	16	17	18	19	20
15	0.05	3.01	3.67	4.08	4.37	4.59	4.78	4.94	5.08	5.20	5.31	5.40	5.49	5.57	5.65	5.72	5.79	5.85	5.91	5.96
	0.01	4.17	4.83	5.25	5.56	5.80	5.99	6.16	6.31	6.44	6.55	6.66	6.76	6.84	6.93	7.00	7.07	7.14	7.20	7.26
16	0.05	3.00	3.65	4.05	4.34	4.56	4.74	4.90	5.03	5.15	5.26	5.35	5.44	5.52	5.59	5.66	5.73	5.79	5.84	5.90
	0.01	4.13	4.78	5.19	5.49	5.72	5.92	6.08	6.22	6.35	6.46	6.56	6.66	6.74	6.82	6.90	6.97	7.03	7.09	7.15
17	0.05	2.98	3.62	4.02	4.31	4.52	4.70	4.86	4.99	5.11	5.21	5.31	5.39	5.47	5.55	5.61	5.68	5.74	5.79	5.84
	0.01	4.10	4.74	5.14	5.43	5.66	5.85	6.01	6.15	6.27	6.38	6.48	6.57	6.66	6.73	6.80	6.87	6.94	7.00	7.05
18	0.05	2.97	3.61	4.00	4.28	4.49	4.67	4.83	4.96	5.07	5.17	5.27	5.35	5.43	5.50	5.57	5.63	5.69	5.74	5.79
	0.01	4.07	4.70	5.09	5.38	5.60	5.79	5.94	6.08	6.20	6.31	6.41	6.50	6.58	6.65	6.72	6.79	6.85	6.91	6.96
19	0.05	2.96	3.59	3.98	4.26	4.47	4.64	4.79	4.92	5.04	5.14	5.23	5.32	5.39	5.46	5.53	5.59	5.65	5.70	5.75
	0.01	4.05	4.67	5.09	5.33	5.55	5.73	5.89	6.02	6.14	6.25	6.34	6.43	6.51	6.58	6.65	6.72	6.78	6.84	6.89
20	0.05	2.95	3.58	3.96	4.24	4.45	4.62	4.77	4.90	5.01	5.11	5.20	5.28	5.36	5.43	5.50	5.56	5.61	5.66	5.71
	0.01	4.02	4.64	5.02	5.29	5.51	5.69	5.84	5.97	6.09	6.19	6.29	6.37	6.45	6.52	6.59	6.65	6.71	6.76	6.82
24	0.05	2.92	3.53	3.90	4.17	4.37	4.54	4.68	4.81	4.92	5.01	5.10	5.18	5.25	5.32	5.38	5.44	5.50	5.55	5.59
	0.01	3.96	4.54	4.91	5.17	5.37	5.54	5.69	5.81	5.92	6.02	6.11	6.19	6.26	6.33	6.39	6.45	6.51	6.56	6.61
30	0.05	2.89	3.48	3.84	4.11	4.30	4.46	4.60	4.72	4.83	4.92	5.00	5.08	5.15	5.21	5.27	5.33	5.8	5.43	5.48
	0.01	3.89	4.45	4.80	5.05	5.24	5.40	5.54	5.65	5.76	5.85	5.93	6.01	6.08	6.14	6.20	6.26	6.31	6.36	6.41
40	0.05	2.86	3.44	3.79	4.04	4.23	4.39	4.52	4.63	4.74	4.82	4.90	4.98	5.05	5.11	5.17	5.22	5.27	5.32	5.36
	0.01	3.82	4.37	4.70	4.93	5.11	5.27	5.39	5.50	5.60	5.69	5.77	5.84	5.90	5.96	6.02	6.07	6.12	6.17	6.21
60	0.05	2.83	3.40	3.74	3.98	4.16	4.31	4.44	4.55	4.65	4.73	4.81	4.88	4.94	5.00	5.06	5.11	5.15	5.20	5.24
	0.01	3.76	4.28	4.60	4.82	4.99	5.13	5.25	5.36	5.45	5.53	5.60	5.67	5.73	5.79	5.84	5.89	5.93	5.98	6.02
120	0.05	2.80	3.36	3.69	3.92	4.10	4.24	4.36	4.47	4.56	4.64	4.71	4.78	4.84	4.90	4.95	5.00	5.04	5.09	5.13
	0.01	3.70	4.20	4.50	4.71	4.87	5.01	5.12	5.21	5.30	5.38	5.44	5.51	5.56	5.61	5.66	5.71	5.75	5.79	5.83
∞	0.05	2.77	3.32	3.63	3.86	4.03	4.17	4.29	4.39	4.47	4.55	4.62	4.68	4.74	4.80	4.84	4.89	4.93	4.97	5.01
	0.01	3.64	4.12	4.40	4.60	4.76	4.88	4.99	5.08	5.16	5.23	5.29	5.35	5.40	5.45	5.49	5.54	5.57	5.61	5.65

附表 8 百分数反正弦($\sin^{-1}\sqrt{x}$)转换表

%	0	1	2	3	4	5	6	7	8	9
0.0	0	0.57	0.81	0.99	1.15	1.28	1.40	1.52	1.62	1.72
0.1	1.81	1.90	1.99	2.07	2.14	2.22	2.29	2.36	2.43	2.50
0.2	2.56	2.63	2.69	2.75	2.81	2.87	2.92	2.98	3.03	3.09
0.3	3.14	3.19	3.24	3.29	3.34	3.39	3.44	3.49	3.53	3.58
0.4	3.63	3.67	3.72	3.76	3.80	3.85	3.89	3.93	3.97	4.01
0.5	4.05	4.09	4.13	4.17	4.21	4.25	4.29	4.33	4.37	4.40
0.6	4.44	4.48	4.52	4.55	4.59	4.62	4.66	4.69	4.73	4.76
0.7	4.80	4.83	4.87	4.90	4.93	4.97	5.00	5.03	5.07	5.10
0.8	5.13	5.16	5.20	5.23	5.26	5.29	5.32	5.35	5.38	5.41
0.9	5.44	5.47	5.50	5.53	5.56	5.59	5.62	5.65	5.68	5.71
1	5.74	6.02	6.29	6.55	6.80	7.04	7.27	7.49	7.71	7.92
2	8.13	8.33	8.53	8.72	8.91	9.10	9.28	9.46	9.63	9.81
3	9.98	10.14	10.31	10.47	10.63	10.78	10.94	11.09	11.24	11.39
4	11.54	11.68	11.83	11.97	12.11	12.25	12.39	12.52	12.66	12.79
5	12.92	13.05	13.18	13.31	13.44	13.56	13.69	13.81	13.94	14.06
6	14.18	14.30	14.42	14.54	14.65	14.77	14.89	15.00	15.12	15.23
7	15.34	15.45	15.56	15.68	15.79	15.89	16.00	16.11	16.22	16.32
8	16.43	16.54	16.64	16.74	16.85	16.95	17.05	17.16	17.26	17.36
9	17.46	17.56	17.66	17.76	17.85	17.95	18.05	18.15	18.24	18.34
10	18.44	18.53	18.63	18.72	18.81	18.91	19.00	20.09	19.19	19.28
11	19.37	19.46	19.55	19.64	19.73	19.82	19.91	20.00	20.09	20.18
12	20.27	20.36	20.44	20.53	20.62	20.70	20.79	20.88	20.96	21.05
13	21.13	21.22	21.30	21.39	21.47	21.56	21.64	21.72	21.81	21.89
14	21.97	22.06	22.14	22.22	22.30	22.38	22.46	22.55	22.63	22.71

续附表 8

%	0	1	2	3	4	5	6	7	8	9
15	22.79	22.87	22.95	23.03	23.11	23.19	23.26	23.34	23.42	23.50
16	23.58	23.66	23.73	23.81	23.89	23.97	24.04	24.12	24.20	24.27
17	24.35	24.43	24.50	24.58	24.65	24.73	24.80	24.88	24.95	25.03
18	25.10	25.18	25.25	25.33	25.40	25.48	25.55	25.72	25.70	25.77
19	25.84	25.92	25.99	26.06	26.13	26.21	26.28	26.55	26.42	26.49
20	26.56	26.64	26.71	26.78	26.85	26.92	26.99	27.06	27.13	27.20
21	27.28	27.35	27.42	27.49	27.56	27.63	27.69	27.76	27.83	27.90
22	27.97	28.04	28.11	28.18	28.25	28.32	28.38	28.45	28.52	28.59
23	28.66	28.73	28.79	28.86	28.93	29.00	29.06	29.13	29.20	29.27
24	29.33	29.40	29.47	29.53	29.60	29.67	29.73	29.80	29.87	29.93
25	30.00	30.07	30.13	30.20	30.26	30.33	30.40	30.46	30.53	30.59
26	30.66	30.72	30.79	30.85	30.92	30.98	31.05	31.11	31.18	31.24
27	31.31	31.37	31.44	31.50	31.56	31.63	31.69	31.76	31.82	31.88
28	31.95	32.01	32.08	32.14	32.20	32.27	32.33	32.39	32.46	32.52
29	32.58	32.65	32.71	32.77	32.83	32.90	32.96	33.02	33.09	33.15
30	33.21	33.27	33.34	33.40	33.46	33.52	33.58	33.65	33.71	33.77
31	33.83	33.89	33.96	34.02	34.08	34.14	34.20	34.27	34.33	34.39
32	34.45	34.51	34.57	34.63	34.70	34.76	34.82	34.88	34.94	35.00
33	35.06	35.12	35.18	35.24	35.30	35.37	35.43	35.49	35.55	35.61
34	35.67	35.73	35.79	35.85	35.91	35.97	36.03	36.09	36.15	36.21
35	36.27	36.33	36.39	36.45	36.51	36.57	36.63	36.69	36.75	36.81
36	36.87	36.93	36.99	37.05	37.11	37.17	37.23	37.29	37.35	37.41
37	37.47	37.52	37.58	37.64	37.70	37.76	37.82	37.88	37.94	38.00
38	38.06	38.12	38.17	38.23	38.29	38.35	38.41	38.47	38.53	38.59
39	38.65	38.70	38.76	38.82	38.88	38.94	39.00	39.06	39.11	39.17

续附表 8

%	0	1	2	3	4	5	6	7	8	9
40	39.23	39.29	39.35	39.41	39.47	39.52	39.58	39.64	39.70	39.76
41	39.82	39.87	39.93	39.99	40.05	40.11	40.16	40.22	40.28	40.34
42	40.40	40.46	40.51	40.57	40.63	40.69	40.74	40.80	40.86	40.92
43	40.98	41.03	41.09	41.15	41.21	41.27	41.32	41.38	41.44	41.50
44	41.55	41.61	41.67	41.73	41.78	41.84	41.90	41.96	42.02	42.07
45	42.13	42.19	42.25	42.30	42.36	42.42	42.48	42.53	42.59	42.65
46	42.71	42.76	42.82	42.88	42.94	42.99	43.05	43.11	43.17	43.22
47	43.28	43.34	43.39	43.45	43.51	43.57	43.62	43.68	43.74	43.80
48	43.85	43.91	43.97	44.03	44.08	44.14	44.20	44.25	44.31	44.37
49	44.43	44.48	44.54	44.60	44.66	44.71	44.77	44.83	44.89	44.94
50	45.00	45.06	45.11	45.17	45.23	45.29	45.34	45.40	45.46	45.52
51	45.57	45.63	45.69	45.75	45.80	45.86	45.92	45.97	46.03	46.09
52	46.15	46.20	46.26	46.32	46.38	46.43	46.49	46.55	46.61	46.66
53	46.72	46.78	46.83	46.89	46.95	47.01	47.06	47.12	47.18	47.24
54	47.29	47.35	47.41	47.47	47.52	47.58	47.64	47.70	47.75	47.81
55	47.87	47.93	47.98	48.04	48.10	48.16	48.22	48.27	48.33	48.39
56	48.45	48.50	48.56	48.62	48.68	48.73	48.79	48.85	48.91	48.97
57	49.02	49.08	49.14	49.20	49.26	49.31	49.37	49.43	49.49	49.54
58	49.90	49.66	49.72	49.78	49.84	49.89	49.95	50.01	50.07	59.13
59	50.18	50.24	50.30	50.36	50.42	50.48	50.53	50.59	50.65	50.71
60	50.77	50.83	50.89	50.94	51.00	51.06	51.12	51.18	51.24	51.30
61	51.35	51.41	51.47	51.53	51.59	51.65	51.71	51.77	51.83	51.88
62	51.94	52.00	52.06	52.12	52.18	52.24	52.30	52.36	52.42	52.48
63	52.54	52.59	52.65	52.71	52.77	52.83	52.89	52.95	53.01	53.07
64	53.13	53.19	53.25	53.31	53.37	53.43	53.49	53.55	53.61	53.67

续附表 8

%	0	1	2	3	4	5	6	7	8	9
65	53.73	53.79	53.85	53.91	53.97	54.03	54.09	54.15	54.21	54.27
66	54.33	54.39	54.45	54.51	54.57	54.63	54.70	54.76	54.82	54.88
67	54.94	55.00	55.06	55.12	55.18	55.24	55.30	55.37	55.43	55.49
68	55.55	55.61	55.67	55.73	55.80	55.86	55.92	55.98	56.04	56.11
69	56.17	56.23	56.29	56.35	56.42	56.48	56.54	56.60	56.66	56.73
70	56.79	56.85	56.91	56.98	57.04	57.10	57.17	57.23	57.29	57.35
71	57.42	57.48	57.54	57.61	57.67	57.73	57.80	57.86	57.92	57.99
72	58.05	58.12	58.18	58.24	58.31	58.37	58.44	58.50	58.56	58.63
73	58.69	58.76	58.82	58.89	58.95	59.02	59.08	59.15	59.21	59.28
74	59.34	59.41	59.47	59.54	59.60	59.67	59.74	59.80	59.87	59.93
75	60.00	60.07	60.13	60.20	60.27	60.33	60.40	60.47	60.53	60.60
76	60.67	60.73	60.80	60.87	60.94	61.00	61.07	61.14	61.21	61.27
77	61.34	61.41	61.48	61.55	61.62	61.68	61.75	61.82	61.89	61.96
78	62.03	62.10	62.17	62.24	62.31	62.37	62.44	62.51	62.58	62.65
79	62.72	62.80	62.87	62.94	63.01	63.08	63.15	63.22	63.29	63.36
80	63.44	63.51	63.58	63.65	63.72	63.79	63.87	63.94	64.01	64.08
81	64.16	64.23	64.30	64.38	64.45	64.52	64.60	64.67	64.75	64.82
82	64.90	65.97	65.05	65.12	65.20	65.27	65.35	65.42	65.50	65.57
83	65.65	65.73	65.80	65.88	65.96	66.03	66.11	66.19	66.27	66.34
84	66.42	66.50	66.58	66.66	66.74	66.81	66.89	66.97	67.05	67.13
85	67.21	67.29	67.37	67.45	67.54	67.62	67.70	67.78	67.86	67.94
86	68.03	68.11	68.19	68.28	68.36	68.44	68.53	68.61	68.70	68.78
87	68.87	68.95	69.04	69.12	69.21	69.30	69.38	69.47	69.56	69.64
88	69.73	69.82	69.91	70.00	70.09	70.18	70.27	70.36	70.45	70.54
89	70.63	70.72	70.81	70.91	71.00	71.09	71.19	71.28	71.37	71.47

续附表 8

%	0	1	2	3	4	5	6	7	8	9
90	71.56	71.66	71.76	71.85	71.95	72.05	72.15	72.24	72.34	72.44
91	72.54	72.64	72.74	72.84	72.95	73.05	73.15	73.26	73.36	73.46
92	73.57	73.68	73.78	73.89	74.00	74.11	74.21	74.32	74.44	74.55
93	74.66	74.77	74.88	75.00	75.11	75.23	75.35	75.46	75.58	75.70
94	75.82	75.94	76.06	76.19	76.31	76.44	76.56	76.69	76.82	76.95
95	77.08	77.21	77.34	77.48	77.61	77.75	77.89	78.03	78.17	78.32
96	78.46	78.61	78.76	78.91	79.06	79.22	79.37	79.53	79.69	79.86
97	80.03	80.19	80.37	80.54	80.72	80.90	81.09	81.28	81.47	81.67
98	81.87	82.08	82.29	82.51	82.73	82.96	83.20	83.45	83.71	83.98
99.0	84.26	84.29	84.32	84.35	84.38	84.41	84.44	84.47	84.50	84.53
99.1	84.56	84.59	84.62	84.65	84.68	84.71	84.74	84.77	84.80	84.84
99.2	84.87	84.90	84.93	84.97	85.00	85.03	85.07	85.10	85.13	85.17
99.3	85.20	85.24	85.27	85.31	85.34	85.38	85.41	85.45	85.48	85.52
99.4	85.56	85.60	85.63	85.67	85.71	85.75	85.79	85.83	85.87	85.91
99.5	85.95	85.99	86.03	86.07	86.11	86.15	86.20	86.24	86.28	86.33
99.6	86.37	86.42	86.47	86.51	86.56	86.61	86.66	86.71	86.76	86.81
99.7	86.86	86.91	86.97	87.02	87.08	87.13	87.19	87.25	87.31	87.37
99.8	87.44	87.50	87.57	87.64	87.71	87.78	87.86	87.93	88.01	88.10
99.9	88.19	88.28	88.38	88.48	88.60	88.72	88.85	89.01	89.19	89.43
100.0	90.00	—	—	—	—	—	—	—	—	—

附表 9　χ^2 分布的上侧分位数表

$$P\{\chi^2 > \chi^2_{\alpha(df)}\} = \alpha$$

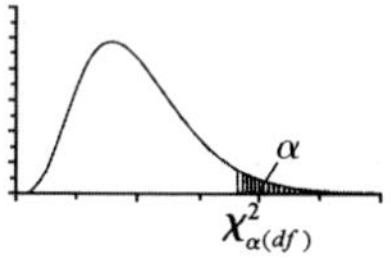

df \ α	0.995	0.99	0.975	0.95	0.90	0.75	0.25	0.10	0.05	0.025	0.01	0.005
1	—	—	0.001	0.004	0.016	0.102	1.323	2.706	3.841	5.024	6.635	7.879
2	0.010	0.020	0.051	0.103	0.211	0.575	2.773	4.605	5.991	7.378	9.210	10.597
3	0.072	0.115	0.216	0.352	0.584	1.213	4.108	6.251	7.815	9.348	11.345	12.838
4	0.207	0.297	0.484	0.711	1.064	1.923	5.385	7.779	9.488	11.143	13.277	14.860
5	0.412	0.554	0.831	1.145	1.610	2.675	6.626	9.236	11.071	12.833	15.086	16.750
6	0.676	0.872	1.237	1.635	2.204	3.455	7.841	10.645	12.592	14.449	16.812	18.548
7	0.989	1.239	1.690	2.167	2.833	4.255	9.037	12.017	14.067	16.013	18.475	20.278
8	1.344	1.646	2.180	2.733	3.490	5.071	10.219	13.362	15.507	17.535	20.090	21.955
9	1.735	2.088	2.700	3.325	4.168	5.899	11.389	14.684	16.919	19.023	21.666	23.589
10	2.156	2.558	3.247	3.940	4.685	6.737	12.549	15.987	18.307	20.483	23.209	25.188
11	2.603	3.053	3.816	4.575	5.578	7.584	13.701	17.275	19.675	21.920	24.725	26.757
12	3.074	3.571	4.404	5.226	6.304	8.438	14.845	18.549	21.026	23.337	26.217	28.299
13	3.565	4.107	5.009	5.892	7.042	9.299	15.984	19.812	22.362	24.736	27.688	29.819
14	4.075	4.660	5.629	6.571	7.790	10.165	17.117	21.064	23.685	26.119	29.141	31.319
15	4.601	5.229	6.262	7.261	8.547	11.037	18.245	22.307	24.996	27.488	30.578	32.801
16	5.142	5.812	6.908	7.962	9.312	11.912	19.369	23.542	26.296	28.845	32.000	34.267
17	5.697	0.408	7.564	8.672	10.085	12.792	20.489	24.769	27.587	30.191	33.409	35.718
18	6.265	7.015	8.231	9.390	10.865	13.675	21.605	25.989	28.869	31.526	34.805	37.156
19	6.844	7.633	8.907	10.117	11.651	14.562	22.718	27.204	30.144	32.852	36.191	38.582
20	7.343	8.260	9.591	10.851	12.443	15.452	23.828	28.412	31.410	34.170	37.566	39.997
21	8.034	8.897	10.283	11.591	13.240	16.344	24.935	29.615	32.671	35.479	38.932	41.401
22	8.643	9.542	10.982	12.338	14.042	17.240	26.039	30.813	33.924	36.781	40.289	42.796
23	9.260	10.196	11.689	13.091	14.848	18.137	27.141	32.007	35.172	38.076	41.638	44.181
24	9.886	10.856	12.401	13.848	15.659	19.037	28.241	33.196	36.415	39.364	42.980	45.559
25	10.520	11.524	13.120	14.611	16.473	19.939	29.339	34.382	37.652	40.646	44.314	46.928

续附表 9

df \ α	0.995	0.99	0.975	0.95	0.90	0.75	0.25	0.10	0.05	0.025	0.01	0.005
26	11.160	12.198	13.844	15.379	17.292	20.843	30.435	35.563	38.885	41.923	45.642	48.290
27	11.808	12.879	14.573	16.151	18.114	21.749	31.528	36.741	40.113	43.194	46.963	49.645
28	12.461	13.565	15.308	16.928	18.939	22.657	32.620	37.916	41.337	44.461	48.278	50.993
29	13.121	14.257	16.047	17.708	19.768	23.567	33.711	39.087	42.557	45.722	49.588	52.336
30	13.787	14.954	16.791	18.493	20.599	24.478	34.800	40.256	43.773	46.979	50.892	53.672
31	14.458	15.655	17.539	19.281	21.434	25.390	35.887	41.422	44.985	48.232	52.191	55.003
32	15.134	16.362	18.291	20.072	22.271	26.304	36.973	42.585	46.194	49.480	53.486	56.328
33	15.815	17.074	19.047	20.867	23.110	27.219	38.058	43.745	47.400	50.725	54.776	57.648
34	16.501	17.789	19.806	21.664	23.952	28.136	39.141	44.903	48.602	51.966	56.061	58.964
35	17.192	18.509	20.569	22.465	24.797	29.054	40.223	46.059	49.802	53.203	57.342	60.275
36	17.887	19.233	21.336	23.269	25.643	29.973	41.304	47.212	50.998	54.437	58.619	61.581
37	18.586	19.960	22.106	24.075	26.492	30.893	42.383	48.363	52.192	55.668	59.892	62.883
38	19.289	20.691	22.878	24.884	27.343	31.815	43.462	49.513	53.384	56.896	61.162	64.181
39	19.996	21.426	23.654	25.695	28.196	32.737	44.539	50.660	54.572	58.120	62.428	65.476
40	20.707	22.164	24.433	26.509	29.051	33.660	45.616	51.805	55.758	59.342	63.691	66.766
41	21.421	22.906	25.215	27.326	29.907	34.585	46.692	52.949	56.942	60.561	64.950	68.053
42	22.138	23.650	25.999	28.144	30.765	35.510	47.766	54.090	58.124	61.777	66.206	69.336
43	22.859	24.398	26.785	28.965	31.625	36.436	48.840	55.230	59.304	62.990	67.459	70.616
44	23.584	25.148	27.575	29.787	32.487	37.363	49.913	56.369	60.481	64.201	68.710	71.893
45	24.311	25.901	28.366	30.612	33.350	38.291	50.985	57.505	61.656	65.410	69.957	73.166

附表 10 r 及 R 的显著数值表

自由度(df)	显著水平(α)	变量的个数(M)				自由度(df)	显著水平(α)	变量的个数(M)			
		2	3	4	5			2	3	4	5
1	0.05	0.997	0.999	0.999	0.999	13	0.05	0.514	0.608	0.664	0.703
	0.01	1.000	1.000	1.000	1.000		0.01	0.641	0.712	0.755	0.785
2	0.05	0.950	0.975	0.983	0.987	14	0.05	0.497	0.590	0.646	0.686
	0.01	0.990	0.995	0.997	0.998		0.01	0.623	0.694	0.737	0.768
3	0.05	0.878	0.930	0.950	0.961	15	0.05	0.482	0.574	0.630	0.670
	0.01	0.959	0.976	0.983	0.987		0.01	0.606	0.677	0.721	0.752
4	0.05	0.811	0.881	0.912	0.930	16	0.05	0.468	0.559	0.615	0.655
	0.01	0.917	0.949	0.962	0.970		0.01	0.590	0.662	0.706	0.738
5	0.05	0.754	0.863	0.874	0.898	17	0.05	0.456	0.545	0.601	0.641
	0.01	0.874	0.917	0.937	0.949		0.01	0.575	0.647	0.691	0.724
6	0.05	0.707	0.795	0.839	0.867	18	0.05	0.444	0.532	0.587	0.628
	0.01	0.834	0.886	0.911	0.927		0.01	0.561	0.633	0.678	0.710
7	0.05	0.666	0.758	0.807	0.838	19	0.05	0.433	0.520	0.575	0.615
	0.01	0.798	0.855	0.885	0.904		0.01	0.549	0.620	0.665	0.698
8	0.05	0.632	0.726	0.777	0.811	20	0.05	0.423	0.509	0.563	0.604
	0.01	0.765	0.827	0.860	0.882		0.01	0.537	0.608	0.652	0.685
9	0.05	0.602	0.697	0.750	0.786	21	0.05	0.413	0.498	0.522	0.592
	0.01	0.735	0.800	0.836	0.861		0.01	0.526	0.596	0.641	0.674
10	0.05	0.576	0.671	0.726	0.763	22	0.05	0.404	0.488	0.542	0.582
	0.01	0.708	0.776	0.814	0.840		0.01	0.515	0.585	0.630	0.663
11	0.05	0.553	0.648	0.703	0.741	23	0.05	0.396	0.479	0.532	0.572
	0.01	0.684	0.753	0.793	0.821		0.01	0.505	0.574	0.619	0.652
12	0.05	0.532	0.627	0.683	0.722	24	0.05	0.388	0.470	0.523	0.562
	0.01	0.661	0.732	0.773	0.802		0.01	0.496	0.565	0.609	0.642

续附表 10

自由度 (df)	显著水平 (α)	变量的个数(M)				自由度 (df)	显著水平 (α)	变量的个数(M)			
		2	3	4	5			2	3	4	5
25	0.05	0.381	0.462	0.514	0.553	70	0.05	0.232	0.286	0.324	0.354
	0.01	0.487	0.555	0.600	0.633		0.01	0.302	0.351	0.386	0.413
26	0.05	0.374	0.454	0.506	0.545	80	0.05	0.217	0.269	0.304	0.332
	0.01	0.478	0.546	0.590	0.624		0.01	0.283	0.330	0.362	0.389
27	0.05	0.367	0.446	0.498	0.536	90	0.05	0.205	0.254	0.288	0.315
	0.01	0.470	0.538	0.582	0.615		0.01	0.267	0.312	0.343	0.368
28	0.05	0.361	0.439	0.490	0.529	100	0.05	0.195	0.241	0.274	0.300
	0.01	0.463	0.530	0.573	0.606		0.01	0.254	0.297	0.327	0.351
29	0.05	0.355	0.432	0.482	0.521	125	0.05	0.174	0.216	0.246	0.269
	0.01	0.456	0.522	0.565	0.598		0.01	0.228	0.266	0.294	0.316
30	0.05	0.349	0.426	0.476	0.514	150	0.05	0.159	0.198	0.225	0.247
	0.01	0.449	0.514	0.558	0.591		0.01	0.208	0.244	0.270	0.290
35	0.05	0.325	0.397	0.445	0.482	200	0.05	0.138	0.172	0.196	0.215
	0.01	0.418	0.481	0.523	0.556		0.01	0.181	0.212	0.234	0.253
40	0.05	0.304	0.373	0.419	0.455	300	0.05	0.113	0.141	0.160	0.176
	0.01	0.393	0.454	0.494	0.526		0.01	0.148	0.174	0.192	0.208
45	0.05	0.288	0.353	0.397	0.432	400	0.05	0.098	0.122	0.139	0.153
	0.01	0.372	0.430	0.470	0.501		0.01	0.128	0.151	0.167	0.180
50	0.05	0.273	0.336	0.379	0.412	500	0.05	0.088	0.109	0.124	0.137
	0.01	0.354	0.410	0.449	0.479		0.01	0.115	0.135	0.150	0.162
60	0.05	0.250	0.308	0.348	0.380	1 000	0.05	0.062	0.077	0.088	0.097
	0.01	0.325	0.377	0.414	0.442		0.01	0.081	0.096	0.106	0.115

附表 11 常用正交表

(1) $L_4(2^3)$

试验号	列号		
	1	2	3
1	1	1	1
2	1	2	2
3	2	1	2
4	2	2	1

说明：任两列的交互作用为第三列。

(2) $L_8(2^7)$

试验号	列号						
	1	2	3	4	5	6	7
1	1	1	1	1	1	1	1
2	1	1	1	2	2	2	2
3	1	2	2	1	1	2	2
4	1	2	2	2	2	1	1
5	2	1	2	1	2	1	2
6	2	1	2	2	1	2	1
7	2	2	1	1	2	2	1
8	2	2	1	2	1	1	2

$L_8(2^7)$表头设计

因素数	列号						
	1	2	3	4	5	6	7
3	A	B	$A\times B$	C	$A\times C$	$B\times C$	
4	A	B	$A\times B$ $C\times D$	C	$A\times C$ $B\times D$	$B\times C$ $A\times D$	D
6	A	B $C\times D$	$A\times B$	C $B\times D$	$A\times C$	D $B\times C$	$A\times D$
8	A $D\times E$	B $C\times D$	$A\times B$ $C\times E$	C $B\times D$	$A\times C$ $B\times E$	D $A\times E$ $B\times C$	E $A\times D$

$L_8(2^7)$二列间的交互作用表

1	2	3	4	5	6	7	列号
(1)	3	2	5	4	7	6	1
	(2)	1	6	7	4	5	2
		(3)	7	6	5	4	3
			(4)	1	2	3	4
				(5)	3	2	5
					(6)	1	6
						(7)	7

(3)$L_9(3^4)$

试验号	列号			
	1	2	3	4
1	1	1	1	1
2	1	2	2	2
3	1	3	3	3
4	2	1	2	3
5	2	2	3	1
6	2	3	1	2
7	3	1	3	2
8	3	2	1	3
9	3	3	2	1

(4)$L_{16}(4^5)$

试验号	列号				
	1	2	3	4	5
1	1	1	1	1	1
2	1	2	2	2	2
3	1	3	3	3	3
4	1	4	4	4	4
5	2	1	2	3	4
6	2	2	1	4	3
7	2	3	4	1	2
8	2	4	3	2	1
9	3	1	3	4	2
10	3	2	4	3	1
11	3	3	1	2	4
12	3	4	2	1	3
13	4	1	4	2	3
14	4	2	3	1	4
15	4	3	2	4	1
16	4	4	1	3	2

(5) $L_{27}(3^{13})$

试验号	列号												
	1	2	3	4	5	6	7	8	9	10	11	12	13
1	1	1	1	1	1	1	1	1	1	1	1	1	1
2	1	1	1	1	2	2	2	2	2	2	2	2	2
3	1	1	1	1	3	3	3	3	3	3	3	3	3
4	1	2	2	2	1	1	1	2	2	2	3	3	3
5	1	2	2	2	2	2	2	3	3	3	1	1	1
6	1	2	2	2	3	3	3	1	1	1	2	2	2
7	1	3	3	3	1	1	1	3	3	3	2	2	2
8	1	3	3	3	2	2	2	1	1	1	3	3	3
9	1	3	3	3	3	3	3	2	2	2	1	1	1
10	2	1	2	3	1	2	3	1	2	3	1	2	3
11	2	1	2	3	2	3	1	2	3	1	2	3	1
12	2	1	2	3	3	1	2	3	1	2	3	1	2
13	2	2	3	1	1	2	3	2	3	1	3	1	2
14	2	2	3	1	2	3	1	3	1	2	1	2	3
15	2	2	3	1	3	1	2	1	2	3	2	3	1
16	2	3	1	2	1	2	3	3	1	2	2	3	1
17	2	3	1	2	2	3	1	1	2	3	3	1	2
18	2	3	1	2	3	1	2	2	3	1	1	2	3
19	3	1	3	2	1	3	2	1	3	2	1	3	2
20	3	1	3	2	2	1	3	2	1	3	2	1	3
21	3	1	3	2	3	2	1	3	2	1	3	2	1
22	3	2	1	3	1	3	2	2	1	3	3	2	1
23	3	2	1	3	2	1	3	3	2	1	1	3	2
24	3	2	1	3	3	2	1	1	3	2	2	1	3
25	3	3	2	1	1	3	2	3	2	1	2	1	3
26	3	3	2	1	2	1	3	1	3	2	3	2	1
27	3	3	2	1	3	2	1	2	1	3	1	3	2

$L_{27}(3^{13})$表头设计

因素数	列号												
	1	2	3	4	5	6	7	8	9	10	11	12	13
3	A	B	$A\times B$		C	$A\times C$		$B\times C$			$B\times C$		
4	A	B	$A\times B$ $C\times D$	$A\times B$	C	$A\times C$ $B\times D$	$A\times C$	$B\times C$ $A\times D$	D	$A\times D$	$B\times C$	$B\times D$	$C\times D$

$L_{27}(3^{13})$二列间的交互作用

1	2	3	4	5	6	7	8	9	10	11	12	13	列 号
(1)	3 4	2 4	2 3	6 7	5 7	5 6	9 10	8 10	8 9	12 13	11 13	11 12	1
	(2)	1 4	1 3	8 11	9 12	10 13	5 11	6 12	7 13	5 8	6 9	7 10	2
		(3)	1 2	9 13	10 11	8 12	7 12	5 13	6 11	6 10	7 8	5 9	3
			(4)	10 12	8 13	9 11	6 13	7 11	5 12	7 9	5 10	6 8	4
				(5)	1 7	1 6	2 11	3 13	4 12	2 8	4 10	3 9	5
					(6)	1 5	4 13	2 12	3 11	3 10	2 9	4 8	6
						(7)	3 12	4 11	2 13	4 9	2 8	2 10	7
							(8)		1 9	2 5	3 7	4 6	8
								(9)	1 8	4 7	2 6	3 5	9
									(10)	3 6	4 5	2 7	10
										(11)	1 13	1 12	11
											(12)	1 11	12
												(13)	13

参 考 文 献

[1] 董时富. 生物统计. 北京：科学出版社，2002.

[2] 蔡一林，岳永生. 水产生物统计. 北京：中国农业出版社，2004.

[3] 杜荣赓. 生物统计学. 4 版. 北京：高等教育出版社，2014.

[4] 范福仁. 生物统计学(修订本). 南京：江苏科学技术出版社，1980.

[5] 范濂. 农业试验统计方法. 郑州：河南科学技术出版社，1983.

[6] 盖钧益. 试验统计方法. 4 版. 北京：中国农业出版社，2013.

[7] 高山林. 生物统计学. 北京：中国农业出版社，1994.

[8] 高祖新，尹勤. 医药应用统计. 北京：科学出版社，2004.

[9] 贵州农学院. 生物统计附试验设计. 2 版. 北京：中国农业出版社，1989.

[10] 郭祖超. 医用数理统计方法. 3 版. 北京：人民卫生出版社，1988.

[11] 胡小平，王长发. SAS 基础及统计实例教程. 西安：西安地图出版社，2001.

[12] 黄海，罗友丰，陈志英，等. SPSS 10.0 for Windows 统计分析. 北京：人民邮电出版社，2001.

[13] 李春喜，姜丽娜，邵云，等. 生物统计学. 5 版. 北京：科学出版社，2013

[14] 李仲来，刘来福，程书肖. 生物统计. 2 版. 北京：北京师范大学出版社，2007.

[15] 辽宁省锦州畜牧兽医学校. 生物统计与畜牧兽医试验. 2 版. 北京：中国农业出版社，1999.

[16] [美]伯纳德·罗斯纳. 生物统计学基础. 孙尚拱译. 北京：科学出版社，2004.

[17] 明道绪. 生物统计附试验设计. 3 版. 北京：中国农业出版社，2002.

[18] 明道绪，刘永建. 生物统计附试验设计. 6 版. 北京：中国农业出版社，2019.

[19] 明道绪. 高级生物统计. 北京：中国农业出版社，2006.

[20] 莫惠栋. 农业试验统计. 上海：上海科学技术出版社，1984.

[21] 南京农业大学. 田间试验和统计方法. 2 版. 北京：农业出版社，1988.

[22] 宋代军. 生物统计附试验设计. 北京：中国农业出版社，2001.

[23] 宋素芳，赵聘，秦豪荣. 生物统计学. 3 版. 北京：中国农业大学出版社，2015.

[24] 王宝山. 田间试验与生物统计. 北京：中国农业出版社，2002.

[25] 张吴平，杨坚. 食品试验设计与统计分析. 3 版. 北京：中国农业大学出版社，2017.

[26] 郭平毅. 生物统计学. 3 版. 北京：中国林业出版社，2017.

[27] 宋素芳，赵聘. 生物统计附试验设计. 3 版. 郑州：河南科学技术出版社，2018.

[28] 吴纪芳，张立强. 实用生物统计学. 北京：中国农业大学出版社，1996.

[29] 吴仲贤. 生物统计. 北京：北京农业大学出版社，1993.

[30] 徐继初.生物统计及试验设计.北京:农业出版社,1992.
[31] 徐金香.兽医生物统计方法.长春:吉林科学技术出版社,1997.
[32] 杨纪珂,齐翔林.现代生物统计.合肥:安徽教育出版社,1985.
[33] 杨纪珂,孙长鸣,汤旦林.应用生物统计.北京:科学出版社,1983.
[34] 杨树勤.卫生统计学.2版.北京:人民卫生出版社,1991.
[35] 杨运清,王义通,肖艳红.生物统计学.哈尔滨:哈尔滨工程大学出版社,1998.
[36] 俞渭江,缪尧源,王滋润,等.生物统计附试验设计.2版.北京:农业出版社,1991.
[37] 俞渭江,郭卓元.畜牧试验统计.贵阳:贵州科技出版社,1995.
[38] 袁志发,周静芋.试验设计与分析.北京:高等教育出版社,2000.
[39] 张德培,罗蕴玲.应用概率统计.北京:高等教育出版社,2000.
[40] 张勤.生物统计学.3版.北京:中国农业大学出版社,2018.
[41] 郑德如.统计学.上海:立信会计出版社,1998.
[42] 明道绪,刘永建.二个处理交叉试验结果分析的 t 检验法.四川农业大学学报,2001,(03):218-221.
[43] 郭春华.常用统计软件在生命科学中的应用.北京:科学出版社,2011.
[44] 徐辰武,章元明.生物统计与试验设计.北京:高等教育出版社,2015.